CIRCUIT THEORY

알기 쉽게 풀이한

회로이론

송면규 저

저자소개

송면규 / 공학박사
e-mail : kosinsong@hanmail.net

[주요저서]

통신시스템
아빠랑 떠나는 재미있는 전파여행
(이동통신 실무자를 위한) 모바일 시스템
(Cable TV 엔지니어를 위한) 방송통신기술 요론
유비쿼터스 시스템
HD시대의 CATV 방송실무
유비쿼터스 기반 기술과 응용
지능형 홈 네트워크 시스템
전기자기학
유비쿼터스 어플라이언스(문화체육관광부 우수학술도서 선정)

CIRCUIT THEORY
알기 쉽게 풀이한 회로이론

2017년 3월 01일 1판 1쇄 인쇄 / 2017년 3월 03일 1판 1쇄 발행

지은이. 송면규
펴낸이. 윤 용 호 | 펴낸곳. 석학당 출판사 121-856 서울시 마포구 토정로 222 한국출판협동조합 3층 301호
등록. 2001.10.23. 제10-2238호 | 전화. 02)719-6116 | 팩스. 02)719-6120
홈페이지. www.shdbooks.co.kr | E-mail. shd6116@chol.com

ISBN 979-11-87621-03-4 가격 18,000원

이 도서의 국립중앙도서관 출판예정도서목록(CIP)은 서지정보유통지원시스템 홈페이지(http://seoji.nl.go.kr)와 국가자료공동목록시스템(http://www.nl.go.kr/kolisnet)에서 이용하실 수 있습니다. (CIP제어번호: CIP2017004057)

머리말

회로이론은 통신 및 전기, 전자 계열의 공학을 공부하는 학생들이 제일 먼저 접하고 또 가장 기초가 되는 과목으로 산업현장에서 직접 활용할 수 있는 내용을 가장 많이 담고 있는 과목입니다.

그 이유는 회로이론은 통신 및 전기, 전자회로에서의 능동 · 수동소자에 대한 기본적인 것을 이해하는 과목으로 특히, R, L, C, G의 상관관계를 체계적으로 정리한 과목이며 아주 기본적인 이론이기 때문입니다. 이에 저자는 오랫동안 회로이론을 강의하면서, 이 과목의 이해가 불충분하여 여러 응용과목을 대할 때 걱정하는 학생들을 많이 보아왔으며, 특히 수학과 물리의 기초가 부족한 학생들이 어려워하는 것을 안타깝게 생각하여 가능하면 학생들이 보다 쉽게 이해하고 흥미를 가질 수 있도록 그동안 강의 경험을 바탕으로 본 교재를 집필하게 되었습니다.

특히 본 교재는 통신 및 전기, 전자공학계열 학생들이 회로이론을 보다 쉽게 이해하고 학습할 수 있도록 기본 개념을 중심으로 설명하도록 노력하였습니다. 또한 각 장의 끝부분에는 학습한 내용을 심화시킬 수 있도록 연습문제를 다루었습니다.

특히, 저자의 부족함으로 인한 오류로 미비한 점이 적지 않으리라 생각되며, 본 교재로 학습하는데 부족한 점 또한 많을 것으로 사료됩니다. 부족한 부분에 대해서는 계속해서 보완하도록 하겠습니다.

끝으로 이 책을 출판하기 위하여 도움을 주신 도서출판 석학당 관계자 여러분께 감사드립니다.

2017년 2월

저자 씀

Contents

Chapter 1. 기본 개념

Chapter 2. 회로해석

Chapter 3. 기본 교류회로

Chapter 4. 교류회로 해석

5

Contents

Contents

Chapter 8. 회로망 해석법

Chapter 9. 회로망 제정리

Chapter 10. 비정현파

▣ 부록

Chapter 1. 기본 개념

1. 전하(Charge)

전하는 물질의 기본 성질이며, 마찰에 의해 양(positive) 또는 음(negative)의 전하로 존재하며, 기본 전하는 전자(electron)이다. 자유전자가 이탈하여 다른 원자로 이동하면 전자를 잃은 원자는 전기적 균형이 깨져 (+)로, 전자가 많아진 원자는 (−)의 전기적 성질을 띤다.

전자가 에너지를 얻어서 에너지가 증가하면, 금지대를 벗어나 자유전자가 되고 자유전자는 원자 사이를 이동하게 된다. 이렇게 생긴 전기를 '전하'라 한다.

전자의 전하량은

$$e = 1.602 \times 10^{-19}[C] \tag{1.1}$$

이며, 전하량 $1[C]$은 전자 6.24×10^{18}개가 모인것과 같다. C는 전하의 단위이며 coulomb의 약어이다.

쿨롱의 법칙에 의하면 동일한 부호를 가지는 전하끼리는 반발(repulsion)하며 다른 부호를 가지는 전하끼리는 흡인(attraction)하는 성질을 지니고 있다.

또한, 상호 작용력은 그 곱에 비례하고 거리의 제곱에 반비례한다.

즉,

$$F = \frac{1}{4\pi\epsilon_0}\frac{Q_1Q_2}{r^2}[N] \tag{1.2}$$

MKS 단위계로 상수는 $\epsilon_0 = 8.855 \times 10^{-12}\,[\mathrm{F/m}]$의 값을 가진다.

예제 1

전하량 $Q = 3 \times 10^{-7}[C]$이고, 이 전하에서 $3m$ 떨어진 지점에서 전계의 세기를 구하시오

$$E = \rho \times 10^{\rho} \times \frac{3 \times 10^{-7}}{e^2} = 3 \times 10^2[v/m]$$

전하는 시간에 따라 변하는 전하와 시간에 따라 변하지 않는 전하가 있다. 특히, 시간에 따라 변하는 전하를 $q(t)$로 표시함으로써 시변전하를 강조하기도 한다.

전하의 순간 변화량을 수식으로 나타내면 식 (1.3)과 같다.

$$\frac{dq}{dt} = \lim_{\Delta t \to 0} \frac{\Delta q}{\Delta t} \tag{1.3}$$

2. 전류(Current)

특정한 점에서 특정한 방향으로 전하가 이동하고 있을 때, 그 점을 특정한 방향으로 순간적으로 이동하는 시간변화량을 '전류'라고 정의하고, 전류의 세기는 "어떤 단면을 시간 t(sec) 동안에 $Q(C)$의 전하가 이동할 때 통과하는 전하의 양" 으로 정의한다.

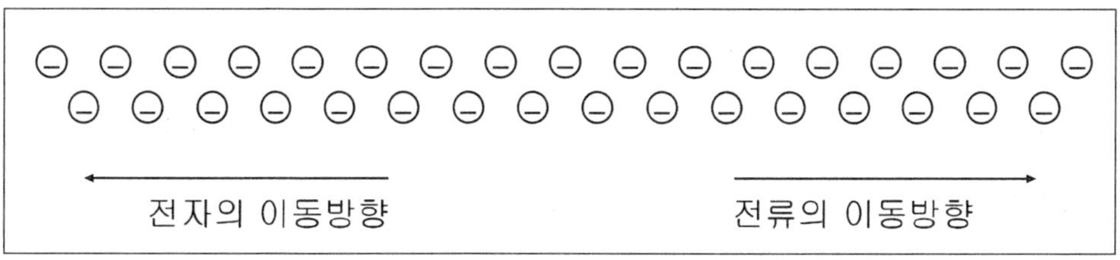

전류는 I 또는 i로 표시하며, 그 단위는[A]이며, ampere의 약어이다. $1(A)$는 $1(s)$ 동안에 $1(C)$의 비율로 전하가 이동할 때의 전류의 크기이다.

$$I = \frac{Q}{t}[A], \quad Q = It[C] \tag{1.4}$$

미소 변화에 따른 dt(sec) 간의 $dq(C)$의 전하량이 이동하였을 때 전류 $i(A)$는

$$i = \frac{dq}{dt}[A],\ q = \int idt[C] \tag{1.5}$$

가 된다.

3. 전압(Voltage)

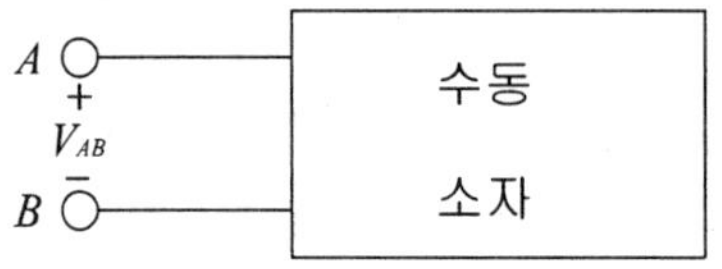

그림 1.1 전위차의 물리적 의미

한 점 B 에서 다른 점 A로 1[C]의 단위 양전하(unit positive charge)를 이동하는데 필요한 에너지 W를 AB 사이의 '전압(voltage)' 또는 '전위차(potential difference)'라고 정의한다.

전압의 단위는 [V]이며, [J/C]의 차원(dimension)을 가진다. 전압의 표시는 V 또는 v로 한다.

$$V_{AB} = V_A - V_B = \frac{W}{q} \tag{1.6}$$

예제 2

도체에 5초 동안 $9[A]$ 전류가 흘렀다면, 전하는 몇 $[C]$인가?

전하 $Q = 9[A] \times 5[s] = 45[C]$

예제 3

20$[C]$의 전하가 5초동안 이동했을 때 흐르는 전류는 몇 암페어$[A]$인가?

$$I = \frac{Q}{t} = \frac{20[C]}{5[s]} = 4[A]$$

4. 전력(Power)

1) 전력

단위시간에 변환 또는 전송되는 전기에너지를 '전력'이라고 하며, MKS 단위는 와트(watt)이고, 기호는 (W)로 표시한다. 또 $1(W)$는 "1(초) 동안에 변환 또는 전송되는 에너지가 1(Joule)일 때의 전력" 을 말한다.

따라서 전력(P)은

$$P = \frac{W}{t}[W] \tag{1.7}$$

가 되고, 식(1.8)

$$V = \frac{W}{Q}[V],\ W = VQ[J] \tag{1.8}$$

에 의해 $W = VQ(J)$이고, 식(1.4)에 의해서 $I = Q/t(A)$이므로 전력(P)은 전압(V)에 전류(I)를 곱한 값이 된다.

$$P = I^2R = VI = \frac{V^2}{R}[W] \tag{1.9}$$

단위시간에 소비하는 전력량을 '전력'이라 부르는데, 이는 얼마만큼의 전력을 소비하는가를 알기 위한 것이다. 즉, $t(s)$ 동안에 소비한 전력량(W)은 다음 식으로 나타낸다.

$$W = Pt = VIt = I^2 Rt[J] \tag{1.10}$$

$$W = P(\text{전력}) \times \text{시간}[Wh]$$

실제로 전력량의 단위로는 (Wh) 또는 (kWh)를 사용한다.

예제 4

모터가 5분간에 250000[J]의 일을 했다. 전력[kW]는 얼마나 되는가?

$$P = \frac{W[J]}{t[s]} = \frac{250000}{300} \fallingdotseq 833[W]$$

일반적으로 에너지가 시간에 따라 변화할 경우 순시전력(p)은

$$p = \frac{dw}{dt} = vi[W], \quad w = \int pdt = \int vidt[J] \tag{1.11}$$

여기서

$$\frac{dw}{dt} = \frac{dw}{dq} \cdot \frac{dq}{dt} = vi \tag{1.12}$$

이다. 즉 순시전력(instantaneous power) p는 인가전압(v)과 그 결과 흐른 전류(i)와의 곱이 된다. 순시전력(p)가 시간(t)의 주기함수 일 때 이의 주기를 T라고 하면, 한 주기동안 평균한 전력

즉, 평균전력(Pa)는

$$Pa = \frac{1}{T}\int_0^T p(t)dt \tag{1.13}$$

전력의 실용단위는 킬로와트(killo watt)와 마력(Horse power)을 사용하며, $1(HP) = 746(W)$ 이다. 전력량의 단위는 Wh(Watt hour) 또는 kWh(killo Watt hour)를 많이 사용한다.

2) 기전력

기전력은 전압을 발생하여 전류를 계속 흐르게 하는 전기적인 힘을 말한다. 기전력을 e.m.f(electro-motive force)라고도 하며, 기호로는 보통 E 또는 e를 사용한다. 그러나 전압과 구별없이 V 또는 v와 혼용하여 사용하기도 한다. 기전력의 단위는 전압과 같이 볼트(V)를 사용한다. 전지나 발전기와 같이 기전력을 일으키는 장치를 '전원'이라고 하며 전원에는 직류전원과 교류전원이 있다.

예제 5

두 점 사이에서 $5(C)$의 전하가 이동하는데 $60(J)$의 에너지가 소요되었다면 두 점 사이의 전압은 별 볼트(V)인가?

$$V = W(J)/Q(C) = 60/5 = 12(V)$$

5. 저항(Resistance)

1) 전기적 저항

도체에 전류가 흐르면 자유전자는 도체 내를 운동하게 된다. 운동 중에 원자와 부딪히게 되는데 이때 열이나 빛을 내게 되고 충돌이 많아질수록 자유전자의 이동이 적게 되어, 결국 전류의 흐름이 줄어들게 된다. 전류의 흐름을 방해하는 이런 특성을 '저항'이라고 한다. 저항은 수돗물의 흐름을 조절하는 수도꼭지가 하는 역할과 유사하다. 주변에서 많이 사용하는 전기선은 비록 내부에 저항이 있지만, 그 값이 아주 적기 때문에 편의상 저항 값이 0이라고 생각한다. 저항값이 0이면 전류가 전혀 방해 없이 흐른다는 의미이고, 반대로 저항 값이 무한대라고 하면 전류가 전혀 흐를 수 없다는 것을 의미한다.

두 지점 간을 흐르는 전류는 두 단자간의 전압에 비례하며, 이 비례상수가 '저항'이다. 기호로는 (R)로 표시하며 MKS 단위로는 ohm(Ω)을 사용한다. 여기서 $1/R = G$를 컨덕턴스(conductance)라고 부르며, 단위는 simens(S) 또는 mho($\mho$)를 사용한다.

2) 저항의 크기

저항 $1(\Omega)$의 정의는 "도체 양단의 전위차 $1(V)$에 의하여 흐르는 전류가 $1(A)$일 때" 이다. 한 물질에서 어떤 단면적의 저항은 물질, 길이, 단면적, 온도의 4가지 요소에 의해서 정해진다. 도선의 저항은 길이(l)에 비례하고, 단면적(A)에 반비례한다.

이것을 식으로 표시하면

$$R = \rho \frac{l}{A} [\Omega] \tag{1.14}$$

이다.

식(1.14)에서 비례상수 ρ 는 고유저항 또는 저항률(resistivity)이라 부르며 도선의 재질에 따라 결정되는 상수로서, 단위는 Ohm-meter($\Omega - m$)를 사용한다. 또한 저항률 ρ의 역수 σ를 '도전율' 또는 '전기전도율(conductivity)'이라 부르고, 단위는 mho/meter($\mho/m$)를 사용한다. 금속의 저항은 R이고 $\sigma = 1/\rho(\mho/m)$이므로

$$G = \sigma \frac{A}{l} \tag{1.15}$$

일반적으로 금속의 저항은 온도에 비례하여 증가한다.

표 1. 도선의 재질에 따른 비저항

전선의 재질	$\rho[\Omega - m]$	$\sigma[\mho/m]$	전선의 재질	$\rho[\Omega - m]$	$\sigma[\mho/m]$
은	0.0167(=1/60)	60	철(Fe)	0.13	7.69
구리	0.0178(=1/56)	56	망간(Mn)	0.43	2.23
알미늄	0.0278(=1/36)	36	니크롬(Ni-Cr)	1	1
백금	0.105	9.52	탄소(C)	50내외	0.02
텅스텐	0.055	18.25	유리	10^{18} 내외	10^{-18}

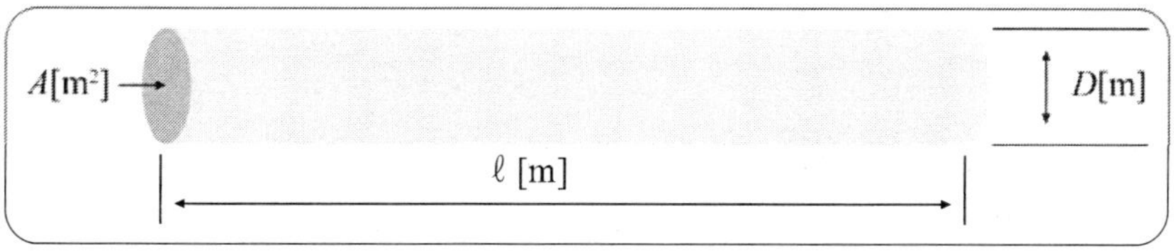

A : 단면적 단위=$[m^2]$ l : 길이 단위=$[m]$

ρ : 비저항 단위=$[\Omega\text{-}m]$ σ: 전도율 단위=$[\Omega/m]$

☞ 비저항은 전도율의 역수 $\sigma = \frac{1}{\rho}$

그림 1.2 도선의 저항

3) 저항의 종류와 기호

가. 저항의 종류

전자부품 중 가장 많이 사용되는 저항에는 용도와 크기에 따라 여러 가지 종류가 있다.

나. 탄소피막저항

1) 세라믹 막대 표면에 흑연 피막을 증착시킨 구조인데, 저항값은 탄소피막의 두께로 조절할 수 있다. 하지만 탄소피막을 너무 얇게 할 수 없기 때문에 홈을 파서 전류가 흐르는 경로를 가늘고 길게 하면 저항 값을 수십, 수백 배 크게 만들 수 있다.

2) 소용량 저항에서 널리 사용된다.

3) 크기가 작아 저항값을 color code 방식으로 표기한다.

4) 가격은 저렴하지만 잡음발생이 많은 단점이 있다.

저항값의 정밀도는 ±5%의 것이 대부분이며, 정격전력은 1/8W, 1/4W, 1/2W 등이 일반적이다. 탄소피막 저항은 잡음특성이 나쁜 결점이 있으며, Audio와 같은 analog회로의 신호경로에는 사용하지 않고, 금속계의 저항을 사용하는 것이 좋다.

Analog 회로의 미약한 신호를 증폭하는 곳에는 금속계 저항을 사용하고, 일반 digital 회로에서는 탄소계 저항을 사용한다.

다. 금속피막저항

금속피막저항은 허용오차나 잡음, 온도계수 등 모든 면에서 우수하다. 저렴하지만 오디오 회로에 가장 적합한 저항이다. 정밀도가 높아 Bridge회로, Filter회로, Pre-Amp 회로의 이퀄라이저단과 같이 저항 값의 불균형 내지 정밀도가 회로의 성능에 크게 영향을 미치는 경우에 주로 사용되고 있다. 금속피막저항은 정밀도뿐만 아니라 잡음특성도 뛰어나 고급 오디오의 경우 대부분 1% 오차급 금속피막저항을 사용한다. 저항체의 재료는 니크롬(Ni-Cr) 등이 사용된다.

금속피막 저항은 탄소피막 대신 금속피막을 증착시킨 것만 다르고 모양과 제조방식은 위와 같다. 금속피막형 저항은 오차가 2% 이내인 정밀급으로 제조되고, 잡음이 적다.

라. 권선저항

권선저항이란 금속선을 재료로 한 것으로 길이를 조정함으로서 정밀한 저항값을 얻는 것이 가능하며, 두꺼운 금속 선재를 사용하여 대전력용으로 만드는 것이 가능하다. 정밀한 저항값이 필요한 회로보다는 대전력 회로에 많이 사용된다. 결점으로는 금속선을 절연체에 코일상태로 감기 때문에 튜너나 디지털 회로와 같은 주파수가 높은 회로에는 사용할 수 없다. 고온에서 처리한 저항이나 세라믹 케이스에 삽입해 특수한 시멘트로 굳힌 시멘트 저항 등이 있으며, 1~2W로부터 수십 W의 것 까지 있다. 하지만 대전력용으로 사용하는 경우에는 방열에 유의해야 한다. 10~50mm 정도의 도자기관에 니크롬저항선을 감아서 만든 발열용량이 큰 저항으로 2~100W 정도의 대용량이 많고, 10W 이상 되면 저항선 위를 법랑(porcelain enamel)으로 코팅한다.

마. 시멘트 저항

단단한 사각형 시멘트관속에 저항재질을 압축해 넣어 만든 저항으로 2~10W 정도의 중간 용량형이 널리 사용되며, 오차는 ±5% 제품이 많다. 전력이 큰 용도에 주로 사용한다.

바. 카본복합 저항

탄소와 수지, 무기물을 혼합한 분말을 덩어리로 소성시킨 것으로, 전원부 또는 고주파 계측기와 통신기기에 많이 사용된다. 몸체 전체가 저항체이므로 유도성분이 전혀 없으며 전류의 흐름이 매우 좋다.

사. Array 저항

저항 값이 동일한 여러 개의 저항을 아래 그림과 같이 하나의 패키지에 넣어 만든 것을 어레이저항이라 부른다. 용도로는 동일한 저항 값의 저항으로 다수의 소자를 제어하는 경우, 디지털 회로처럼 동일한 회로에 많은 저항이 필요한 경우 미니 컴포넌트와 같이 실장면적이 좁은 경우 등에 사용된다.

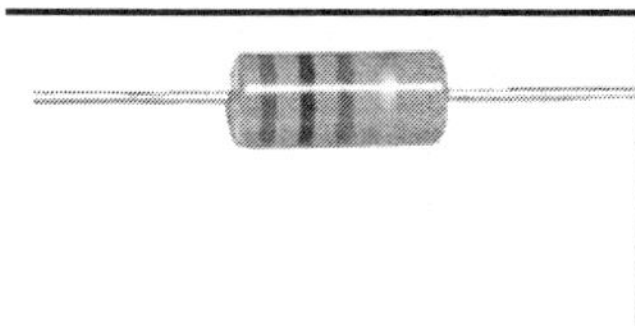	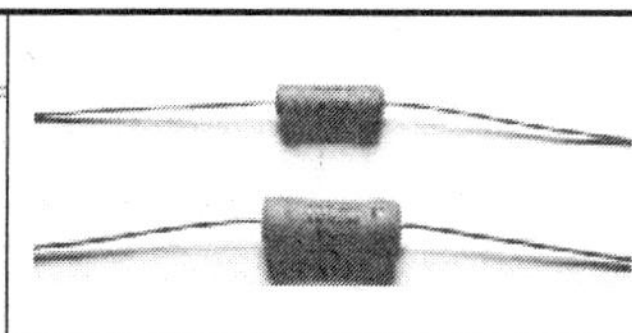	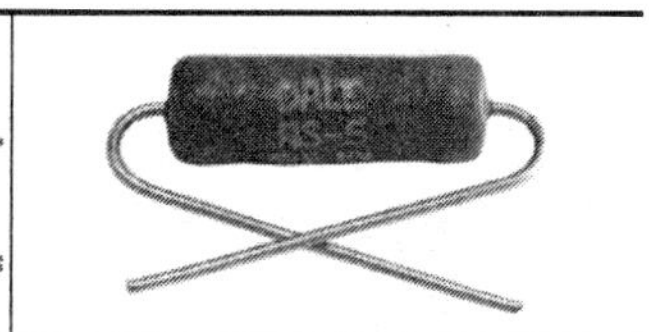
탄소피막저항	금속피막저항	권선저항
	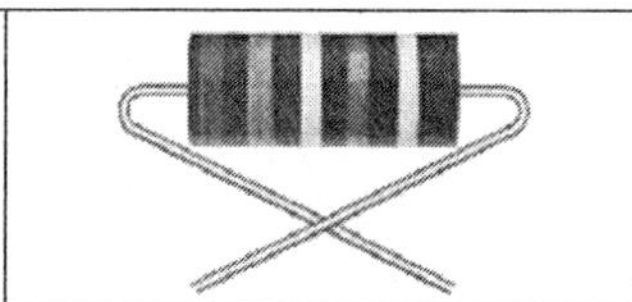	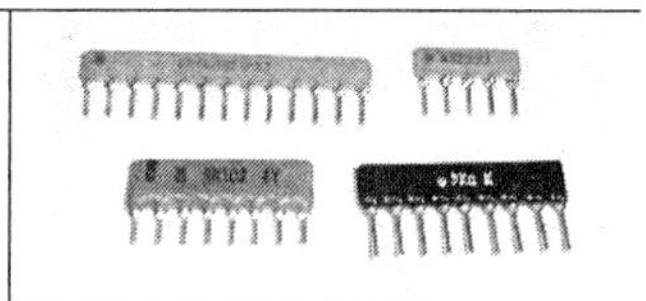
시멘트저항	카본복합저항	어레이저항

그림 1.3 각종저항

아. 저항의 기호

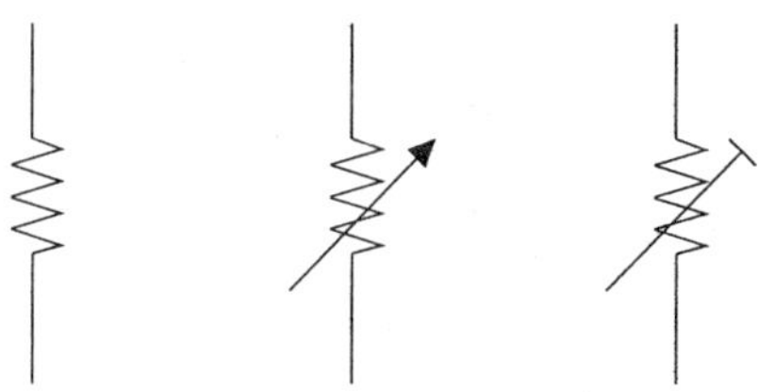

그림 1.4 각종 저항의 기호

각종 저항의 기호는 다음과 같이 표시한다.

4) 저항의 색 코드

가. 컬러코드 표시법

1) 탄소피막형이나 금속피막형 등의 저항에 원형의 컬러 띠를 페인트로 칠해서 값을 표시하는

방식을 '컬러코드 표시법'이라 한다.

2) 탄소피막형 저항은 5% 오차의 4색 띠 방식을, 금속피막형은 5색띠로 오차는 1~2%형 제품이 일반적이다.

3) 저항 값 표시에 관한 컬러코드 규정

표 2.2 저항의 컬러코드 표기법

색(color)	제 1숫자	제 2, 3숫자	승수	오차(%)
흑색(Black)	-	0	×1	-
갈색(Brown)	1	1	×10	±1
적색(Red)	2	2	$\times 10^2$	±2
주황(Orange)	3	3	$\times 10^3$(1K)	-
노랑(Yellow)	4	4	$\times 10^4$(10K)	-
녹색(Green)	5	5	$\times 10^5$(100K)	±0.5
파랑(Blue)	6	6	$\times 10^6$(1M)	-
보라(Violet)	7	7	$\times 10^7$(10M)	
회색(Gray)	8	8	$\times 10^8$(100M)	-
흰색(White)	9	9	$\times 10^9$(1,000M)	-
금색(Gold)	-	-	$\times 10^{-1}$	±5
은색(Silver)	-	-	$\times 10^{-2}$	±10
무색(None)	-	-	-	±20

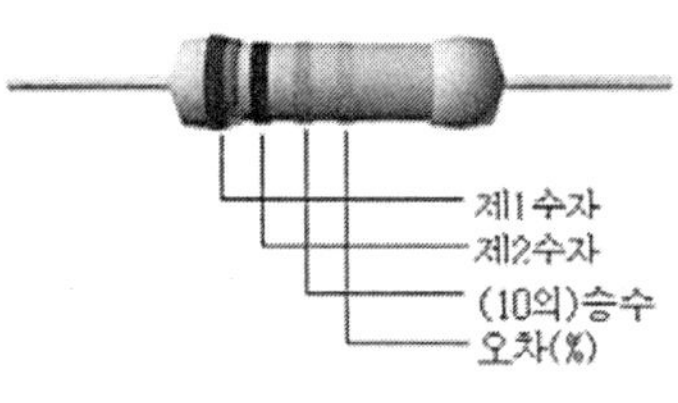

(4) 4색띠 저항 표시법

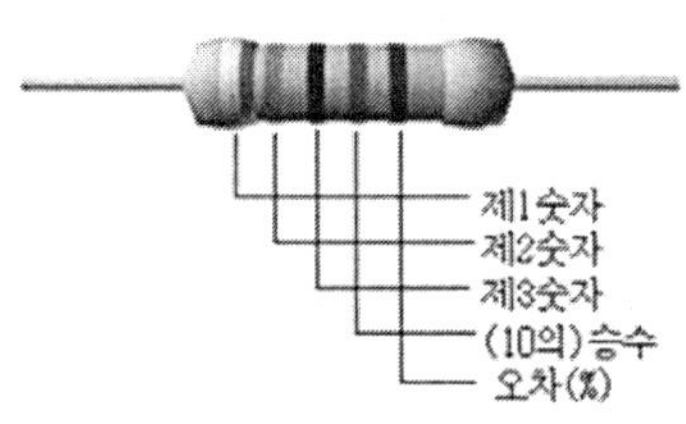

(5) 5색띠 저항 표시법

그림 1.5 저항값 색 표시법

가. 저항 값의 색 표시법

4색 저항은 E24시리즈(KS같은 공업규격 중 하나로 1~10까지 숫자를 10등비급수로 나눈값으로 2, 5, 10% 오차를 갖는 저항), 5색저항은 E48 또는 E96(1% 오차를 갖는 저항으로 숫자 클수록 저항 오차가 적다)시리즈를 기준으로 제품화된다. 저항 컬러코드의 기본단위는 (Ω)이고,

$1000(\Omega)$ 또는 $10^3(\Omega)$을 $1(k\Omega)$으로 표기한다.

소숫점 표시법

① 갈 녹 적 금 = $1.5(k\Omega)$
② 주 백 금 금 = $3.9(\Omega)$

나. 숫자에 의한 저항 표기법

1) 저항의 표면이 크거나 평면이면 숫자를 직접 인쇄하여 표기하는 경우도 있다.

(예)

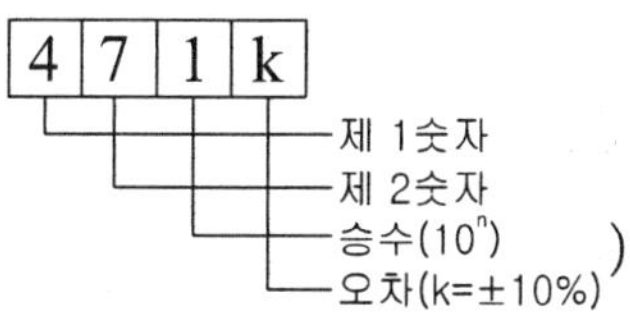

2) 컬러를 대신하여 숫자를 직접 사용한 것으로 그 표현방식은 유사하다.

3) 오차의 경우 F=1(%), J=5(%), K=10(%)를 나타낸다.

그림 1.6 Chip type 정밀저항

5) 가변저항과 반고정저항

가변저항에는 회로의 전류나 전압을 조정하거나 회로부품의 불균형에 의한 동작상태를 조정하기 위해 사용된다. 종류로는 저항 값을 바꾸지 않는 반고정 저항과 음량이나 이퀄라이저의 조정 등을 위해 수시로 사용하는 가변저항(볼륨)이 있다.

반고정 저항의 경우, 가장 저렴한 탄소피막형에서부터 플라스틱 몰드형, 금속 피막형, 서미트가 있다. 이중 금속피막형과 서미트는 오차가 적으며 특히 안정성이 좋아 먼지가 많거나 회로 주변의 온도와 습도의 변화가 심한 경우 많이 사용된다.

볼륨과 같이 저항 값을 조절하도록 만든 것을 가변저항(Variable resistor; VR)이라 하고 10회전에 걸쳐 직선적으로 변화되는 제어용 가변저항을 포텐셔미터(Potentiometer)라 한다. 또한 드라이버로 조절이 가능하도록 만든 것을 반고정저항(SVR) 또는 트리머저항이라고 한다.

(a) 가변저항(VR) (b) 포텐셔미터 (c) 반고정저항

그림 1.7 여러 가지 가변저항

예제 6

길이가 $1,000(m)$이고 지름이 $4(mm)$인 연동선의 20(℃)에서 저항을 구해보시오. 단, 20(℃)에서 연동선의 고유저항은 $\rho = 1.69 \times 10^{-8}(\Omega.m)$라 한다.

$$R = \rho\,\frac{l}{s} = \frac{1.69 \times 10^{-8} \times 1000}{2^2 \times \pi \times 10^{-6}} = 1.35(\Omega)$$

6. 도체, 반도체, 절연체

1) 도체(Conductor)

물체는 원자로 이루어져있으며 원자 안에 있는 전자들은 원자핵의 인력(끌어당기는 힘)을 받아 속박되어 있다. 하지만 원자핵에 약하게 속박되어 있는 일부 외곽 전자는 원자 사이를 자유롭게 움직일 수 있다. 이러한 전자를 '자유전자' 라고 한다. 즉 도체에는 이러한 자유전자가 많아서 원자 사이를 쉽게 이동할 수 있으므로 전기가 잘 통하는 것이다. 자유전자가 풍부한 물질(도체)로 금, 은, 동 등이 있으며 열전도율도 뛰어나다. 일반적으로 전선으로 구리선을 이용하는데 주위에 절연물질(염화비닐 등)을 입혀서 사용한다. 도체는 전기저항이 아주 작은 물질이다.

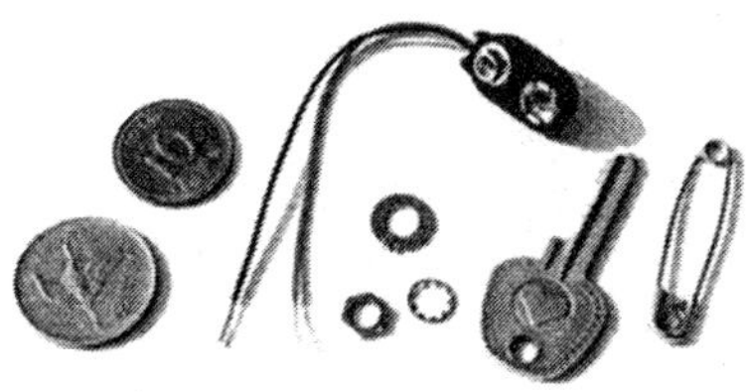

그림 1.8 도체

2) 반도체(Semi conductor)

반도체는 금속과 절연물 중간의 전기저항 값을 가지며, 그 전하의 캐리어 밀도가 어떤 온도 범위에서 온도와 더불어 증가하는 전자 또는 이온 전도성의 고체를 말한다. 이에 속하는 광석류는 천연에도 있으며 인공적인 것은 실리콘, 게르마늄, 셀레늄, 아산화동 등이 있다.

3) 절연체(Insulator)

절연체는 전기가 잘 통하지 않는 물체 또는 부도체를 말한다. 즉 도자기나 유리류, 애자, 마른 나무, 플라스틱류, 종이류, 비닐류 등 전기를 흐르지 못하게 하는 물질이다. 전자가 원자핵에 속박되어 있어서 자유전자가 거의 없기 때문에 전기를 잘 통하지 못하는 것이다.

7. 전원(Source)

전원이란 회로에 전력, 즉 전기적 에너지를 공급하는 장치를 말한다. 또한 전원에 연결되어 있는 장치를 '부하(Load)'라고 한다. 이와 같이 에너지를 공급해주는 전원은 등가적으로 전압원 또는 전류원으로 나타낼 수 있다. 부하에 관계없이 항상 일정한 전압을 공급해주는 전압원을 '독립전압원' 또는 이상적인 전압원이라고 한다. 아래 그림은 일정한 전압을 공급하는 직류(DC) 전압원 및 교류(AC) 전압원 기호이다.

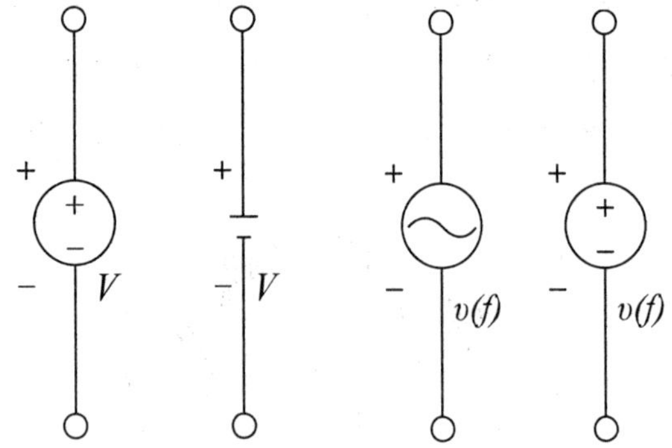

(a) 직류 전압원 (b) 교류 전압원

그림 1.9 전압원의 기호

부하에 관계없이 항상 일정한 전류를 공급해주는 전류원을 '독립전류원' 또는 '이상적인 전류원'이라고 하고, 아래 그림과 같이 나타낸다.

아래 그림 (a)는 시간에 관계없이 일정한 전류를 공급하는 직류 전류원을 나타내고, 그림 (b)는 일반적인 교류 전류원을 의미한다.

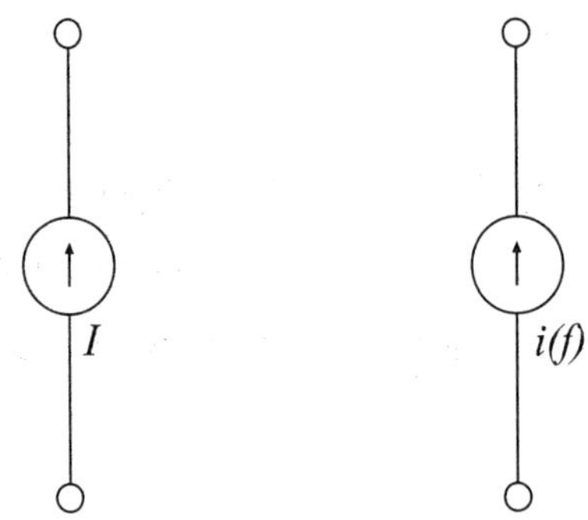

(a) 직류 전류원 (b) 교류 전류원

그림 1.10 전류원의 기호

1) 독립 전압원(Independent voltage source)

전류의 흐름과 독립적으로 존재하는 단자전압(terminal voltage)을 '독립 전압원'(independent voltage source)이라고 정의한다. 독립 전압원은 이상적인 전원(ideal source)을 말한다. 그러나, 실제적으로 이상적인 전압원은 존재하지 않고, 그림 1.11과 같이 내부저항 r_i를 포함하는 전압원이 존재한다.

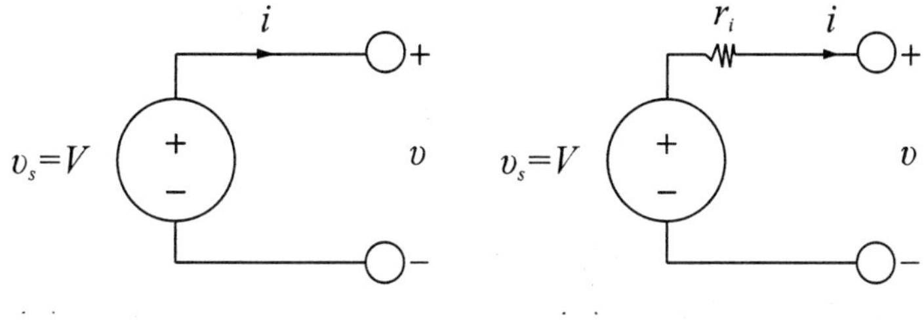

그림 1.11 독립 전압원

그림 1.11 (b)로부터 전압-전류의 관계식을 얻을 수 있으며, 이를 도시하면 그림 1.12와 같다.

$$v = V - r_i i \tag{1.16}$$

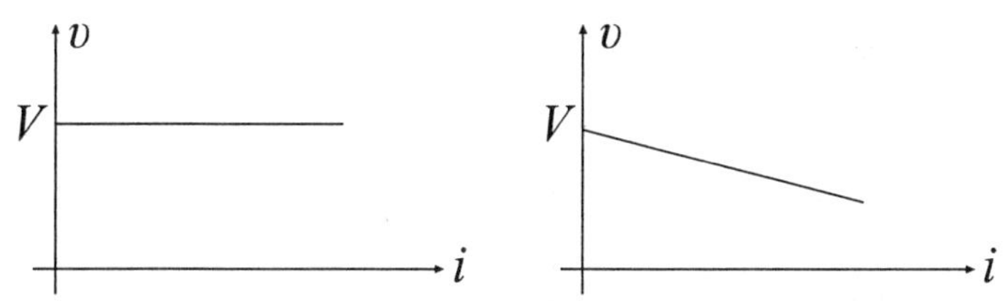

그림 1.12 전압원 특성

2) 독립 전류원(Independent voltage source)

전압과 독립적으로 존재하는 전류원을 독립 전압원(independent current source)이라고 정의한다. 독립 전류원은 이상적인 전원(ideal source)를 말한다. 그러나, 실제적으로 이상적인 전류원은 존재하지 않고, 그림 1.13와 같이 내부저항 r_i를 포함하는 전류원이 존재한다.

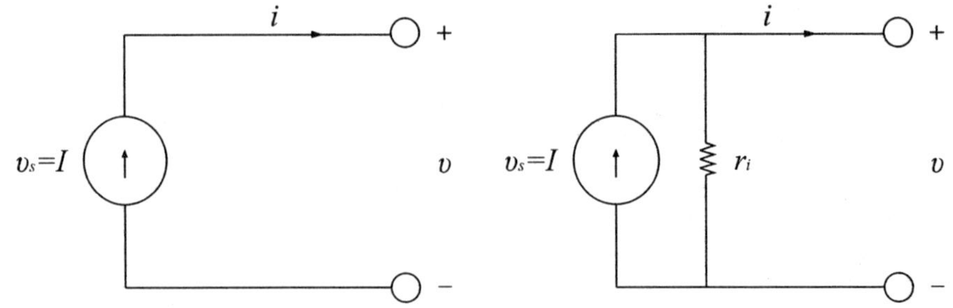

(a) 이상적인 독립 전류원 (b) 실제적인 전류원

그림 1.13 전류원

그림 1.13(b)로부터 전압-전류의 관계식을 얻을 수 있다.

$$i = I - \frac{v}{r_i} \tag{1.17}$$

이를 도시하면 그림 1.14와 같다.

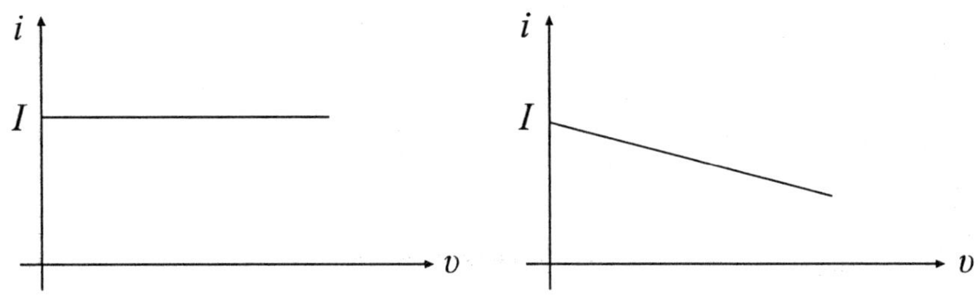

(a) 이상적인 독립 전류원의 특성 (b) 실제적인 전류원의 특성

그림 1.14 전류원 특성

3) 종속 전압원(Dependent voltage source)

독립 전압원과는 달리, 전류(또는 전압)의 변화에 따라 종속적으로 값이 변하는 전압원을 '종속 전압원'(dependent voltage source)이라고 정의한다. 종속 전압원(dependent voltage source)은 트랜지스터 및 집적회로 등의 등가 모델(equivalent model)에서 실제적으로 존재한다.

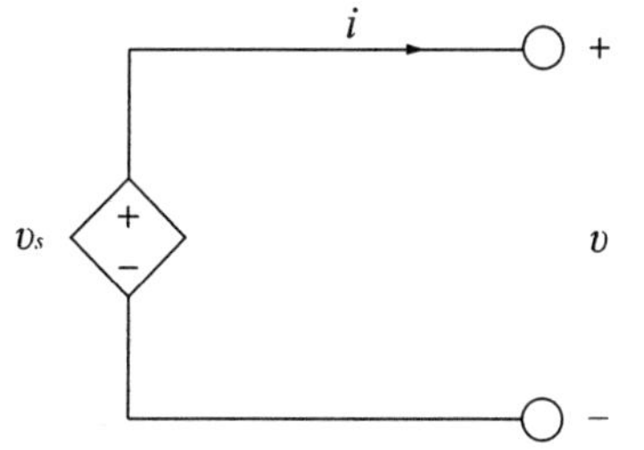

그림 1.15 종속 전압원

4) 종속 전류원(Dependent current source)

독립 전류원과 달리, 전압(또는 전류)의 변화에 따라 종속적으로 전류값이 변하는 전류원을 '종속 전류원'(dependent current source)이라고 정의한다. 종속 전류원은 트랜지스터 및 집적 회로등의 등가 모델(equivalent model)에서 실제적으로 존재한다. 그림 1.16 회로를 보면 종속 전원은 3[Ω]에 흐르는 전류에 종속적으로 변한다.

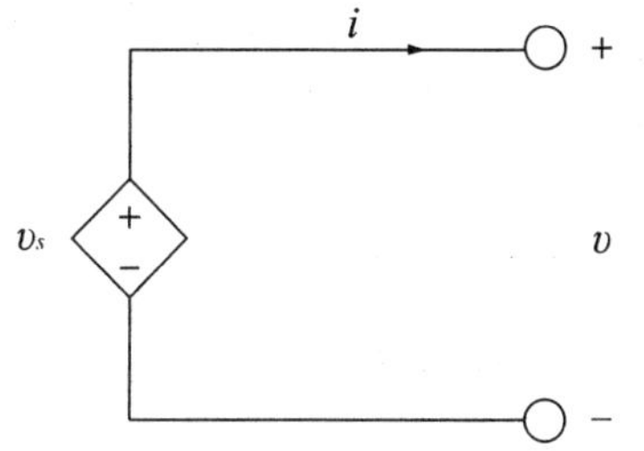

그림 1.16 종속 전류원

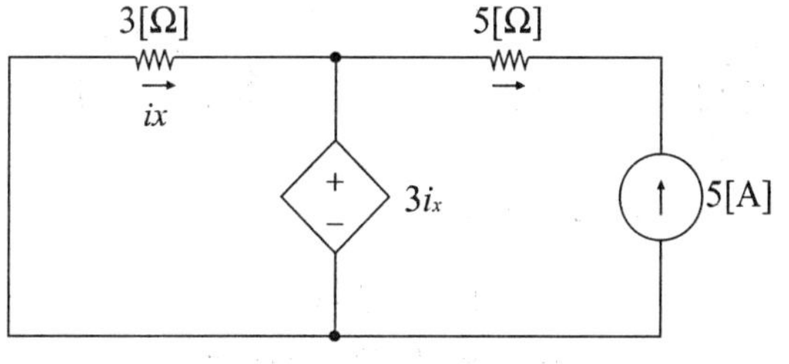

그림 1.17

8. 전기회로의 구성

1) 전기회로의 구성

아래 그림에서 회로의 스위치를 닫으면 전류가 흐르게 되어 꼬마전구에 불이 들어온다. 이렇게 전기가 흐르는 통로를 '전기회로'라 하고, 전기를 가하는 전지를 '전원(source)'이라고 한다. 또한 전기를 소비하는 꼬마전구를 '부하(load)'라고 한다.

아래 그림은 기본적인 전기회로도이다.

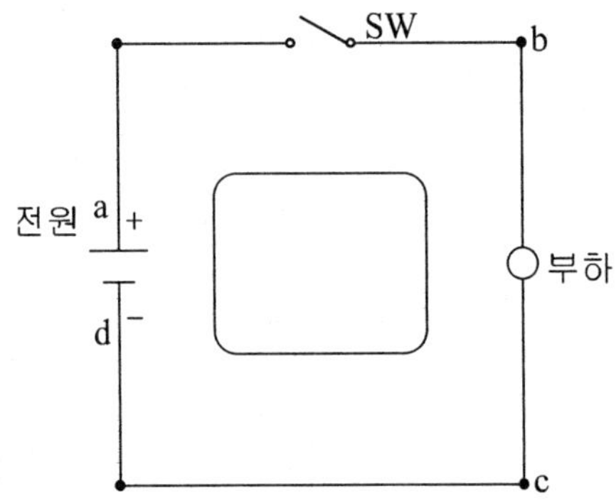

(a) 전기회로도

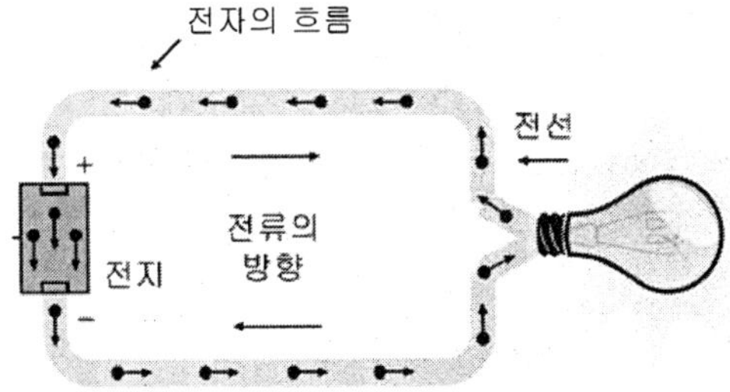

(b) 전원과 부하

그림 1.18 기본적인 전기회로도

2) 전기회로의 전류

전기는 전자의 흐름이다. 그림 1.18(b)와 같이 양전하와 음전하를 가지고 있는 축전지의 양극(+)단자, 음극(-)단자를 구리선으로 연결하면, 두 단자 사이에 전위차가 있으므로 음극(-)단자의 음전하는 전선을 통하여 양극(+)단자를 향하여 흐를 것이다. 음극단자는 전선의 전자들이 양극단자를 향하여 이동할 수 있도록 전자의 부족상태를 메어준다. 축전지의 화학적인 활동은 양극단자에서는 전자들을 흡인하고, 음극단자에서는 전자를 일정하게 공급하도록 한다. “전자는 음극에서 양극으로 이동하고, 전류는 양극에서 음극으로 흐른다” 다시말하면 전류의 방향은 전자가 이동하는 방향의 반대 방향으로 정한다. 따라서 자유전자는 '-'에서 '+'로 흐르지만, 회로 상에서 전류의 흐르는 방향은 '+'에서 '-'로 흐른다고 약속한다. 이러한 이유는 전자가 발견되기 전에 과학자들이 전기의 흐름을 '+'에서 '-'로 보았기 때문이다.

3) 전기회로의 전압

전지의 전기적인 압력을 '전압'이라고 한다. 또한 전류를 연속적으로 만들어 주는 힘을 '기전력'이라고 한다. 기전력은 발전기나 전지 등이 가지고 있다. 어떤 기준점에서의 전기의 위치를 '전위'라고 하고, 상대적인 차이를 '전위차'라고 한다.

전지의 +에서 - 방향으로 전기가 흐른다.

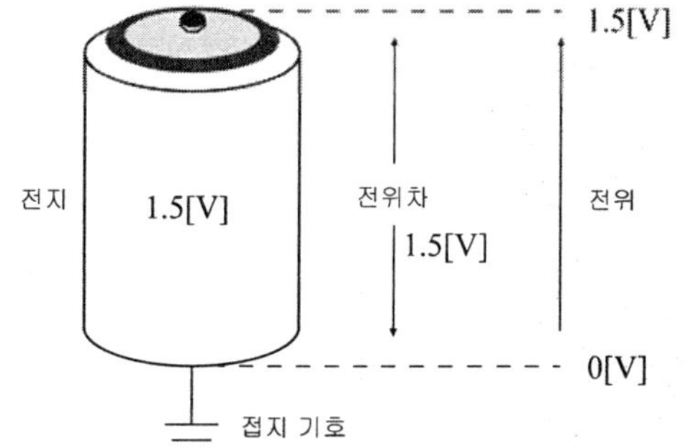

그림 1.19 전압의 개념

Chapter 1. 연습문제

문제 1. 도체와 절연체의 차이점을 간단히 설명해보시오.

문제 2. 전류의 방향과 전자의 흐름을 설명하시오.

문제 3. 저항 $20(\Omega)$ 양단에 전압 $220(V)$를 인가하였다. 이때 저항에 흐르는 전류는 몇 (A)인가?

문제 4. 그림과 같이 전류가 $i_1=50(A)$, $i_2=20(A)$, $i_4=40(A)$, $i_5=10(A)$, $i_6=15(A)$일때 i_3은 몇 (A)인가?

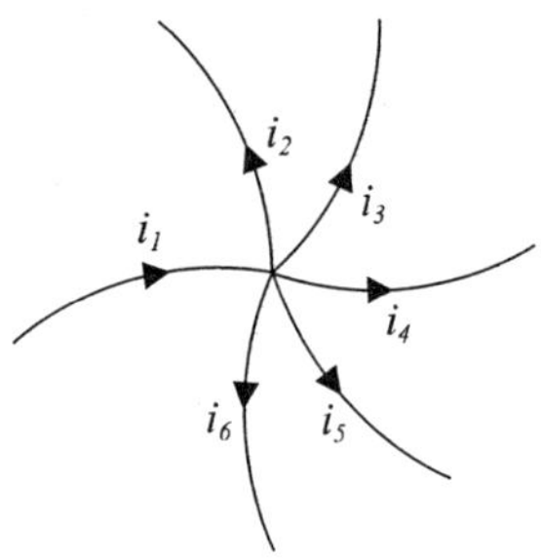

문제 5. 다음 회로에서 각 지로에 흐르는 전류 I_1, I_2, I_3를 구하시오.

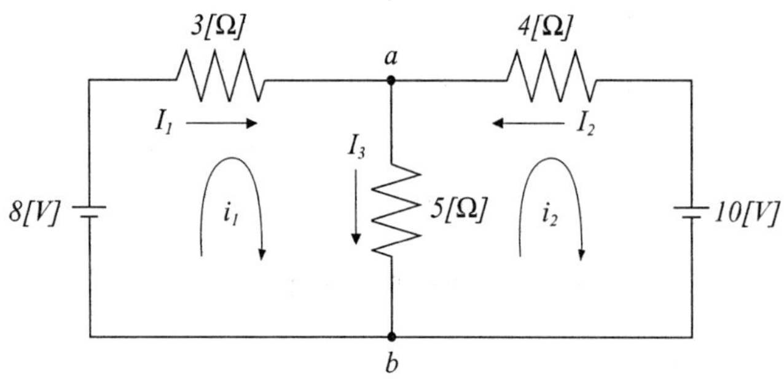

문제 6. 수압과 비교하여 전압을 설명하시오.

문제 7. 저항의 종류와 주요 특성을 설명하시오.

문제 8. 다음 저항 값에 해당하는 컬러코드 값을 적으시오.

가) $330(\Omega)$, 20%	나) $8.2(\Omega)$, 10%
다) $4.7(M\Omega)$, 5%	라) $560(\Omega)$, 20%
마) $220(k\Omega)$, 10%	바) $0.5(\Omega)$, 5%

문제 9. 가변저항과 반고정저항은 어떤 용도로 사용될 수 있는가?

Chapter 2. 회로해석

1. 직류(DC)와 교류(AC)
2. 오옴(Ω)의 법칙(Ohm's Law)
3. 키르히호프 법칙(Kirchhoff's Law)
4. 저항 접속법
5. 직류 전압원
6. 전압분배회로, 전류분배회로

※ 연습문제

1. 직류(DC)와 교류(AC)

저항을 연결하여 구성한 회로에 건전지로 전원을 공급하면, 이 회로에 흐르는 전류는 항상 크기가 일정하여 흐르는 방향도 일정하다. 이러한 전류나 전압을 '직류' 라고 하는데, 기호로는 DC(Direc Current)로 나타내며 아래 그림 (a)와 같은 파형이 된다. 이에 비해 그림 (b)의 파형은 우리가 가정에서 사용하는 전기를 말하는데, 전류나 전압이 주기적으로 변화한다. 이러한 전류나 전압을 '교류' 라고 하며, 기호로는 AC(Alternating Current)로 나타낸다.

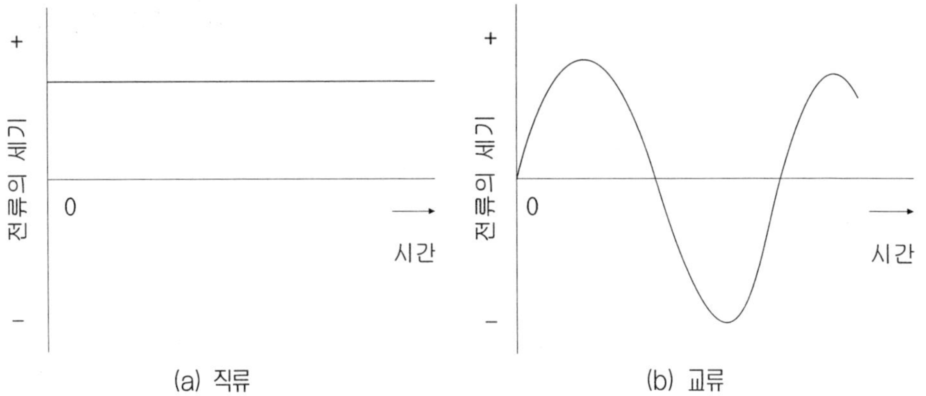

그림 2.1 직류와 교류

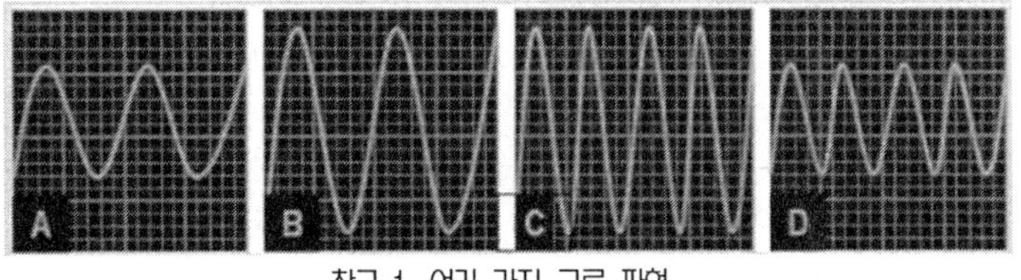

참고 1. 여러 가지 교류 파형

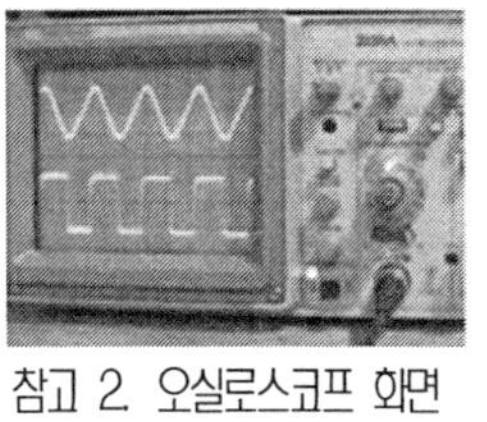

참고 2. 오실로스코프 화면

2. 오옴(Ω)의 법칙(Ohm's Law)

저항에 흐르는 전류는 인가한 전압에 비례하고 저항값에 반비례하여 결정된다. 이러한 전압과 전류의 관계를 '오옴의 법칙' 이라고 한다.

아래 그림은 전구를 이용하여 전구에 불을 켜는 전기회로를 나타내고 있다. 여기서 인가전압(V), 전구에 흐르는 전류(I), 저항(R) 및 빛의 밝기 등에는 어떤 관계가 있는지 살펴보기로 한다.

전기회로를 구성하는 세 가지 요소인 저항과 전류, 전압 사이의 관계를 나타내는 법칙을 독일의 물리학자인 Ohm이 1827년에 발견하였다. 전압의 세기를 V(volt), 전류의 세기를 I(ampere), 저항의 크기를 R(ohm)이라고 할 때 이들의 관계는 다음과 같다.

저항(R)에 전류(I)가 흐를 때 저항 양단에는 이들 두 인수를 곱한 크기의 전압 강하가 발생한다.

(a) 실제 배선도

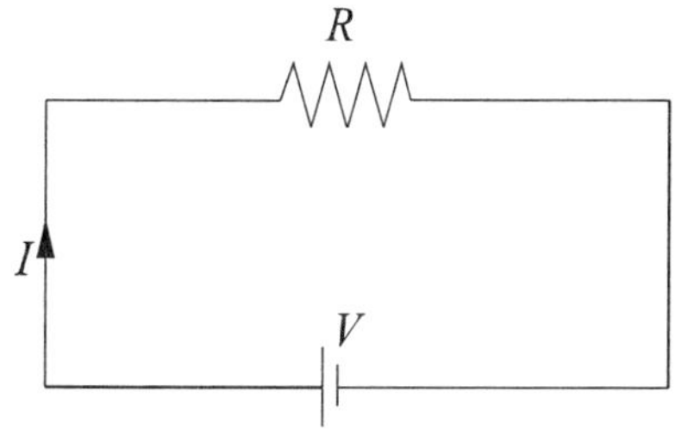

(b) 전기 회로도

그림 2.2 전기회로

$$V = IR[V] \tag{2.1}$$

회로에 흐르는 전압(V)은 전류(I)와 저항(R)에 비례한다. 이와 같은 전류, 전압 및 저항의 관계를 '옴의 법칙' 이라고 한다.

옴의 법칙은 다음과 같이 전압 혹은 저항을 구하는 식으로 표현할 수 있다.

$$I = \frac{V}{R} = GV[A] \tag{2.2}$$

회로에 흐르는 전류(I)는 전압(V)에 비례하고, 저항(R)에 반비례한다. 여기서 G=1/R은 컨덕턴스(conductance)라고 하며, 단위는 mho(℧) 또는 siemens(S)를 사용한다.

저항에 흐르는 전류와 저항 양단 간의 전압을 알고 있을 때 저항 값을 구할 수 있다.

$$R = \frac{V}{I}[\Omega] \tag{2.3}$$

독일의 물리학자 George Simon Ohm은 실험에 의해 다음과 같은 법칙을 발견하였다.

"도체의 전압은 그 도체를 흐르는 전류에 비례한다"

$$v = Ri \tag{2.4}$$

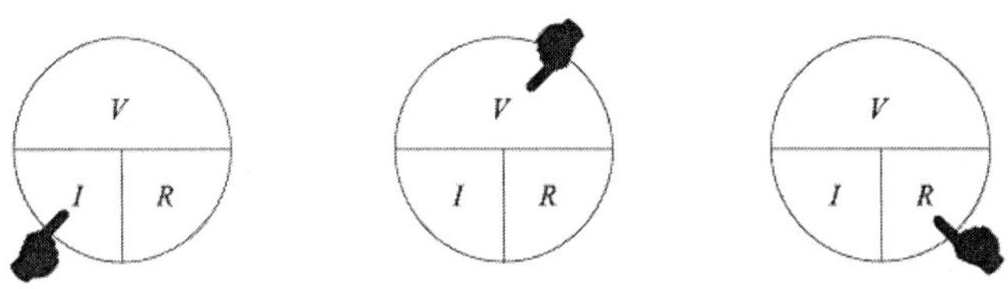

(a) $I = \frac{V}{R}$　　(b) $V = IR$　　(c) $R = \frac{V}{I}$

그림 2.3 오옴의 법칙

예제 1

10[V] 건전지에 램프를 접속하고 전류를 측정하였더니 0.5[A]였다. 이 저항 값은 얼마인가?

옴의법칙을 변형한 공식 $R = \frac{V}{I}$에 대입하면 $R = \frac{10}{0.5} = 20$ 램프가 가열 중일 때의 저항 값은 20[Ω]이다.

예제 2

전압이 200 [V], 50 [W]인 백열전구에 100 [V]의 전압을 인가하면 전력은 얼마인가?

$p = vi = i^2 R = \frac{v^2}{R}$ 로부터 $R = \frac{v^2}{p} = \frac{200^2}{50} = 800\,[\Omega]$ 따라서, 90 [V]의 전압을 인가하면 $p = \frac{100^2}{800} = 12.5\,[\mathrm{W}]$ 이다.

3. 키르히호프 법칙(Kirchhoff's Law)

1) 키르히호프 전류법칙(Kirchhoff's Current Law; KCL)

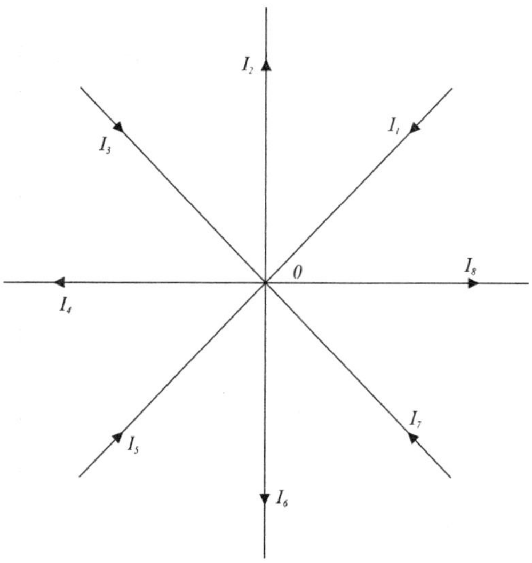

그림 2.4 키르히호프의 전류법칙

"회로 내 임의의 분기점에 유입 또는 유출하는 전류의 대수 합은 언제나 0이다" 다시 말해서 임의의 한 분기점에서의 입력전류의 총합은 출력전류의 총합과 같다는 것을 키르히호프 전류법칙(제1법칙)이라고 한다. 이때 분기점(junction) 이라는 것은 2개 이상의 소자가 연결되는 점을 말한다.

위 그림에서 분기점 0에 유입하는 전류는 (+), 유출하는 전류를 (−)로 표시하면, 유입전류는 I_1, I_3, I_5, I_7 유출하는 전류는 I_2, I_4, I_6, I_8이므로 제1법칙에 의해서 표시하면 다음과 같다.

$$I_1 - I_2 + I_3 - I_4 + I_5 - I_6 + I_7 - I_8 = 0 \tag{2.5}$$

식(2.6)을 다른 식으로 표시하면

$$\sum I_n = 0 \quad (2.6)$$

예제 1

다음의 회로에서 $I_r = 20[A], I_1 = 7[A], I_2 = 4[A], I_4 = 5[A]$일 때, I_3을 구하여라.

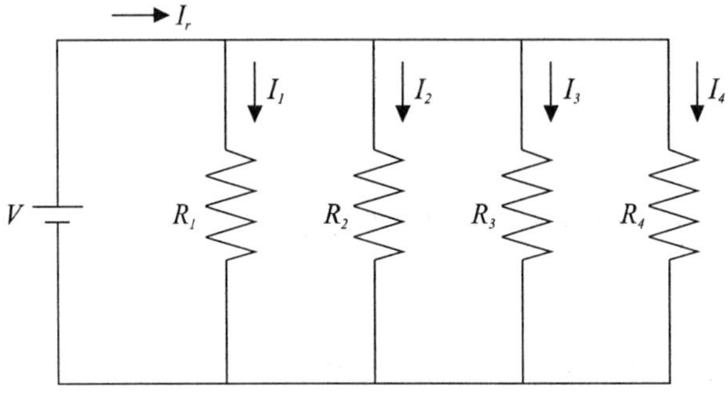

그림2.5 KCL에 의해 미지의 전류 구하기

이 회로를 다시 그리면 그림 2.6과 같고 I_r는 접속점 A로 들어오고, I_1, I_2, I_3, I_4는 나가고 있다. 따라서 접속점 A 키르히호프의 전류법칙 (KCL)에 의하여, $I_r = I_1 + I_2 + I_3 + I_4$ 가 성립한다 따라서 I_3에 대해서 정리하면 $I_3 = I_r - I_1 - I_2 - I_4$가 된다.

$I_3 = 20 - 7 - 4 - 5 = 4[A]$

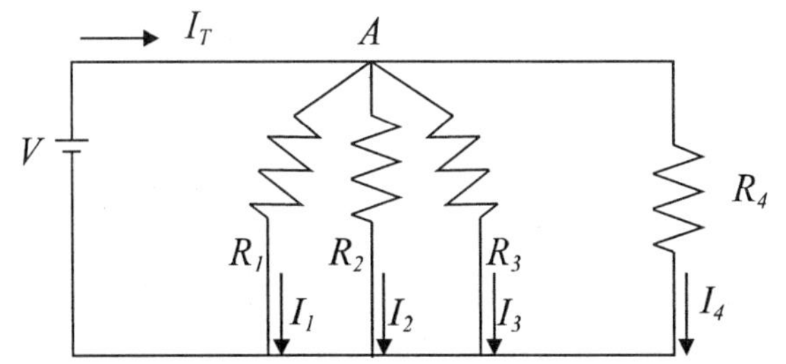

그림 2.6 (그림 2.5)를 다시 그린 회로도

2) 키르히호프 전압법칙(Kirchhoff's Voltage Law; KVL)

"회로망 내의 임의의 폐회로에서 한 방향으로 일주하면서 구한 모든 전압강하의 합과 기전력의 합은 서로 같다" 는 것을 키르히호프 전압 법칙(제 2법칙)이라고도 한다.

$$\sum V_n = 0 \tag{2.7}$$

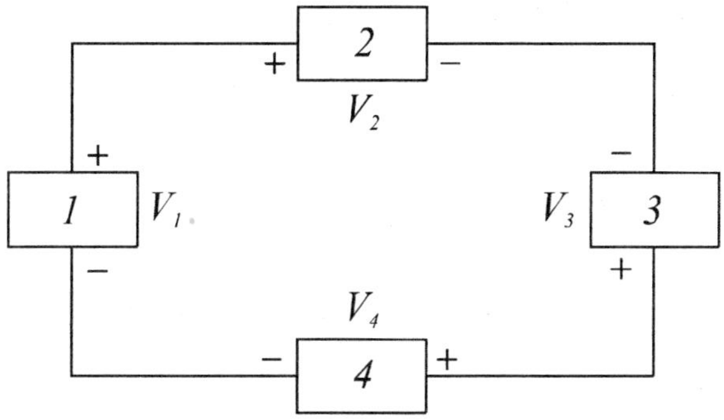

그림 2.7 키르히호프의 전압법칙

이 법칙을 적용함에 있어서 일주하는 방향으로서의 전압상승은 (+)로 하고, 전압강하는 (−)로 해야 한다. 위 회로에서 각 소자에 걸리는 전압을 시계방향으로 적용하면 V_1, V_3는 전압상승이고, V_2, V_4는 전압강하가 되는데, 다음의 3가지 방법 중 하나로 키르히호프 전압법칙을 적용할 수 있다. 결과는 어느 방법으로 하던지 동일하다.

전압상승의 합 = 0

$$V_1 - V_2 + V_3 - V_4 = 0 \tag{2.8}$$

전압강하의 합 = 0

$$-V_1 + V_2 - V_3 + V_4 = 0 \tag{2.9}$$

각 소자에서 (+) 부호가 붙은 단자를 들어가면 (+)로 하고, (−)부호가 붙은 단자에서 들어가면 (−)로 한다.

$$-V_1 + V_2 - V_3 + V_4 = 0 \tag{2.10}$$

이는 임의의 폐회로에서 한쪽 방향으로 일주하면서 취한 전압상승의 대수합은 전압강하의 대수합과 같다는 것을 의미한다. 일주하는 방향은 시계방향 또는 반시계방향 어느 쪽으로 하여도 그 결과는 같게 된다.

그림 2.8에서 시계방향으로 KVL을 적용하면,

V는 전압상승(+)이고, IR_1, IR_2, IR_3는 전압강하(−)이므로, 다음의 식이 성립한다.

$$V - IR_1 - IR_2 - IR_3 = 0 \tag{2.11}$$

또한 반시계 방향으로 KVL을 적용하면, V는 전압강하(−)이고 IR1, IR2, IR3는 전압상승(+)이므로 다음의 식이 성립한다.

$$-V + IR_1 + IR_2 + IR_3 = 0 \tag{2.12}$$

이 들 두 식은 다음 식으로 정리할 수 있는데, 이것은 좌변은 시계방향으로의 전압상승이고, 우변은 반시계방향으로의 전압강하를 나타낸다.

$$V = IR_1 + IR_2 + IR_3 \tag{2.13}$$

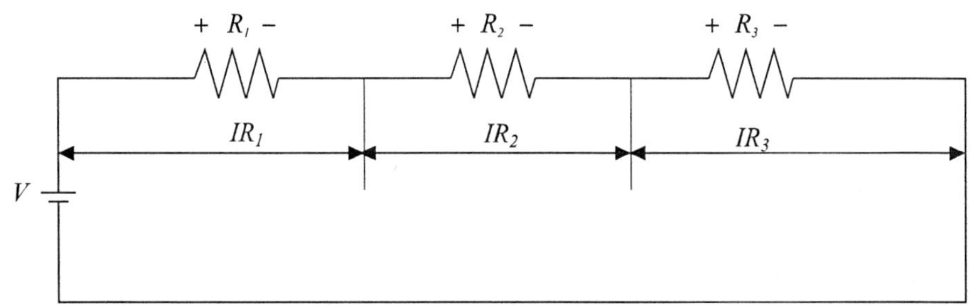

그림 2.8 키르히호프 전압법칙

예제 2

그림 2.9의 회로에서 $V_1 = 3[V]$, $V_2 = 8[V]$, $V_3 = 7[V]$일 때, 인가전압 V는 얼마인가?

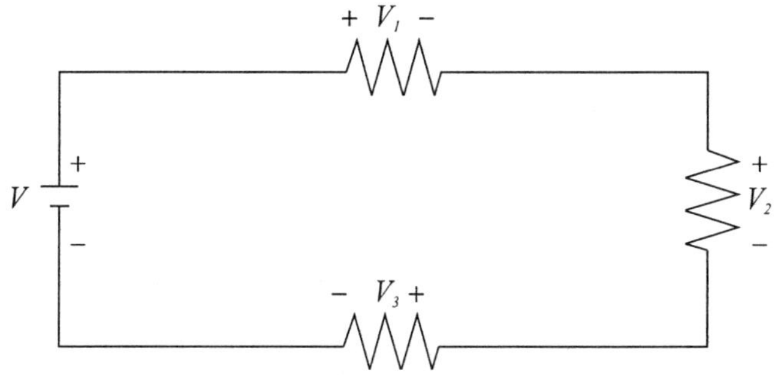

그림 2.9. 예제 2

키르히호프 전압법칙(KVL)을 이용하여 폐회로에 대해 시계방향으로 전압상승식을 적용하면 다음식과 같이 된다.

$$V - V_1 - V_2 - V_3 = 0$$

$$V = V_1 + V_2 + V_3 = 3 + 8 + 7 = 18[V]$$

예제 3

다음과 같은 회로에서 $V_A = 50[V]$, $V_B = 20[V]$, $V_2 = 10[V]$, $V_3 = 5[V]$일 때 V_1 전압을 구하라.

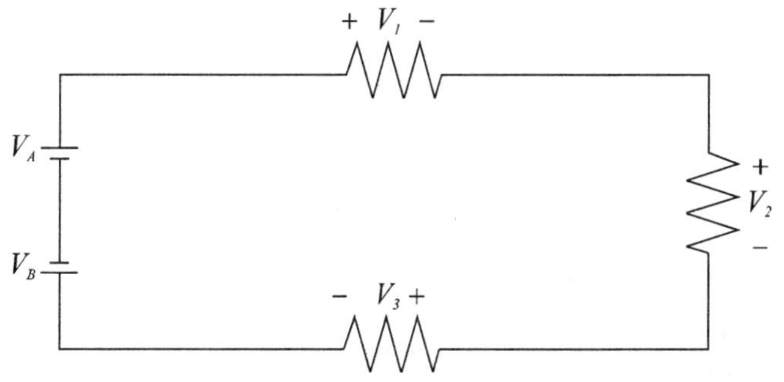

그림 2.10. 예제 3

시계방향으로 일주하면서 키르히호프의 전압을 적용시키면,

$$(-V_B)+V_A-V_1-V_2-V_3=0$$

이 식을 구하고자 하는 전압 V_1에 대하여 정리하면,

$$V_1=V_A-V_B-V_2-V_3$$

$$V_1=50-20-10-5=15[V]$$ 가 된다.

예제 4

다음과 같은 회로에서 $I=5[mA]$이고, 저항, $R_2=5.2[k\Omega]$이고, 전원 V=60[V]일 때 저항 R_3에 걸리는 전압 V_3는 얼마인가? 미지저항 R_3는 얼마인가?

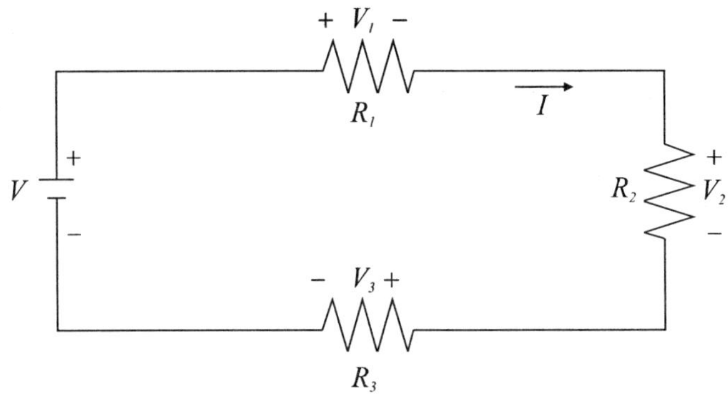

그림 2.11. 예제 4

$$V-V_1-V_2-V_3=0$$

옴의 법칙 $V=IR$을 이용하면 V_1, V_2를 구할 수 있다. 즉,

$$V_1=IR_2=0.005\times 3300=16.5[V]$$

$$V_2=IR_2=0.005\times 5200=26[V]$$

따라서

$$V_3=V-V_1-V_2=60-16.5-26=17.5[V]$$

V_3은 R_3양단의 전압이므로, 옴의 법칙을 이용하면

$$R_3=\frac{V_3}{I_3}=\frac{17.5}{0.005}=3500[\Omega]=3.5[k\Omega]$$

예제 5

아래 회로에서 저항 R_1 양단의 전압 V_{ab}의 크기와 극성을 결정하라

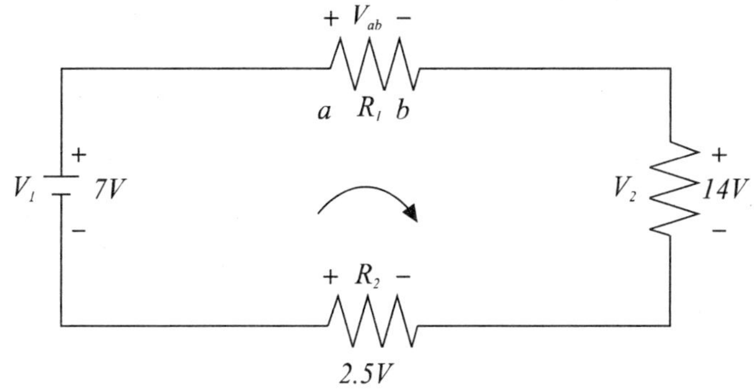

그림 2.12 예제 5

미지전압 V_{ab}의 극성을 그림 2.12과 같이 a점의 전위가 b점보다 높다고 가정하고, 시계방향으로 일주하면서 키르히호프의 전압법칙(KVL)을 적용해보자. 그러면, 전압 V_1과 R_2 양단의 전압 $+2.5[V]$는 전압상승(+부호)이고, V_{ab}와 V_2전압은 전압강하(-부호)가 되어 다음과 같은 식이 성립한다.

$$7 - V_{ab} - 14 - 2.5 = 0$$

$$V_{ab} = -4.5[V]$$

가 되고, 극성은 a보다 b점의 전위가 더 높게 되어, 앞에서 가정하였던 것과 반대가 됨을 알 수 있다.

직렬합성 저항 $R = 20 + 5 + 25 = 50[\Omega]$,

$$\text{전류} I = \frac{V}{R} = \frac{30}{50} = 0.6[A]$$

$$V_1 = IR_1 = 0.6 \times 20 = 12[V]$$

$$V_2 = IR_2 = 0.6 \times 5 = 3[V]$$

$$V_3 = IR_3 = 0.6 \times 25 = 15[V]$$

가 되고, $V_1 : V_2 : V_3 = R_1 : R_2 : R_3 = 4 : 1 : 5$로 되어, 저항크기에 비례하여 전압이 분배됨을 알 수 있다.

예제 6

그림 2.13은 가변저항을 이용한 전압분할회로이다. 출력전압을 $3[V]$로 하기위해서는 가변 R_1, R_2를 어떻게 조정하는지, R_1, R_2의 값을 구하여라. 단, 가변저항의 최대값은 $100[k\Omega]$이다.

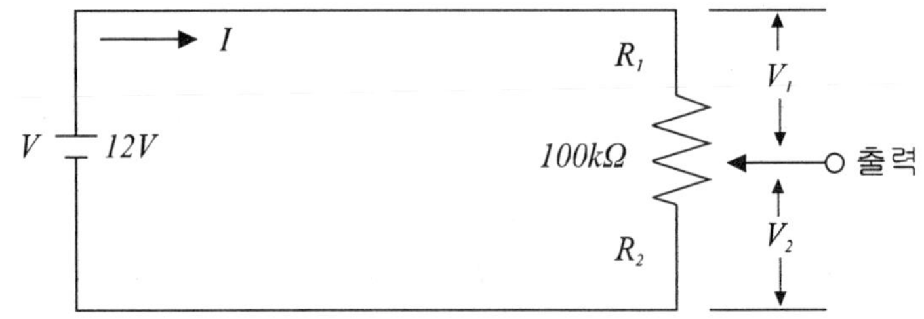

그림 2.13. 예제 6

출력전압은 저항 R_2에 걸리는 전압 V_2이기 때문에, 전압분배 법칙을 이용하여

$$V_2 = \frac{R_2}{R_1 + R_2} \cdot V = \frac{R_2}{100} \cdot 12 = 3[V]$$

$$\therefore R_2 = \frac{3 \times 100}{12} = 25[k\Omega],\ R_1 = 100 - 25 = 75[k\Omega]$$

예제 7

그림 2.14 회로에서 전류 I_1, I_2를 구하라.

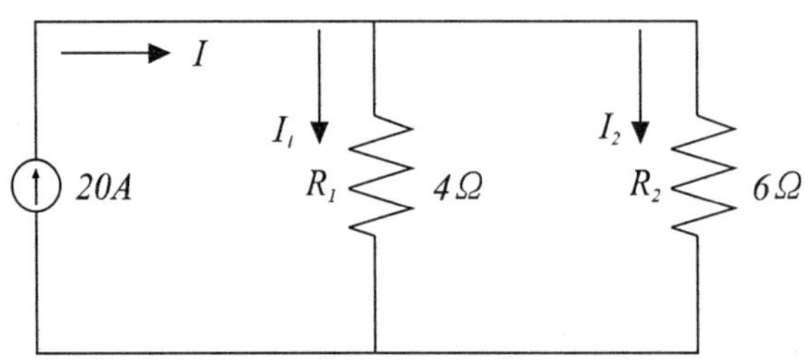

그림 2.14. 예제 7

전류분배 법칙에 의하여

$$I_1 = I\frac{R_2}{R_1 + R_2} = 20 \times \frac{6}{10} = 12[A]$$

$$I_2 = I\frac{R_1}{R_1+R_2} = 20 \times \frac{4}{10} = 8[A]$$

$$\therefore I_1 = 12[A], I_2 = 8[A]$$

예제 8

그림 2.15 회로에서 전류분배 법칙을 이용하여 전류 I_1, I_2를 구하라.

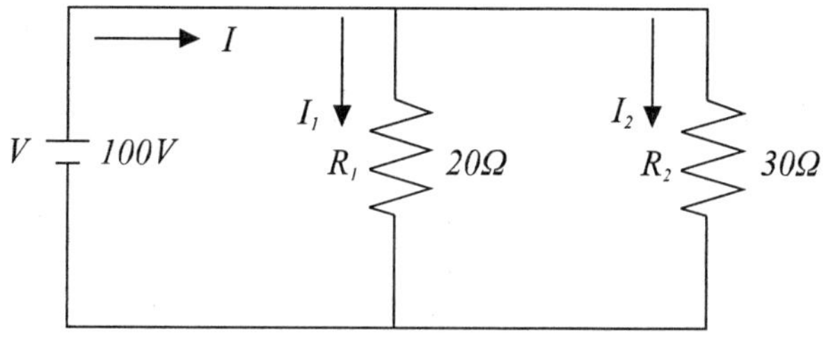

그림 2.15. 예제 8

옴의 법칙과 병렬저항 합의 공식을 이용하여,

$$R_T = \frac{R_1 \cdot R_2}{R_1+R_2} = \frac{20\times 30}{20+30} = 12[\Omega]$$

$$I = \frac{V}{R_T} = \frac{100}{12} = \frac{25}{3}[A]$$

전류분배 법칙에 의하여.

$$I_1 = I\frac{R_2}{R_1+R_2} = \frac{25}{3}\times\frac{30}{20+30} = 5[A]$$

$$I_2 = I\frac{R_1}{R_1+R_2} = \frac{25}{3}\times\frac{20}{20+30} = \frac{10}{3}[A]$$

$$\therefore I_1 = 5[A], I_2 = \frac{10}{3}[A]$$

4. 저항 접속법

1) 직렬 저항회로

여러 개의 저항이 아래 그림과 같이 접속될 때 이를 저항의 직렬접속이라 한다. 저항의 합은 증가하는 것으로 합성저항은 전체를 더한 것과 같다.

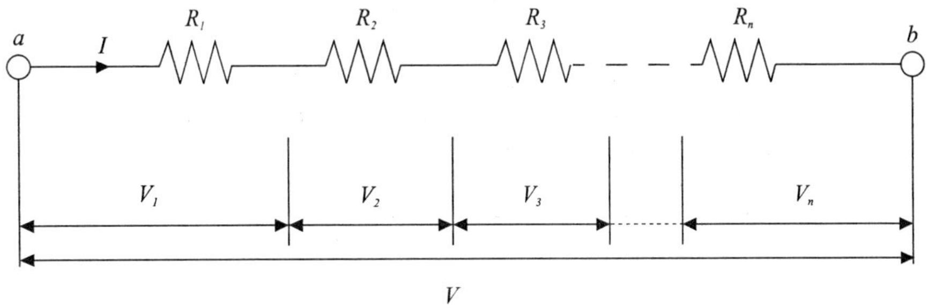

그림 2.16 저항의 직렬접속

위 그림과 같은 회로에 저항을 R_1, R_2, R_3, $\cdots$, R_n 직렬접속하고, 단자 ab간에 $V(V)$의 전압을 인가하면 회로에 $I(A)$의 전류가 흐른다. 이때 각 단자전압을 V_1, V_2, V_3, $\cdots$, V_n이라고 하면 각 저항에 흐르는 전류는 I로 일정하게 흐르므로 각각의 단자전압은

$$V_1 = IR_1[V],\ V_2 = IR_2[V],\ V_3 = IR_3[V],\ \cdots,\ V_n = IR_n[V] \qquad (2.14)$$

가 된다. 따라서 전체 전압은

$$\begin{aligned} V &= V_1 + V_2 + V_3 + \cdots + V_n \\ &= I(R_1 + R_2 + R_3 + R_4 \cdots + R_n)[V] \end{aligned} \qquad (2.15)$$

가 된다. 그러므로 직렬 합성저항은

$$\begin{aligned} R_T &= \frac{V}{I} = \frac{I(R_1 + R_2 \cdots + R_n)}{I}[\Omega] \\ &= R_1 + R_2 + R_3 + \cdots + R_n[\Omega] \end{aligned} \qquad (2.16)$$

이 된다. 즉, 저항의 직렬연결은 다음과 같이 정리할 수 있다.

① 저항을 직렬로 접속할 때 합성저항 값은 각 저항의 합과 같다.

$$\text{합성저항 } R_T = R_1 + R_2 + R_3 + \cdots + R_n$$

② 저항을 직렬접속하면 각 저항에는 저항크기에 비례하는 전압강하가 발생한다.

예제 9

저항 R_1, R_2가 직렬접속되어 있는 회로에서 $R_1 = 100(\Omega)$, $R_2 = 200(\Omega)$ 전압 $E = 3(V)$ 라고 하면, 합성저항 $Ro(\Omega)$와 전류 $I(mA)$는 얼마인가?

$$R_o = R_1 + R_2 = 100 + 200 = 300(\Omega),\ I = \frac{E}{R_o} = \frac{3}{300} = 10(mA)$$

2) 병렬 저항회로

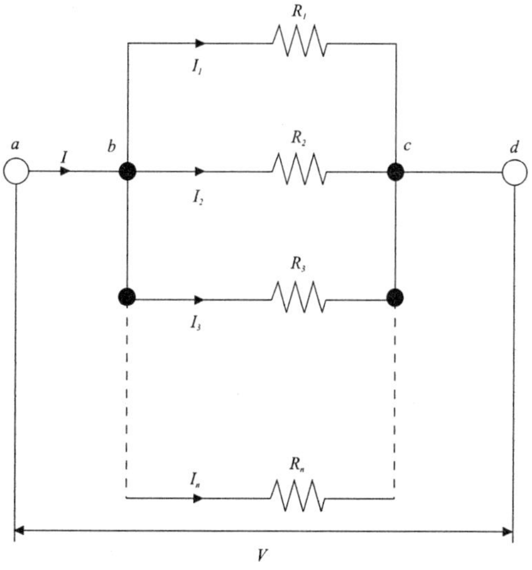

그림 2.17 병렬 저항회로

여러 개의 저항이 다음 그림과 같이 접속된 것을 병렬접속이라고 한다.

위 그림과 같이 저항 R_1, R_2, R_3, $\cdots$, R_n을 병렬접속하고, 단자 ad간에 $V(V)$의 전압을 인가할 때 회로에 흐르는 전류를 $I(A)$라고 하면, 각 저항 단자 간에 흐르는 단자전류를 각각 I_1, I_2, I_3,$\cdots$, I_n이라면, 각 단자전류는

$$I_1 = \frac{V}{R_1}[A],\ \ I_2 = \frac{V}{R_2}[A],$$

$$I_3 = \frac{V}{R_3}[A],\ \cdots\ I_n = \frac{V}{R_n}[A] \tag{2.17}$$

가 되고, 이 회로의 전체 전류는

$$\begin{aligned} I &= I_1 + I_2 + I_3 + \cdots + I_n \\ &= V\left(\frac{1}{R_1} + \frac{1}{R_2} + \frac{1}{R_3} + \cdots + \frac{1}{R_n}\right)[A] \end{aligned} \tag{2.18}$$

이 된다. 따라서 저항의 병렬 접속회로에서 합성저항 R_t는 다음식과 같다.

$$\begin{aligned} R_T = \frac{V}{I} &= \frac{V}{V\left(\frac{1}{R_1} + \frac{1}{R_2} + \frac{1}{R_3} + \cdots + \frac{1}{R_n}\right)} \\ &= \frac{1}{\frac{1}{R_1} + \frac{1}{R_2} + \frac{1}{R_3} + \cdots + \frac{1}{R_n}}[\Omega] \end{aligned} \tag{2.19}$$

즉, 저항의 병렬연결은 다음과 같이 정리할 수 있다.

① 병렬 합성저항 $R_T = \dfrac{1}{\dfrac{1}{R_1} + \dfrac{1}{R_2}} = \dfrac{R_1 R_2}{R_1 + R_2}$

② 저항의 병렬 접속회로에서 각 저항에 흐르는 전류는 저항의 크기에 반비례한다.

예제 10

$R_1 = 3(\Omega)$, $R_2 = 6(\Omega)$인 2개의 저항이 병렬 연결된 회로의 양단에 3(V)의 전압을 인가할 때, 합성저항 R_1과 R_2에 흐르는 전류 $I1$과 $I2$를 구하시오.

$$R_1 = \frac{R_1 R_2}{R_1 + R_2} = \frac{3 \times 6}{3+6} = \frac{18}{9} = 2(\Omega),\ I = \frac{E}{R_1} = \frac{3}{2} = 1.5(A)$$

$$I_1 = \frac{6}{3+6} \times 1.5 = 1(A),\ I_2 = \frac{3}{3+6} \times 15 = 0.5(A)$$

3) 직 · 병렬 저항회로

아래 그림과 같은 접속을 저항의 직 · 병렬접속이라 한다.

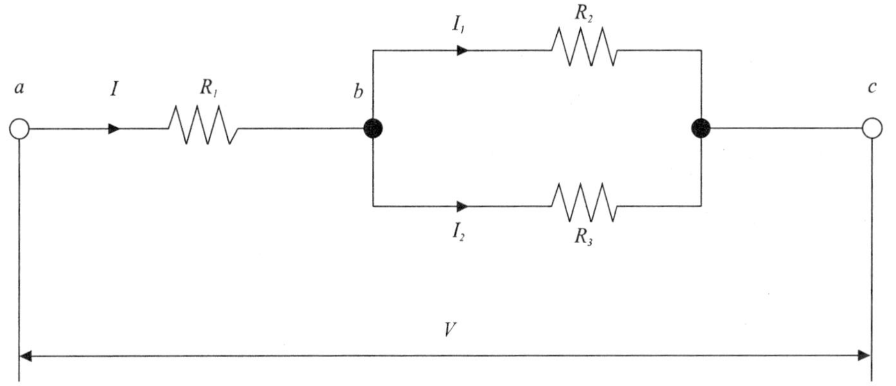

그림 2.18 저항 직 · 병렬 접속

R_2와 R_3는 병렬이고, R_1과는 직렬인 회로의 총저항은 식(2.20)과 같다.

$$R_T = R_1 + \frac{R_2 R_3}{R_2 + R_3}[\Omega] \tag{2.20}$$

5. 직류 전압원

부하에 직류전원을 공급하는 장치로는 건전지, 1차 전지와 2차 전지, 납 축전지 등 여러 가지가 있다. 또한 교류를 정류하여 직류로 변환하여 사용한다. 전지는 화학변화에 의해서 생기는 에너지와 빛, 열 등의 물리적인 에너지를 전기 에너지로 변환하는 장치를 말한다. 그 중에서도 1차 전지는 건전지처럼 1회용이며, 2차 전지는 재사용이 가능한 충전지이다. 볼타전지는 전리현상이 발생하여 두 극에 +, −의 전기가 띄게 되어 약 1(V)의 전기가 발생하도록 하고, 양극의 표면에는 전류가 생성되어 수소기체에 의한 분극작용이 일어난다. 분극작용은 기전력을 저하시키므로 양극을 수소와 결합하기 쉬운 산화물로 씌워 수소를 물로 만드는데 이를 '감극제' 라고 한다.

건전지는 양극으로 탄소막대를 사용하고, 음극에는 용기를 겸한 아연 원통을 사용한다. 전해액은 염화암모늄을 녹말과 섞어 반죽상태로 하거나 종이에 적셔 사용한다. 납축전지는 전압이 약 2(V)로 이산화납과 묽은 황산을 사용한다.

1) 전지의 직렬접속(Series connection)

기전력 V_1, 내부저항 r_1의 전지를 아래 그림 2.19와 같이 m개 직렬로 접속하면 총 전압(합성전압)은 직렬로 연결된 모든 전압의 합과 같다.

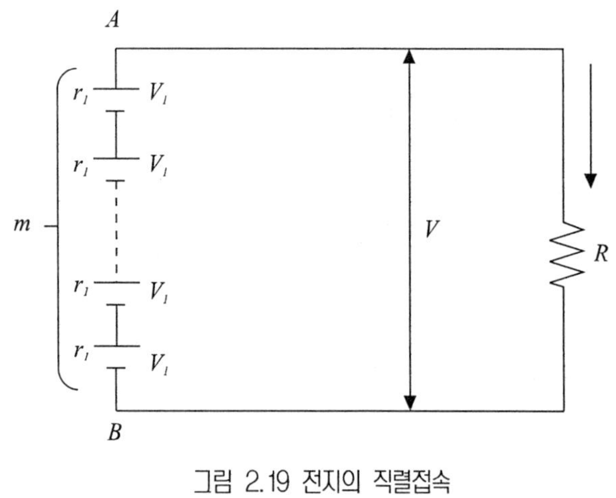

그림 2.19 전지의 직렬접속

즉, 그림 2.19의 합성기전력 V_T는

$$V_T = V_1 + V_1 + \cdots + V_1 = m V_1 \qquad (2.21)$$

내부저항 r로 m개의 r_1이 직렬로 접속되어 있으므로

$$r = r_1 + r_1 + r_1 + \cdots + r_1 = m r_1 \qquad (2.22)$$

부하저항 R을 출력단자에 접속하면 부하전류 I 및 단자전압 V는 다음 식과 같다.

$$I = \frac{m V_1}{m r_1 + R}$$

$$V = m V_1 - m r_1 I = (m r_1 + R) I - m r_1 I = RI \qquad (2.23)$$

2) 전지의 병렬접속(Parallel connection)

기전력 V_1, 내부저항 r_1인 전지 n개를 그림 2.20과 같이 병렬로 접속하면 전압은 증가되지 않지만, 더 오래 사용할 수 있게 된다.

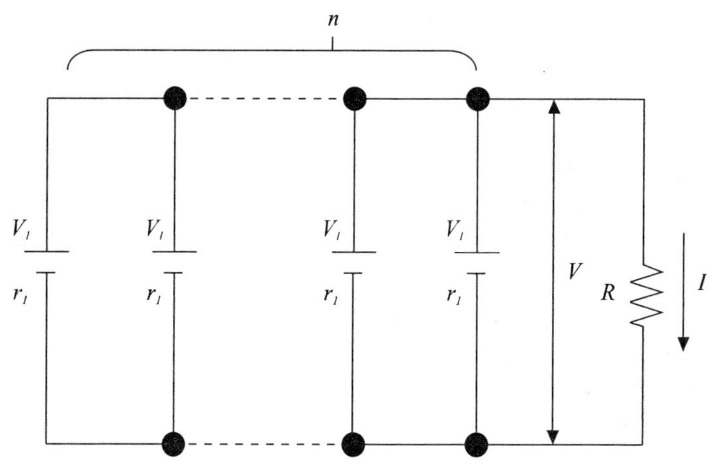

그림 2.20 전지의 병렬접속

전지 1개로 1시간 사용한다면, 전지 10개를 병렬로 연결하면 계속 10시간을 사용할 수 있다. 이 병렬연결 때의 전지 내부저항의 총합은 부하가 일정할 때

$$r = \frac{r_1}{n} \tag{2.24}$$

외부에 부하저항 R을 접속하면 부하전류와 단자전압은

$$I = \frac{V_1}{\frac{r_1}{n} + R} = \frac{nV_1}{r_1 + nR} \tag{2.25}$$

$$V = V_1 - I\frac{r_1}{n} = I(\frac{r_1}{n} + R) - I\frac{r_1}{n} = IR \tag{2.26}$$

6. 전압분배회로, 전류분배회로

1) 전압분배회로

전압분배회로는 옴의 법칙을 이용하여 입력전압을 저항의 크기에 비례하여 분배해 주는 전기 회로에서 흔히 사용되는 기본회로이다.

그림 2.21과 같은 회로에서 입력전압 V는 저항 R_1, R_2, R_3의 크기에 따라 다음 식과 같이 분배되는데, 이것을 '전압분배법칙' 이라 한다.

$$V_1 = R_1 I = V \cdot \frac{R_1}{R_1 + R_2 + R_3} [V]$$

$$V_2 = R_2 I = V \cdot \frac{R_2}{R_1 + R_2 + R_3} [V]$$

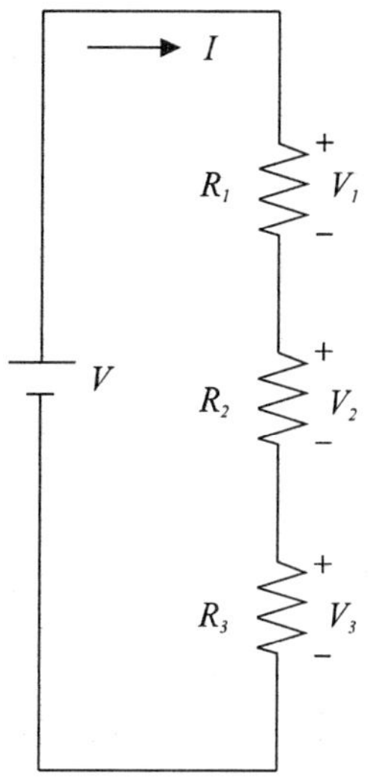

그림 2.21 전압분배회로

$$V_3 = R_3 I = V \cdot \frac{R_3}{R_1 + R_2 + R_3}[V] \qquad (2.27)$$

저항 n개가 직렬로 연결된 회로에서, 저항 Rk에 의해 분배되는 전압강하는 다음 식과 같다.

$$V_k = V \cdot \frac{R_k}{\Sigma R}[V]$$

단, $\Sigma R = R_1 + R_2 + \cdots + R_n$ (2.28)

2) 전류분배회로

저항 병렬회로를 아래와 같은 전류분배회로를 구성할 수 있어 원하는 소자에 필요한 전류를 적절히 흘려줄 수 있는 회로를 설계할 수 있다.

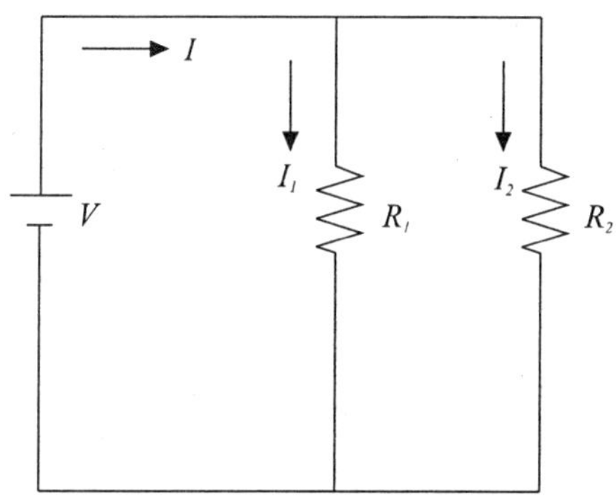

그림 2.22 전류분배회로

옴의 법칙에서 전류 $I = \frac{V}{R} + GV$가 됨을 알게 되었다. 이와 같이 컨덕턴스 G를 이용하여 위 전류분배회로에서 전류를 구하면 각각 다음과 같이 된다.

$$I_1 = \frac{V}{R_1} = G_1 V, \quad I_2 = \frac{V}{R_2} = G_2 V \tag{2.29}$$

$$I = I_1 + I_2 = (G_1 + G_2) V, \quad V = \frac{I}{G_1 + G_2} \tag{2.30}$$

식 (2.29)과 (2.30)에서 다음 식을 얻는다.

$$I_1 = \frac{G_1}{G_1 + G_2} I, \quad I_2 = \frac{G_2}{G_1 + G_2} I \tag{2.31}$$

병렬저항의 각 지로에 흐르는 전류는 각 지로의 컨덕턴스에 의해 비례하여 분배된다. 이것을 '전류분배의 법칙' 이라고 한다. 저항 n개가 병렬로 연결된 회로에서, 저항 R_k의 병렬회로에 분배되는 전류 I_k는

$$I_k = \frac{G_k}{\Sigma G} I,$$

$$\text{단, } \Sigma G = G_1 + G_2 + \cdots + G_n \tag{2.32}$$

단, 식 2.32에서 컨덕턴스 G대신 저항 R을 대입하면 다음과 같은 저항으로 된 '전류분배 법칙' 이 된다.

$$I_1 = \frac{\frac{1}{R_1}}{\frac{1}{R_1} + \frac{1}{R_2}} I = \frac{1}{R_1} \times \frac{R_1 R_2}{R_1 + R_2} I = \frac{R_2}{R_1 + R_2} I$$

$$I_2 = \frac{R_1}{R_1 + R_2} I$$

$$I_1 = \frac{R_2}{R_1 + R_2} I, \quad I_2 = \frac{R_1}{R_1 + R_2} I \tag{2.33}$$

전류분배는 저항에 반비례하여 분배되는 것을 알 수 있다.

예제 11

그림 2.23 회로에서 전류 I_1, I_2를 구하라

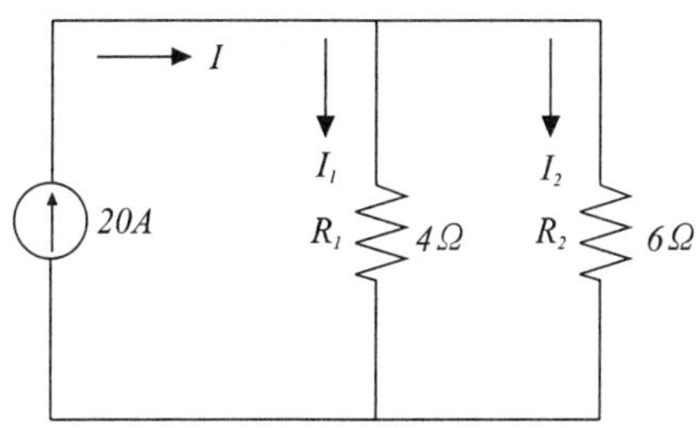

그림 2.23. 예제 11

전류 분배법칙에 의해

$$I_1 = I\frac{R_2}{R_1 + R_2} = 20 \times \frac{6}{10} = 12[A]$$

$$I_2 = I\frac{R_1}{R_1 + R_2} = 20 \times \frac{4}{10} = 8[A]$$

$$\therefore I_1 = 12[A], I_2 = 8[A]$$

Chapter 2. 연습문제

문제 1. 길이가 1000(m)이고 지름이 4(mm)인 연동선의 20(℃)에서 저항을 구하시오. 단, 20(℃)에서 연동선의 고유저항은 $\rho = 1.69 \times 10^{-8}(\Omega . m)$라 한다.

문제 2. 그림과 같은 회로에서 $R_1 = 100(\Omega)$, $R_2 = 200(\Omega)$, 전압 $E = 3(V)$일 때 합성저항 $R_o(\Omega)$와 전류 $I(mA)$를 구하시오.

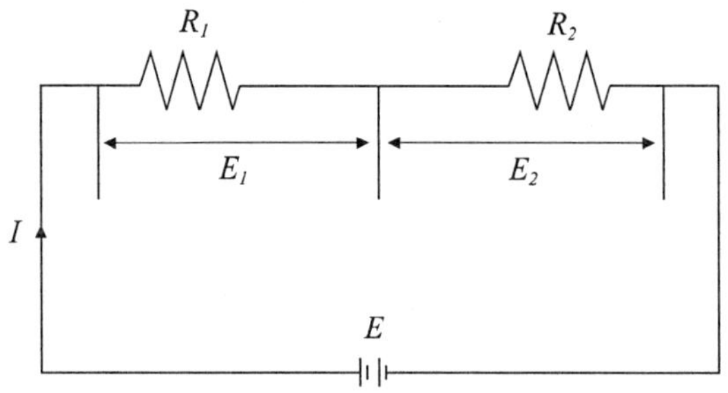

문제 3. 부하저항에 200(V)의 전압을 1시간 동안 인가하였을 때 360(C)의 전하량이 이동되었다. 이 때 회로에서 소비된 전력은 몇 (W)인가?

문제 4. 다음 회로에서 저항 값 R_{ab} 를 구하시오.

가)

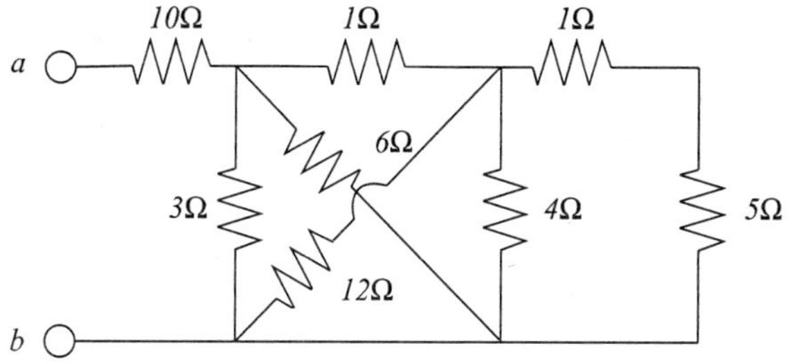

나)

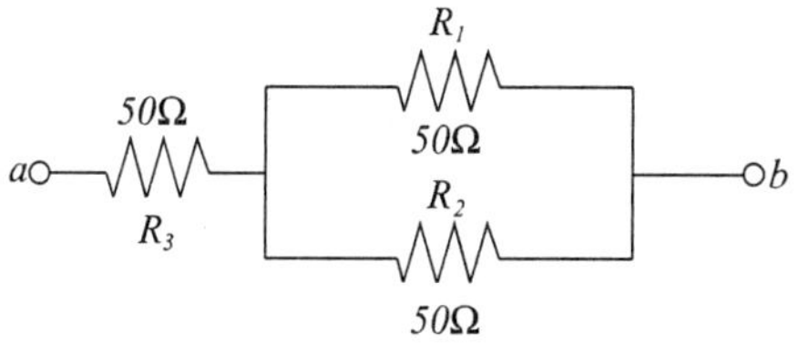

다)

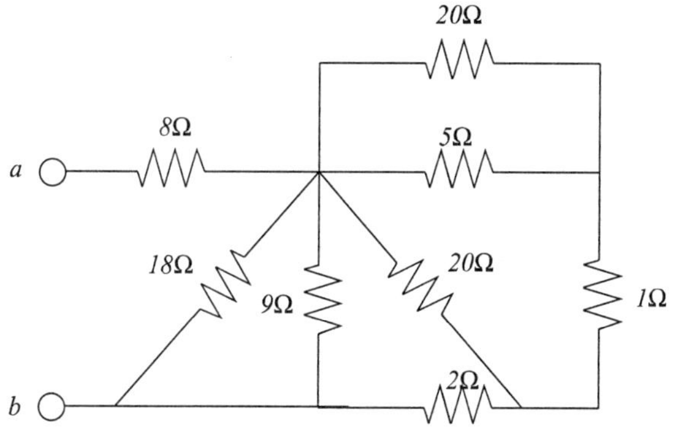

문제 5. 직류 $100(V)$를 공급하였을 때 $2.5(A)$의 전류가 흐르는 전동기에서 하루에 5시간씩 30일 동안 사용할 경우의 전력량은 몇 (kWh)인가?

문제 6. 어떤 저항에 $100(V)$의 전압을 인가해서 $5(A)$의 전류를 1분간 흘렸을 때 이 저항에서 발생하는 열량은 몇 (cal)인가?

문제 7. 전력량 $1(kWh)$는 몇 $(kcal)$인가?

Chapter 3. 기본 교류회로

1. 저항 회로

아래 그림과 같이 저항 R(Ω)만으로 구성된 회로에

$$v = Ri = Vm\sin\omega t[V]$$

정현파 전압을 가했을 때 흐르는 순시전류 i는 오옴의 법칙에 의하여

$$i = \frac{v}{R} = \frac{Vm}{R}\sin\omega t = I_m\sin\omega t[A] \quad (3.1)$$

가 된다. 이 때, 전류의 최대값은

$$I_m = \frac{V_m}{R}[A] \quad (3.2)$$

이 된다. 이것을 파형으로 표시하면 아래 그림 3.1과 같이 되어 전압과 전류는 위상차가 없는 동위상이 된다.

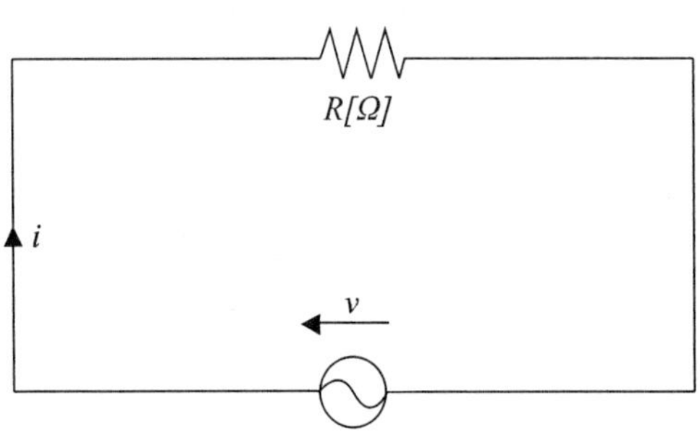

(a)

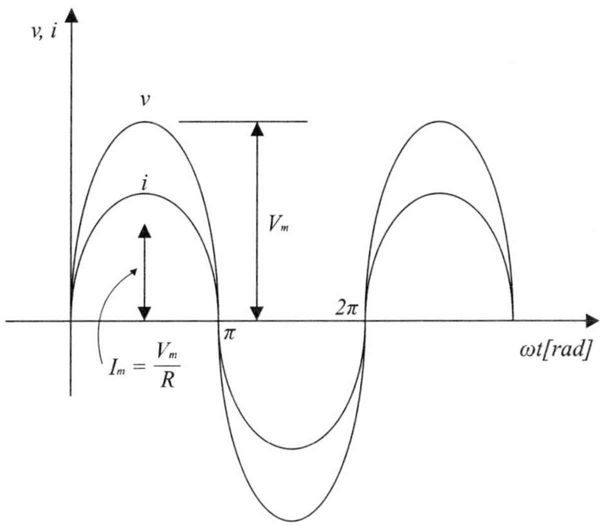

(b)

그림 3.1 저항회로의 전압과 전류

전압과 전류의 실효값을 V 및 i라 하고, $V_m = \sqrt{2}\,V$, $I_m = \sqrt{2}\,I$ 의 관계를 식 3.2에 대입하면 다음 식이 성립한다.

$$\sqrt{2}\,I = \frac{\sqrt{2}\,V}{R} \Rightarrow I = \frac{V}{R}(A) \tag{3.3}$$

저항의 전류 : $I = \frac{V}{R}[A]$

저항 전압 : $V = IR[V]$

따라서 저항만의 교류회로에 정현파가 인가되면 다음의 성질의 갖는다.

(1) 전압과 전류는 동일 주파수의 정현파이다.

(2) 전압과 전류는 동위상이다.

(3) 전압과 전류의 최대치(실효치)의 비는 R이다.

예제 1

$R_1 = 30[\Omega]$, $R_2 = 20[\Omega]$이 직렬로 연결된 회로에 $100[V], 60[Hz]$인 교류전압을 인가할 때, 이 회로에 흐르는 전류 및 R_1, R_2 양단의 전압을 구하라.

교류 $100[V]$라 함은 실효값 이므로, 전압방정식은

$$v = \sqrt{2}\,100\sin\omega t = \sqrt{2}\,100\sin 2\pi 60t = \sqrt{2}\,100\sin 377t[V]$$

따라서 전류 i는

$$i = \frac{v}{R_1 + R_2} = \frac{\sqrt{2}\,100}{50}\sin 377t = \sqrt{2}\,2\sin 377t[A]$$

R_1, R_2의 양단의 전압 v_1, v_2는

$$v_1 = R_1 i = 30\sqrt{2}\,2\sin 377t = \sqrt{2}\,60\sin 377t\,[V]$$

$$v_2 = R_2 i = 20\sqrt{2}\,2\sin 377t = \sqrt{2}\,40\sin 377t[V]$$

$\text{실효값} = \dfrac{\text{최대값}}{\sqrt{2}}$ 이므로

$$I = \frac{2\sqrt{2}}{\sqrt{2}} 2[A],\quad V_1 = \frac{60\sqrt{2}}{\sqrt{2}} 60[V],\ V_2 = \frac{40\sqrt{2}}{\sqrt{2}} = 40[V]$$

2. 인덕턴스(L) 회로

그림 3.2와 같이 인덕턴스 $L(H)$만의 유도회로에 정현파 전류

$$i = Im\sin\omega t(A) \tag{3.4}$$

가 흐른다면, L에 전자기유도 작용에 생기는 전압강하 v는

$$\begin{aligned} v &= L\frac{di}{dt} = L\frac{d}{dt}(I_m \sin\omega t) = LI_m \frac{d\sin\omega t}{dt} \\ &= \omega L I_m \cos\omega t = \omega L I_m \sin(\omega t + \frac{\pi}{2}) \\ &= V_m \sin(\omega t + \frac{\pi}{2})[V] \end{aligned} \tag{3.5}$$

가 되어, 그림 3.2(b)와 같이 전압 v는 전류 i의 위상보다 $\frac{\pi}{2}(rad)$ 앞선다.

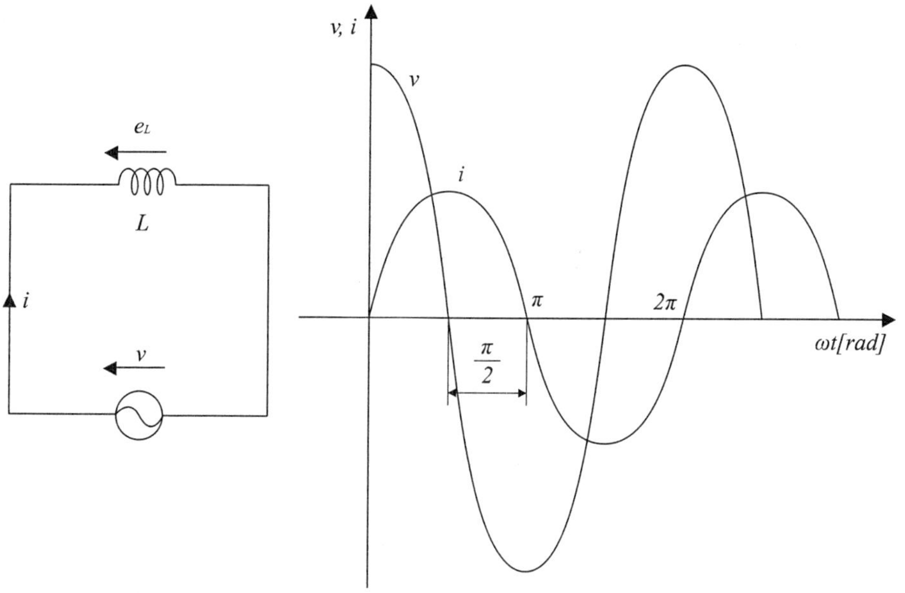

(a) (b)

그림 3.2 인덕턴스 회로의 전압과 전류

그림 3.2와 같은 인덕턴스만의 교류회로에서는

(1) 전압과 전류는 동일주파수의 정현파이다.

(2) 전압은 전류보다 위상이 90° 앞선다.

(3) 전압과 전류의 최대치(또는 실효치)의 비는 ωL이다.

또한 전압과 전류의 실효값을 각각 $V(V)$ 및 $I(A)$라 하면 $V_m = \sqrt{2}\,V$, $I_m = \sqrt{2}\,I$ 의 관계가 있으므로,

코일전압 : $V = X_L I = \omega L I[V]$

코일전류 : $I = \frac{V}{\omega L} = \frac{V}{X_L}[A]$

유도성 리액턴스 : $X_L = \omega L = 2\pi f L[\Omega]$ (3.6)

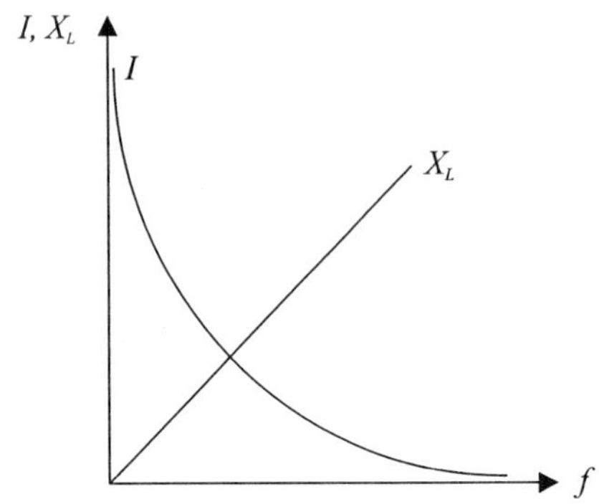

그림 3.3 유도 리액턴스와 전류의 주파수 특성

이 때 $X_L = \omega L$을 '유도 리액턴스'라 하고, 단위는 오옴(Ω)을 사용한다. 전류와 주파수 특성을 살펴보면 그림 3.3과 같다.

식 3.6에서 유도 리액턴스 X_L은 인덕턴스 L과 각 주파수 ω에 비례하므로 일정전압이 인가된 경우는 X_L이 클수록 회로 전류는 감소한다.

결국 주파수 f가 높아질수록 전류는 코일을 통한 흐름이 어려워지므로, 여러 주파수의 신호전압이 인가되는 회로에서 고주파의 신호전류가 흐르는 것을 억제하는데 유도 코일을 사용할 수 있다. 또한 직류가 유도 코일에 흐르는 경우 $\frac{di}{dt} = 0$이므로 전압강하는 0이다.

즉, $vl = L\frac{di}{dt} = 0$이 된다.

예제 2

$20[mH]$인 인덕턴스에 $100[V]$, $60[Hz]$의 교류전압을 인가하였다. 코일의 리액턴스 및 전류의 실효값과 전압과 전류의 수시값을 구하라. 단, 유도 리액턴스 X_L, 전류의 실효값과 최대값을 I, I_m 이라 한다.

$$X_L = \omega L = 2\pi f L = 2 \times 3.14 \times 60 \times 20 \times 10^{-3} = 7.54[\Omega]$$

$$I = \frac{V}{X_L} = \frac{100}{7.54} = 13.26[A]$$

$$V_m = \sqrt{2}\,V = \sqrt{2} \times 100 = 141.4[V]$$

$$I_m = \sqrt{2}\,I = \sqrt{2} \times 13.26 = 18.75[A]$$

$$\omega = 2\pi f = 2\pi \times 60 = 120\pi = 377[rad/s]$$

$$v = 141.4 \sin 377t[V]$$

$$i = 18.75 \sin\left(377t - \frac{\pi}{2}\right)[A]$$

3. 캐패시턴스(C) 회로

그림 3.4(a)와 같이 캐패시턴스 $C(F)$ 만으로 구성된 회로에 교류전압

$$v = V_m \sin \omega t[V] \tag{3.7}$$

의 정현파 교류전압을 가하였을 때 C에 흐르는 전류를 구하여 본다.

이 때 정전용량 $C(F)$에 축적되는 전하 $q(F)$는

$$q = C \cdot v = C \cdot V_m \sin \omega t[C] \tag{3.8}$$

이고, $i = \frac{dq}{dt}$ 이므로

$$i = \frac{dq}{dt} = \frac{dCv}{dt} = \frac{dC}{dt} V_m \sin\omega t = \frac{d\,CV_m \sin\omega t}{dt} \tag{3.9}$$
$$= \omega CV_m \cos\omega t = \omega CV_m \sin(\omega t + \frac{\pi}{2})$$
$$= I_m \sin(\omega t + \frac{\pi}{2})[A]$$

가 된다. 따라서 그림 3.4와 같이 전류는 전압보다 $\frac{\pi}{2}(rad)$ 위상이 앞선다.

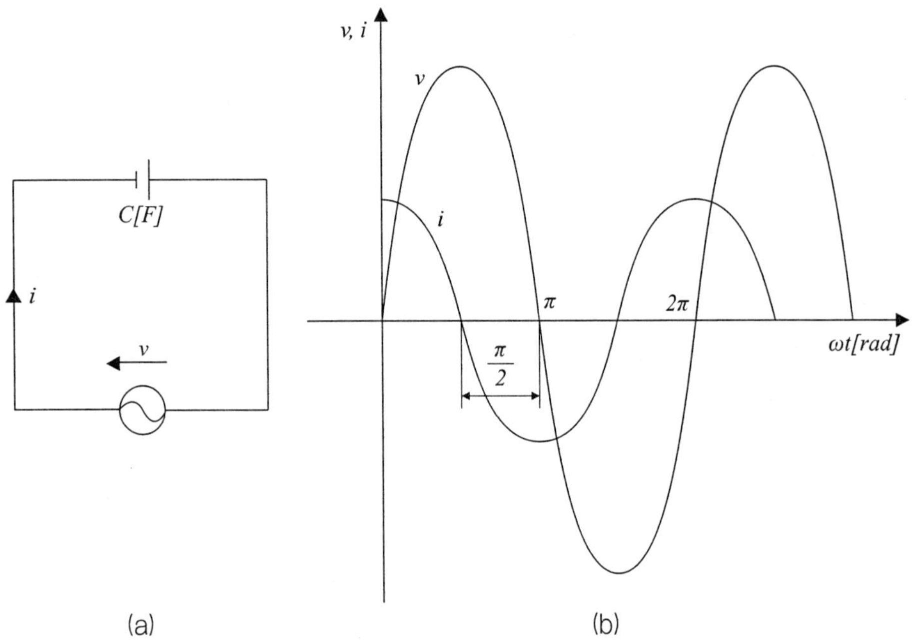

그림 3.4 정전용량회로의 전압과 전류

그림에서 전압과 전류의 실효값은 아래와 같다.

콘덴서전압 : $V = X_c \cdot I = \frac{I}{\omega C}[V]$

$$콘덴서전류 : I=\frac{V}{\frac{1}{\omega C}}=\omega CV[A]$$

$$용량성\ 리액턴스 : X_c=-\frac{1}{\omega C}=-\frac{1}{2\pi fC}[\Omega] \qquad (3.10)$$

이 $\frac{1}{\omega C}$를 용량성 리액턴스(capacitive reactance)라 하고, X_c로 표현하지만 전압이 전류보다 위상이 $\frac{\pi}{2}[rad]$ 뒤지게 하는 효과가 있으며, 유도 리액턴스와 구별하기 위해서 용량성 리액턴스의 부호는 부(–)로 한다. 즉

$$X_c=-\frac{1}{wC}=-\frac{1}{2\pi fC}[\Omega],\quad I=\frac{V}{|X_C|}[A]$$

로 하며, 단위는 저항의 단위 오옴$[\Omega]$을 사용한다.

그림 3.4와 같은 콘덴서만으로 구성된 회로에서는

(1) 전압과 전류는 동일 주파수의 정현파이다.

(2) 전압은 전류보다 위상이 $90°$ 늦다.

(3) 전압과전류의 최대값(또는 실효값)의 비는 $\frac{1}{\omega C}$이다.

식 3.10에서 용량성 리액턴스 X_c 는 캐패시턴스가 클수록 또는 주파수가 높을수록 전류는 증가한다. 주파수가 낮을수록 전류는 콘덴서를 통하여 흐르기가 어렵기 때문에 콘덴서는 저주파 신호전류의 흐름을 억제하는데 이용된다.

$1/\omega C$은 ωL과 마찬가지로 캐패시턴스 회로의 전류를 제한하는 교류저항으로서 작용하지만, 인덕턴스와 달리 전압이 전류보다 위상이 $\pi/2(rad)$ 뒤지게 되므로 유도성 리랙턴스 X_L을 정(+), 용량성 리액턴스 X_c를 부(–)로 정한다.

캐패시터에는 직류가 통과할 수 없다.

이는 정상상태의 직류회로에서는 양단의 전위차가 일정하므로 $\frac{dV}{dt}=0$이 되어 $i_c=c(\frac{dV}{dt})$으로 콘덴서에는 직류가 흐르지 못한다.

예제 3

정전용량 $0.01[\mu F]$인 콘덴서에 $100[V]$, $60[Hz]$의 교류전압을 가했을 때 용량리액턴스 및 전류의 실효값을 구하여라.

$$|X_c|=\frac{1}{2\pi fC}=\frac{1}{2\times 3.14\times 60\times 0.01\times 10^{-6}}=265392.5[\Omega]$$

$$I=\frac{V}{|X_C|}=\frac{100}{265\times 10^{3}}=0.377[mA]$$

4. R-L 직렬회로

아래 그림 3.5(a)와 같이 저항 R과 인덕턴스 L이 직렬로 연결된 회로에 $i=Im\sin\omega t(A)$의 교류전류가 흐를 때 저항 R과 인덕턴스 L에서의 전압강하를 각각 V_R, V_L이라 하고 전체 전압강하 v를 구하면 KVL에 의하여

$$v=v_R+v_L,\quad v_R=Ri=RI_m\sin\omega t$$

$$v_L=L\frac{di}{dt}=\omega LI_m\sin(\omega t+\frac{\pi}{2})=X_LI_m\cos\omega t \quad (3.11)$$

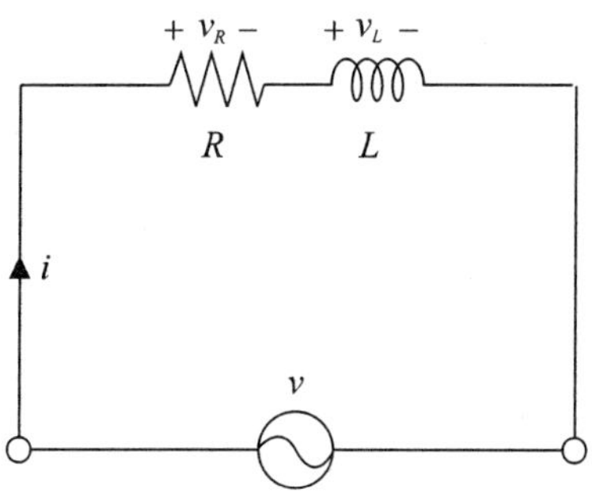

(a)

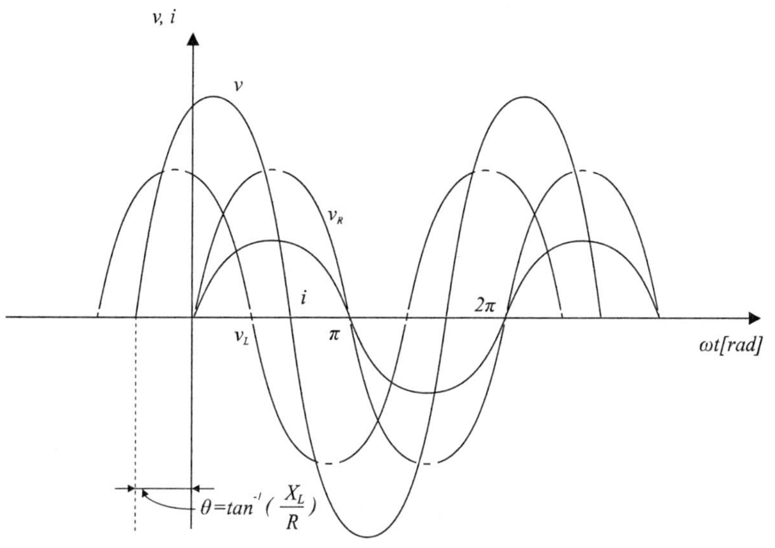

(b)

그림 3.5 R-L 직렬회로의 해석

이 식을 3.11 식에 대입하면

$$v = V_R + V_L = I_m(R\sin\omega t + X_L\cos\omega t) \qquad (3.12)$$

그림 3.6의 삼각함수식으로부터 식 3.13이 유도된다.

$$xsina + ycosa = \sqrt{x^2+y^2}\,(\mathrm{sin}a\frac{x}{\sqrt{x^2+y^2}} + \cos a\frac{y}{\sqrt{x^2+y^2}}) \quad (3.13)$$

$$= \sqrt{x^2+y^2}\,(\mathrm{sin}acos\theta + \mathrm{cos}asin\theta)$$
$$= \sqrt{x^2+y^2}\,sin(a+\theta)$$

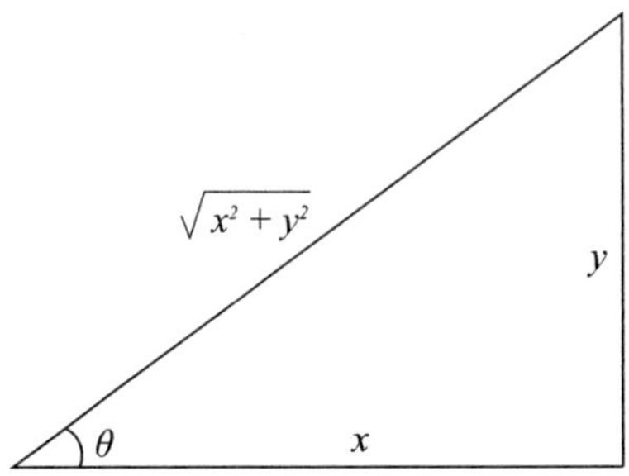

그림 3.6 삼각함수식

식 3.13을 이용하여 식 3.12는 다음과 같이 정리할 수 있다.

$$v = v_R + v_L = I_m \cdot \sqrt{R^2 + X_L^2}\,(\frac{R}{\sqrt{R^2+X_L^2}} \cdot \mathrm{sin}\omega t + \frac{X_L}{\sqrt{R^2+X_L^2}} \cdot \mathrm{cos}\omega t$$

$$v = I_m\sqrt{R^2 + X_L^2}\,\mathrm{sin}(\omega t + \theta)[V] \quad (3.14)$$

단, $\theta = \tan^{-1}\frac{V_L}{V_R} = \tan^{-1}\frac{\omega L}{R}$ (3.15)

식 3.14로부터 v의 최대치는

$$V_m = I_m\sqrt{R^2 + X_L^2} \quad (3.16)$$

여기서 전압과 전류의 실효값과의 관계는

$$V = \sqrt{V_R^2 + V_L{}^2} = \sqrt{(IR)^2 + (I\omega L)^2} \tag{3.17}$$
$$= I\sqrt{R^2 + (\omega L)^2} = I\sqrt{R^2 + X_L{}^2}\,[V]$$

또는

$$I = \frac{V}{\sqrt{R^2 + X_L{}^2}} = \frac{V}{Z}(A) \tag{3.18}$$

위 식에서 단자전압과 전류의 비와 위상차는 회로해석에서 매우 중요한 양이며, 그림 3.6에서 빗변 부분은 임피던스의 크기 Z를 나타내며 단위는 오옴(Ω)이다. 임피던스는 전압과 전류의 관계를 결정짓는 교류저항의 일종이다. 또한 θ 를 임피던스 각이라고 하며 전압과 전류의 위상차를 나타낸다.

$$Z = \frac{V}{I} = \frac{I\sqrt{R^2 + X_L{}^2}}{I} = \sqrt{R^2 + X_L{}^2}\,[\Omega]$$

$$\theta = \text{전압의 위상} - \text{전류의 위상} = \tan^{-1}\frac{X_L}{R} \tag{3.19}$$

R-L 직렬회로의 전압, 전류, 임피던스 및 위상관계를 살펴보면 다음과 같다.

전압 : $V = IZ[V]$

전류 : $I = \frac{V}{Z}[A]$

임피던스 : $Z = \frac{V}{I} = \sqrt{R^2 + X_L{}^2}\,[\Omega]$

$$\text{전압 전류 위상차} : \theta = \tan^{-1}\frac{X_L}{R} = \tan^{-1}\frac{\omega L}{R} \tag{3.20}$$

어떤 회로의 임피던스의 크기와 각을 알고, v와 i 크기와 위상을 알면 다른 쪽의 크기와 위상을 알 수 있다. 이상의 결과로 볼 때 그림 3.5(b)는 이때의 i, v, V_R, V_L 사이의 파형관계를 보여준다.

예제 4

그림 3.5(a) 회로에서 $i = 14.14\sin 157t[A]$, $R = 5[\Omega]$, $L = 40[mH]$일 때, 합성 임피던스 Z와 회로의 전압 V를 구하라.

$$X_L = \omega L = 2\pi f L = 157 \times 40 \times 10^{-3} = 6.28[\Omega]$$

$$\therefore Z = \sqrt{R^2 + {X_L}^2} = \sqrt{5^2 + 6.28^2} = 8.027[\Omega]$$

$$I = \frac{I_m}{\sqrt{2}} = \frac{14.14}{\sqrt{2}} = 10[A]$$

$$\therefore V = IZ = 10 \times 8.027 = 80.27[V]$$

예제 5

저항 $R[\Omega]$과 유도 리액턴스 $X_L[\Omega]$을 직렬로 접속하고 $100[V]$의 교류전압을 가했을 때, 전류가 $10[A]$ 흘렀다. 여기에 $15[\Omega]$의 무유도 저항을 직렬로 연결하여 동일전압을 가했을 때, 전류는 $5[A]$로 감소되었다. R 및 X_L의 값을 구하라.

R과 X_L의 직렬회로에서 $10[A]$의 전류가 흐르므로

$$10 = \frac{100}{\sqrt{R^2 + {X_L}^2}} \qquad \therefore R^2 + {X_L}^2 = 100[\Omega] \qquad (1)$$

다음 $15[\Omega]$의 무유도 저항을 접속한 경우 $5[A]$의 전류가 흐르므로

$$5 = \frac{100}{\sqrt{(R+15)^2 + {X_L}^2}} \qquad \therefore R^2 + 30R + {X_L}^2 = 175 \qquad (2)$$

(1), (2)에서

$$\therefore R = 2.5[\Omega], \ X_L = 9.6[\Omega]$$

5. R-C 직렬회로

그림 3.7(a)와 같이 R-C 직렬회로에 $i = Im\sin\omega t$ 흐르고 있는 경우 각 회로소자의 단자전압과 전류의 파형은 아래 그림 3.7(b)와 같다.

저항 R의 단자전압 V_R과 전류는 동위상이고 캐패시턴스 C를 흐르는 전류는 단자 전압 V_C보다 위상이 $\pi/2(rad)$ 앞선다.

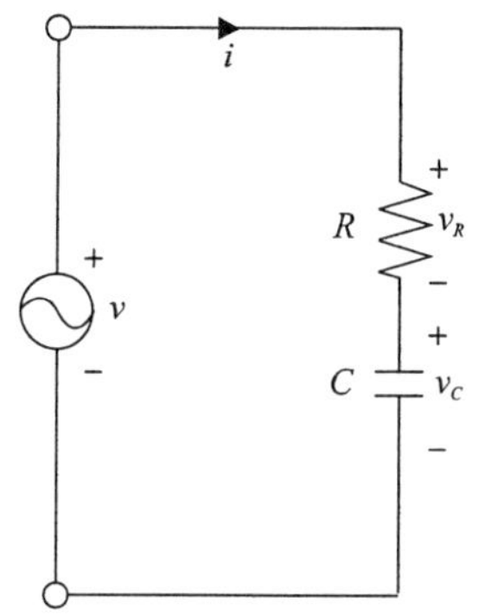

(a)

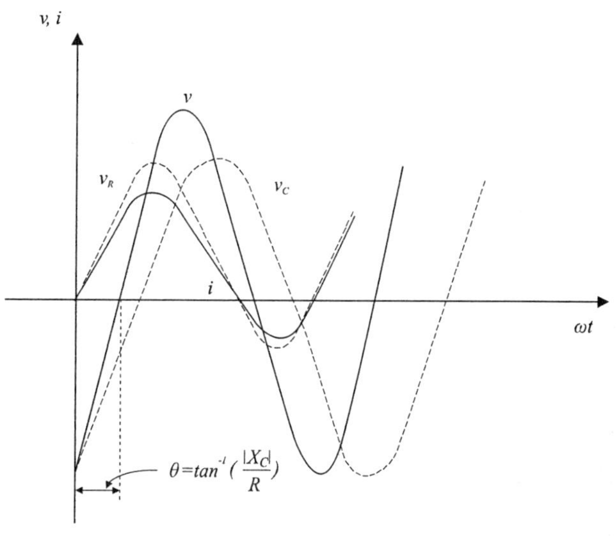

(b)

그림 3.7 R-C 직렬회로의 해석

따라서 회로에 인가되는 전압 v는

저항 R의 단자전압 v_R과 전류는 동위상이고, 캐패시턴스 C를 흐르는 전류는 단자 전압 v_C 보다 위상이 $\frac{\pi}{2}[rad]$ 앞선다. 인가되는 전압 v는

$$v = v_R + v_c$$

여기서

$$v_R = iR = RI_m \sin\omega t$$

$$v_C = \frac{1}{C}\int idt = \frac{1}{\omega C}I_m \sin(\omega t - \frac{\pi}{2}) \qquad (3.21)$$

$$= |X_C| I_m \cos\omega t$$

이므로

$$v = v_R + v_C = RI_m \sin\omega t + |X_C| I_m \cos\omega t \qquad (3.22)$$

$$= I_m(R\sin\omega t + |X_C| \cos\omega t)$$

$$= I_m \sqrt{R^2 + |X_C^2|}\, sin(\omega t + \theta)[V]$$

$$\theta = \tan^{-1}\frac{V_C}{V_R} = \tan^{-1}\frac{|X_C|}{R} = \tan^{-1}\frac{-1}{\omega CR}$$

이 되며 R-C 직렬회로에서는 항상 전류는 전압보다 θ 만큼 위상이 앞선다. 식 3.22에서 V 의 최대값을 V_m이라 하면

$$V_m = I_m \sqrt{R^2 + X_C^2} \qquad (3.23)$$

전압과 전류의 실효값 관계는 $V = V_R + V_C$에서

$$V = \sqrt{V_R^2 + V_C^2} = \sqrt{(IR)^2 + (I\frac{1}{\omega C})^2} \tag{3.24}$$

$$= I\sqrt{R^2 + (\frac{1}{\omega C})^2} = I\sqrt{R^2 + X_C^2} = IZ$$

또는

$$I = \frac{V}{\sqrt{R^2 + X_C^2}} = \frac{V}{Z} \tag{3.25}$$

인 관계가 성립한다.

식 (3.24), (3.25)에서 전압과 전류의 비를 구하면

$$\frac{V}{I} = \sqrt{R^2 + X_C^2} = Z[\Omega] \tag{3.26}$$

이 되며, $Z = \sqrt{R^2 + X_C^2}$ 을 R-C 직렬회로의 합성 임피던스라고 한다.

$$\theta = \tan^{-1}\frac{X_C}{R} = \tan^{-1}\frac{-\frac{1}{\omega C}}{R} = \tan^{-1}\frac{-1}{\omega CR} \tag{3.27}$$

R-C 직렬회로의 전압, 전류, 임피던스 및 위상관계를 살펴보면 아래와 같다.

전압 : $V = IZ[V]$

전류 : $I = \frac{V}{Z}[A]$

임피던스 : $Z = \frac{V}{I} = \sqrt{R^2 + X_C^2}\,[\Omega]$

$$\text{전압전류 위상차}: \theta = \tan^{-1}\frac{X_C}{R} = \tan^{-1}\frac{-1}{\omega CR} \tag{3.28}$$

예제 6

그림 3.7(a) 회로에서 $R = 80[\Omega]$, $C = 1[\mu F]$의 직렬회로에 $v = 10\sin(1000t + 30°)[V]$로 표시되는 전압을 걸었을 때 흐르는 순시전류를 구하라.

용량 리액턴스

$$X_C = \frac{-1}{\omega C} = \frac{-1}{10000\times 1\times 10^{-6}} = \frac{-10^6}{10^4} = -100[\Omega]$$

$$\therefore Z = \sqrt{80^2 + (-100)^2} \fallingdotseq 128[\Omega]$$

전압과 전류 사이의 위상각 θ는 $\theta = \tan^{-1}\frac{-100}{80} \fallingdotseq -51.3°$

즉 전류가 전압보다 $51.3°$ 만큼 앞선다 $i = \frac{10}{128}\sin(1000t + 30°) + 51.3°$

$$\therefore i = 0.078\sin(10000t + 81.3°)[A]$$

예제 7

$R = 100[\Omega]$, $C = 10[\mu F]$인 직렬 회로에 $V = 100[V]$, $f = 50[Hz]$인 전압을 가했을 때 흐르는 전류의 실효값 I 및 위상차 θ를 구하여라.

$$Z = \sqrt{R^2 + (\frac{-1}{\omega C})^2} = \sqrt{100^2 + (\frac{-1}{2\pi\times 50\times 10)}}$$

$$\therefore I = \frac{V}{Z} = \frac{100}{333.5} = 0.3[A]$$

위상차 θ는

$$\tan\theta = \frac{-1}{\omega CR} = \frac{-1}{2\pi\times 50\times 10\times 10^{-6}\times 100} = -3.18\text{에서}$$

$$\therefore \theta = \tan^{-1}(-3.18) = -72.54°$$

Chapter 3. 연습문제

문제 1. $R=50(\Omega)$인 저항만의 회로에 $200(V)$, $60(Hz)$인 교류전압을 인가할 때, 이 회로에 흐르는 전류의 순시값 표현식을 구하시오.

문제 2. $L=1/12\pi(H)$인 L만의 회로에 전압 $e=2250\sqrt{2}\,sin(377+60°)(V)$을 인가할 때 리액턴스 X_L, 전류 $I(A)$를 구하고 전류를 순시식으로 나타내시오.

문제 3. 캐패시턴스가 $0.15(\mu F)$인 콘덴서에 주파수 60(Hz), 실효값 $177(V)$인 교류전압을 인가할 때 흐르는 전류의 실효값과 순시값을 구하시오.

문제 4. 주파수가 $60(Hz)$인 교류전압 $e=220\sqrt{2}\,sin377t(V)$를 $R=10(\Omega)$, $L=30(mH)$인 R-L 직렬회로에서 인가할 때 임피던스와 전류를 구하시오.

문제 5. $R=60(\Omega)$, $C=2(\mu F)$인 R-C직렬회로에 $e=220\sqrt{2}\,sin5000t(V)$인 전압을 인가하였다. 이 회로의 임피던스와 전류를 구하시오.

Chapter 4. 교류회로 해석

1. R-L 직렬회로
2. R-C 직렬회로
3. R-L-C 직렬회로
4. R-L 병렬회로
5. R-C 병렬회로
6. R-L-C 병렬회로
7. 어드미턴스(Admitance)
8. 임피던스 직렬회로
9. 임피던스 병렬회로
10. 인덕턴스 및 정전용량

※ 연습문제

이 장에서는 3장에서 공부한 개별소자인 R, L, C의 페이저를 바탕으로 R-L, R-C, R-L-C 직렬회로, 병렬회로의 전류, 전압, 임피던스, 리액턴스 및 위상관계에 대해 학습하도록 한다.

1. R-L 직렬회로

그림 4.1(a)와 저항 $R(\Omega)$ 과 인덕턴스 $L(H)$ 가 직렬로 연결된 회로에 전압 $V(V)$ 의 교류전압을 인가하였을 때, R, L의 임피던스는 $Z_R = R$, $Z_L = j\omega L = jX_L$ 이 되고, 임피던스의 페이저도는 그림 4.1(C)와 같다.

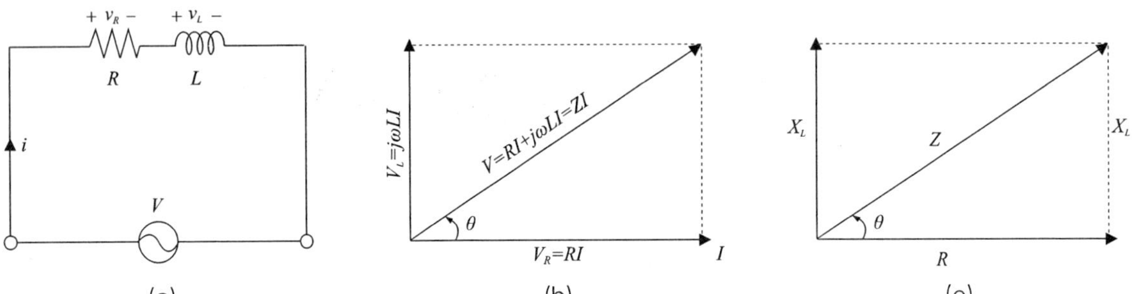

그림 4.1 R-L 직렬회로

그림 4.1(a)에서 합성전압은 키르히호프의 전압법칙(KVL)과 오옴의 법칙을 이용하면 V는

$$V = V_R + V_L = IR + jIX_L = I(R + j\omega L) = IZ[V] \quad (4.1)$$

가 된다. 회로의 합성임피던스 Z는

$$Z = R + j\omega L = \sqrt{R^2 + (\omega L)^2} \angle\theta = Z\angle\theta\,[\Omega] \quad (4.2)$$

$$\theta = \tan^{-1}\frac{X_L}{R} = \tan^{-1}\frac{\omega L}{R} = \cos^{-1}\frac{R}{Z} \quad (4.3)$$

따라서 회로에 흐르는 전류를 $I(A)$, $V = V\angle 0^\circ\ (V)$ 라 하면

$$I = \frac{V}{Z} = \frac{V\angle 0°}{Z\angle\theta} = \frac{V}{Z}\angle -\theta[A] \tag{4.4}$$

그림 4.1(b)는 전압 페이저도, 4.1(c)는 임피던스에 대한 페이저도를 각각 보여주고 있다. 즉, 전류는 크기가 $\frac{V}{Z}$ 이고, 전압보다 위상이 θ 만큼 뒤진다. 또한 저항에 의한 전압강하 V_R 은 전류와 동위상이고, 인덕턴스에 의한 전압강하 V_L 은 전류보다 90° 위상이 앞서게 되어, 그림 4.1(b)와 같은 페이저도가 얻어진다. 직렬회로에서의 전류는 모든 소자에서 동일하므로, R-L회로에서 인가전압 V, V_L, V_R 의 위상관계를 관찰할 때 기준 페이저로 사용한다. 병렬회로인 경우에는 전압이 모든 소자에 같기 때문에 전압을 기준 페이저로 사용한다.

그림 4.1(b)의 전압 페이저와 4.1(c)의 임피던스 페이저도를 요약하면 아래와 같다.

※ R - L 직렬회로의 임피던스

(1) 임피던스 Z 는 R 과 X_L 의 페이저 합이며, R과 X_L 의 위상차는 90° 이다.

(2) 임피던스 Z 값은 그림 4.1(c)의 직각삼각형에서 피타고라스정리를 이용하여 구할 수 있다.

즉, $Z = \sqrt{R^2 + X_L^2}$ 이다.

(3) 임피던스 Z 와 R 의 위상차는 $\theta = \tan^{-1}(\frac{X_L}{R})$ 이다.

(4) θ 와 R 을 알고 있으면, 임피던스 Z 를 다음식으로 구할 수 있다.

$$Z = \frac{R}{\cos\theta}$$

※ R - L 직렬회로의 전압관계

(1) 전류 I 와 인가전압 V 는 θ 만큼의 위상차가 있다.

(2) 전압 V 와 전류 I 의 위상차 θ 는 Z 와 R 의 위상차와 동일하다.

(3) 위상차 θ 는 X_L , R , L 값에 따라 변한다.

$$(\because \theta = \tan^{-1}\frac{X_L}{R})$$

(4) 인덕터 L 에서의 전압강하 V_L 은 저항의 전압강하 V_R 과 $90°$ 의 위상차가 발생한다.

(5) V_R 과 V_L 의 페이저 합은 인가전합 V 이다.

(6) 인가전압 V, V_R ,V_L 은 다음의 관계가 있다.

$$V = \sqrt{V_R^2 + V_L^2}$$

(7) V , R , X_L , Z 가 주어지면, V_R 과 V_L 을 다음 식에 계산할 수 있다.

$$V_R = V \times \frac{R}{Z} \ , \ V_L = V \times \frac{X_L}{Z}$$

예제 1

그림 4.1(a) $R-L$ 직렬회로에서 $R = 60[\Omega]$, $X_L = 30[\Omega]$ 인 임피던스 Z 를 구하라.

(방법 1) $\theta = \tan^{-1}(\frac{X_L}{R}) = \tan^{-1}(\frac{30}{60}) \fallingdotseq 26.6°$

$\therefore Z = \frac{R}{\cos\theta} = \frac{60}{\cos 26.6} = 67.1[\Omega]$

(방법 2) $Z = \sqrt{R^2 + (X_L)^2} = \sqrt{60^2 + 30^2} = 67.1[\Omega]$

※ R – L 직렬회로의 해석순서

(1) 저항 R 을 구한다.(2개 이상인 경우에는 합성저항 값 구함)

(2) 유도성 리액턴스 $X_L(= 2\pi f L)$ 을 주파수와 코일값을 이용하여 계산한다.

(3) 임피던스 $Z(= \sqrt{R^2 + X_L{}^2})$ 를 구한다.

(4) 전류 $I(=\dfrac{V}{Z})$ 를 구한다.

(5) 저항의 전압 $V_R(=IR)$, 코일양단의 전압 $V_L(=IX_L)$ 을 구한다.

(6) 전체전압 $V=\sqrt{V_R^{\ 2}+V_L^{\ 2}}$ 를 구한다.

(7) 전압과 전류의 위상차 $\theta=\tan^{-1}(\dfrac{X_L}{R})$ 를 구한다.

(8) 순시값 전압 V_R , V_L , v 및 순시전류 i 를 구한다.

예제 2

그림 4.2와 같은 $R-L$ 직렬회로가 있다. 전류 I , 위상각 θ 를 구하라. 또한 V_R, V_L 은 각각 얼마인가?

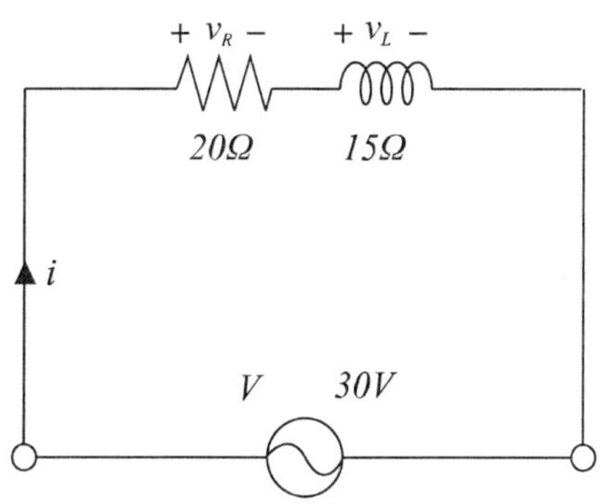

그림 4.2 R - L 직렬회로

$$\theta=\tan^{-1}(\frac{X_L}{R})=\tan^{-1}(\frac{15}{20})\fallingdotseq 36.9^\circ$$

$$Z=\frac{R}{\cos\theta}=\frac{20}{\cos 36.9}\fallingdotseq 25[\Omega]$$

따라서 $V_R=V\times\dfrac{R}{Z}=30\times\dfrac{20}{25}=24[V]$

$$V_L=V\times\frac{X_L}{Z}=30\times\frac{15}{25}=18[V]$$

$$I=\frac{V}{Z}=\frac{30}{25}=1.2[A]$$

2. R-C 직렬회로

그림 4.3(a)와 같이 저항 $R(\Omega)$과 캐패시턴스 $C(F)$가 직렬 연결된 회로에 전압 $V(V)$의 교류 전압을 인가하였을 때,

$$Z_R = R\,,$$

$$Z_C = \frac{1}{j\omega C} = -j\frac{1}{\omega C} \tag{4.5}$$

그리고 그림 4.3(b)에서 합성 전압 V는

$$V = V_R + V_C = IR + \frac{I}{j\omega C} = I(R - j\frac{1}{\omega C}) = IZ[V] \tag{4.6}$$

이므로 회로의 합성 임피던스 Z는

$$Z = \frac{V}{I} = R + jX_C = Z\angle\theta \tag{4.7}$$

$$Z = R - j\frac{1}{\omega C} = \sqrt{R^2 + (-\frac{1}{\omega C})^2}\ \angle\ thea = Z\angle\theta \tag{4.8}$$

$$\theta = \tan^{-1}\frac{X_C}{R} = \tan^{-1}(\frac{-\frac{1}{\omega C}}{R}) = \tan^{-1}(\frac{-1}{\omega CR}) \tag{4.9}$$

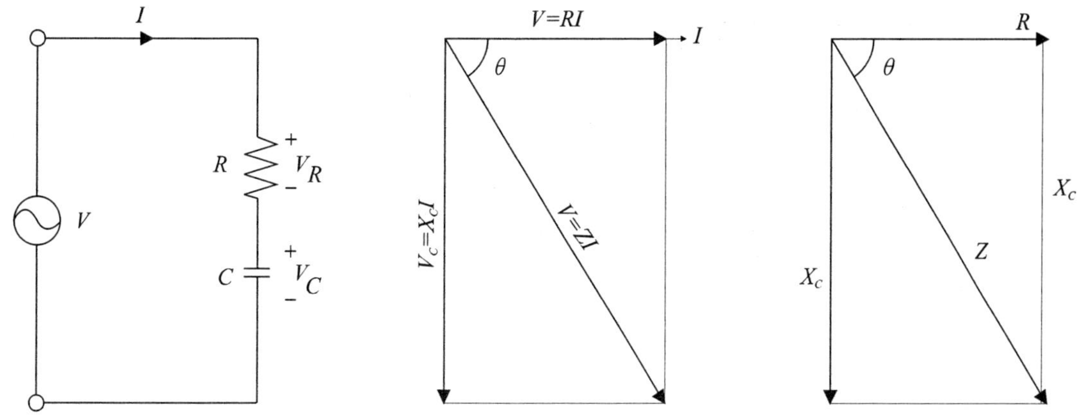

(a) (b) (c)

그림 4.3 R-C 직렬회로

그림 4.3(b)는 전압 페이저도, 4.3(c)는 임피던스 페이저도를 각각 보여주고 있다.

전류는 크기가 V/Z 이고 전압보다 위상이 θ 만큼 차이가 생긴다. 또한 $\theta \angle 0$ 이므로 전류는 전압보다 θ 만큼 위상이 앞선다.

그림 4.3(b)의 전압 페이저와 4.3(c)의 임피던스 페이저도를 요약하면 아래와 같다.

※ R – C 직렬회로의 임피던스

(1) 임피던스 Z는 R과 X_C의 페이저 합이며, R과 X_C의 위상차는 $90°$ 이다.

(2) 임피던스 Z값은 그림 4.3(c)의 직각삼각형에서 피타고라스정리를 이용하여 구할 수 있다. 즉, $Z = \sqrt{R^2 + X_C^2}$ 이다.

(3) 임피던스 Z와 R의 위상차는 $\theta = \tan^{-1}(\frac{X_C}{R})$ 이다.

(4) θ와 R을 알고 있으면, 임피던스 Z를 다음 식으로 구할 수 있다.

$$Z = \frac{R}{\cos\theta}$$

※ R – C직렬회로의 전압관계

(1) 전류 I와 인가전압 V는 θ 만큼의 위상차가 있다.

(2) 전압 V와 전류 I의 위상차 θ는 Z와 R의 위상차와 동일하다.

(3) 위상차 θ는 X_C, R 값에 따라 변한다.

$$(\because \theta = \tan^{-1}\frac{X_C}{R})$$

(4) 캐패시터 C에서의 전압강하 V_C는 저항의 전압강하 V_R과 $90°$ 의 위상차가 발생한다.

(5) V_R과 V_C의 페이저 합은 인가전합 V이다.

(6) 인가전압 V, V_R, V_C는 다음의 관계가 있다.

$$V = \sqrt{{V_R}^2 + {V_C}^2}$$

(7) V, R, X_C, Z가 주어지면, V_R과 V_C를 다음 식으로 계산할 수 있다.

$$V_R = V \times \frac{R}{Z}, \quad V_C = V \times \frac{X_C}{Z}$$

※ R – C 직렬회로의 해석순서

(1) 저항 R을 구한다. (2개 이상인 경우에는 합성저항 값을 구함)

(2) 용량성 리액턴스 $X_C(= \frac{-1}{2\pi f C})$를 주파수와 콘덴서값을 이용하여 계산한다.

(3) 임피던스 $Z(= \sqrt{R^2 + {X_C}^2})$를 구한다.

(4) 전류 $I(= \frac{V}{Z})$를 구한다.

(5) 저항의 전압 $V_R(= IR)$, 콘덴서양단의 전압 $V_C(= IX_C)$를 구한다.

(6) 전체전압 $V = \sqrt{V_R^{\ 2} + V_C^{\ 2}}$ 를 구한다.

(7) 전압과 전류의 위상차 $\theta = \tan^{-1}(\frac{X_C}{R})$ 를 구한다.

(8) 순시값 전압 V_R, V_C, v 및 순시전류 i 를 구한다.

예제 3

그림 4.4과 같은 $R-C$ 직렬회로에서, 회로의 임피던스 Z를 구하는 방법을 이용하여 θ, X_C, R 의 관계를 확인하여라.

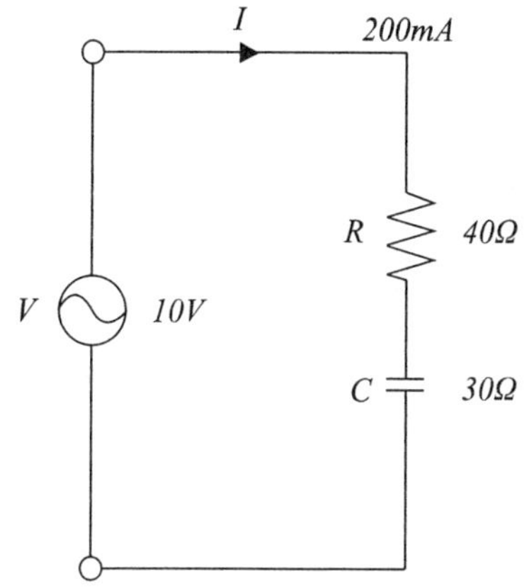

그림 4.4 $R-C$ 회로

임피던스 Z는 다음과 같이 여러 가지 방법으로 구할 수 있다.

(방법 1) $Z = \sqrt{R^2 + X_C^{\ 2}} = \sqrt{40^2 + (-30)^2} = 50[\Omega]$

(방법 2) 옴의 법칙을 이용하여, $Z = \frac{V}{I} = \frac{10[V]}{200[mA]} = 50[\Omega]$

(방법 3) $\theta = \tan^{-1}(\frac{X_C}{R}) = \tan^{-1}(\frac{-30}{40}) = -36.9°$

$$Z = \frac{R}{\cos\theta} = \frac{40[\Omega]}{\cos(-36.9)} = \frac{40}{0.799} \fallingdotseq 50[\Omega]$$

예제 4

$R=80[\Omega]$, $C=1[\mu F]$ 의 직렬회로에 $v=10\sin(10000t+30°)$ 로 표시되는 전압을 걸었을 때 흐르는 순시전류를 구하라.

용량 리액턴스

$$|X_C|=\frac{1}{\omega C}=\frac{1}{10000\times 1\times 10^{-6}}=\frac{10^6}{10^4}=100[\Omega]$$

$$\therefore Z=\sqrt{80^2+100^2}\fallingdotseq 128[\Omega]$$

전압과 전류 사이의 위상각 θ 는 $\theta=\tan^{-1}\frac{-100}{80}\fallingdotseq -51.3°$

즉, 전류가 전압보다 51.3° 만큼 앞선다. $i=\frac{10}{128}sin(10000t+30°)+51.3°$

$$\therefore i=0.078\sin(10000t+81.3°)[A]$$

3. R-L-C 직렬회로

그림 4.5와 같이 R, L, C가 직렬로 접속된 회로에서 전압, 전류의 파형과 페이저도를 표시하면 아래와 같다.

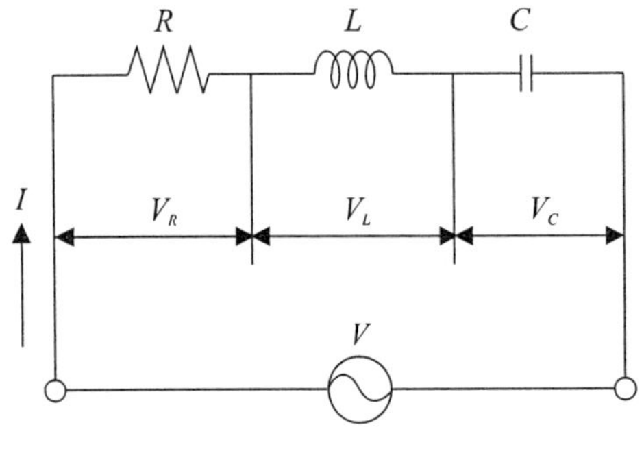

(a) R-L-C 직렬회로

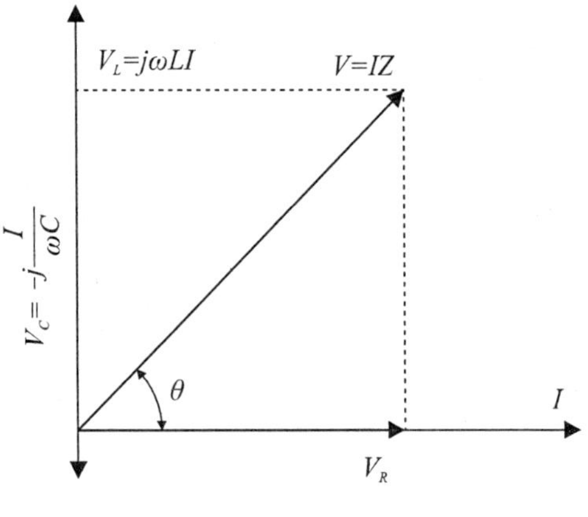

(b) 유도성($X_L > X_c$)

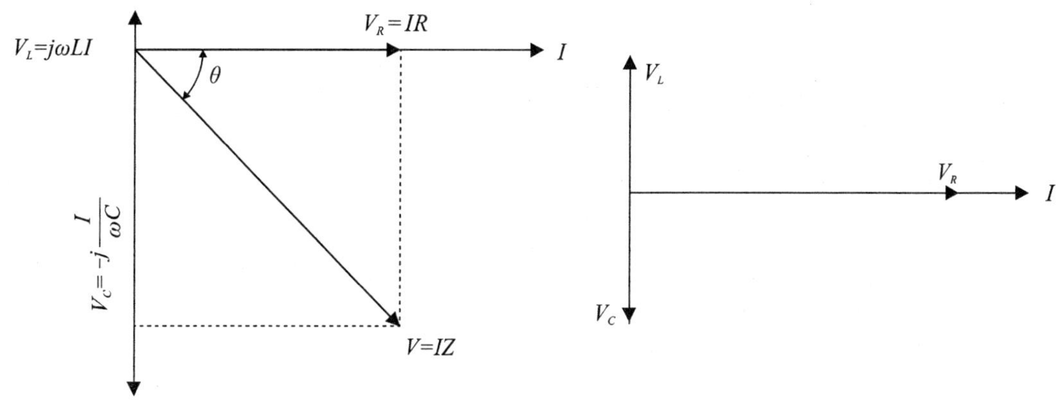

(c) 용량성 ($X_L < X_c$) (d) 무유도성 ($X_L = X_c$)

그림 4.5 R - L - C 직렬회로

전류를 기준 방향으로 하였을 때 키르히호프의 전압법칙에 의하여 전체 회로의 전압 $V(V)$는

$$V = V_R + V_L + V_c (V) \tag{4.10}$$

여기서

$V_R = I_R$ (V_R과 I는 동위상이다)

$V_L = j\omega LI$ (V_L은 I보다 위상이 90° 앞선다)

$V_c = -j\dfrac{I}{\omega C}$ (V_c는 I 보다 위상이 90° 늦다)

따라서

$$V = IR + j\omega LI - j\frac{I}{\omega C} = I\left\{R + j\left(\omega L - \frac{1}{\omega C}\right)\right\} = IZ \tag{4.11}$$

그러므로 회로의 합성 임피던스 $Z(\Omega)$ 은

$$Z = R + j(\omega L - \frac{1}{\omega C}) = R + j(X_L + X_C) = R + jX \tag{4.13}$$

$$= \sqrt{R^2 + X^2} \angle \theta = Z \angle \theta [\Omega]$$

임피던스 각 $\theta = \tan - 1\frac{X}{R}$ 이므로, $V = V \angle 0°$ 이고, 회로에 흐르는 전류를 $I(A)$ 라고 하면

$$I = \frac{V}{Z} = \frac{V \angle 0°}{Z \angle \theta} = \frac{V}{Z} \angle - \theta [A] \tag{4.13}$$

임피던스의 관계를 페이저로 그리면 그림 4.6과 같은 복소 임피던스가 됨을 알 수 있다.

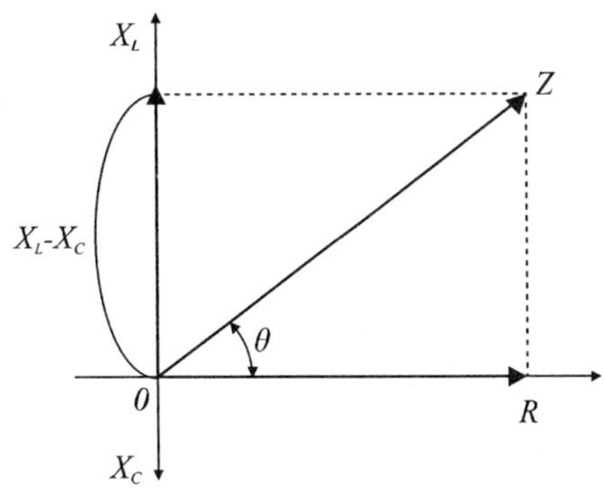

그림 4.6 복소 임피던스

합성 임피던스 X의 값이 (+), (−) 또는 0으로 변화하므로 전류의 크기와 위상도 변화된다. 즉 다음과 같은 관계가 성립한다.

(1) $X_L > |X_C|$ 일 때 : 유도성회로(inductive circuit)가 되어, 전류는 전압보다 θ 만큼 뒤진다($\theta > 0$) .

(2) $X_L \angle |X_C|$ 일 때 : 용량성회로(capacitive circuit)가 되어, 전류는 전압보다 θ 만큼 앞선다($\theta > 0$)

(3) $X_L = |X_C|$ 즉, $X = 0$ 일 때 : 직렬공진회로(series resonance circuit)가 되어, 전류와 전압은 동위상($\theta = 0$)

※ R-L-C 직렬회로의 임피던스

(1) 인덕터 L 과 캐패시터 C 는 교류회로에서 서로 반대효과를 나타낸다. 인덕터는 전압의 위상이 앞서고, 캐패시터에서는 전류의 위상이 앞선다.

(2) 직렬 $R-L-C$ 총 리액턴스 X 는 X_L 과 X_C 의 차이다.

(3) X_L 이 X_C 보다 큰 경우에는 회로는 유도성이 되고, 전압이 위상각 θ 만큼 전류를 앞선다.

(4) X_C 가 X_L 보다 크다면, 회로는 용량성이며, 전류가 위상각 θ 만큼 전압을 앞선다.

(5) X_L 이 X_C 보다 큰 경우에는 θ 는 양수이고, X_C 가 X_L 보다 큰 경우에는 θ 는 음수이다.

(6) $R-L-C$ 직렬회로에서의 임피던스는 다음 식과 같다.

$Z = \sqrt{R^2 + X^2}$ 이다.

(7) 임피던스는 다음 식으로도 구할 수 있다.

$$\theta = \tan^{-1}\left(\frac{X}{R}\right)$$

$$Z = \frac{R}{\cos\theta}$$

R-L-C 직렬회로의 해석순서는 R-L 및 R-C 직렬회로의 순서와 동일하다.

예제 5

그림 4.5(a)와 같은 $R-L-C$ 직렬회로에서 $R=5[\Omega]$, $X_L=30[\Omega]$, $X_C=-30[\Omega]$일 때의 전류의 크기 I를 구하라. 단, 전압 $V=250[V]$이다.

$$X=X_L+X_c=30-30=0$$

$$Z=\sqrt{R^2+X^2}=\sqrt{5^2+0^2}=5[\Omega]$$

$$I=\frac{V}{Z}=\frac{250}{5}=50[A]$$

예제 6

$R-L-C$ 직렬회로에서 교류전압 $200[V]$, $R=25.6[\Omega]$, $L=54[mH]$, $C=41[\mu F]$일 경우, 전류 I, 임피던스 각 θ를 구하라. 단 주파수 $f=60[Hz]$이다.

전류를 구하기 위해서는 임피던스를 먼저 구하기 위해, 유도성 리액턴스와 용량성 리액턴스를 먼저 구한다.

$$X_L=\omega L=2\pi fL=6.28\times 60\times 54\times 10^{-3}=20.35[\Omega]$$

$$X_C=-\frac{1}{\omega C}=\frac{-1}{2\pi fC}=\frac{-1}{(6.28\times 60\times 41\times 10^{-6})}=-64.73[\Omega]$$

$$X=X_L+X_C=20.35-64.73=-44.38[\Omega]$$

$$Z=\sqrt{R^2+X^2}=\sqrt{25.62^2+(-44.38)^2}=\sqrt{2625.97}\fallingdotseq 51.2[\Omega]$$

$$I=\frac{V}{Z}=\frac{220}{51.2}\fallingdotseq 4.3[A]$$

위상각 $\theta=\tan^{-1}\frac{X}{R}=\tan^{-1}(\frac{-44.38}{25.6})\fallingdotseq -60°$

4. R-L 병렬회로

그림 4.7(a)의 R-L 병렬회로에서 접속점 a에는 KCL에 의해 $I=I_R+I_L$인 전류가 흐른다.

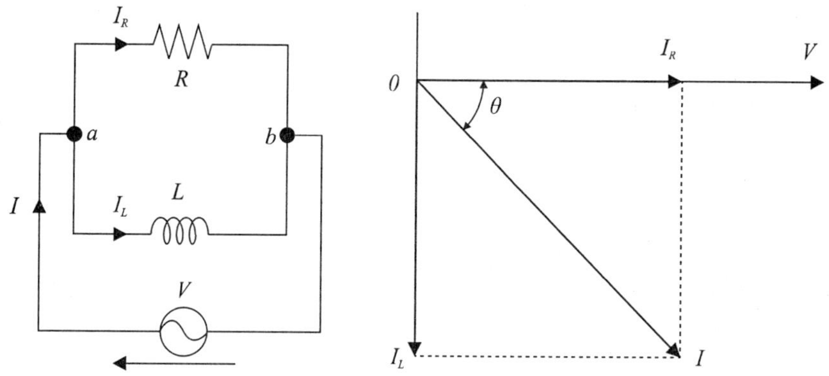

(a) (b)

그림 4.7 R - L 병렬회로

이 회로는 전원에 직렬로 연결된 소자가 없는 병렬회로이므로 각 병렬 소자사이의 단자전압은 모두 V가 된다. 이때 저항 R에 흐르는 전류는 전류 I_R은 V와 동위상이고, 단자전압 V는 인덕턴스 L에 흐르는 전류 I_L 보다 90° 앞선 위상 이므로 두 전류 I_R, I_L은 그림 4.7(b)의 페이저도와 같이 합해야 하며, 이에 관한 식은 다음과 같다.

$$I_R = \frac{V}{R}$$

$$I_L = \frac{V}{jX_L} = -j\frac{V}{\omega L}$$

$$I = I_R + I_L \tag{4.14}$$

이므로

$$I = \sqrt{{I_R}^2 + {I_L}^2} = \sqrt{(\frac{V}{R})^2 + (\frac{-V}{\omega L})^2} = V\sqrt{(\frac{1}{R})^2 + (\frac{-1}{\omega L})^2}$$

$$= \frac{V}{\frac{1}{\sqrt{(\frac{1}{R})^2 + (\frac{-1}{\omega L})^2}}} = \frac{V}{Z}[A] \tag{4.15}$$

따라서 R-L 병렬회로의 합성 임피던스 Z는

$$Z = \frac{1}{\sqrt{(\frac{1}{R})^2 + (\frac{-1}{\omega L})^2}} = \frac{1}{\sqrt{(\frac{1}{R})^2 + (\frac{-1}{X_L})^2}}[\Omega] \tag{4.16}$$

이다. 또, 전압과 전류의 위상차 θ 는

$$\theta = \tan^{-1}\frac{I_L}{I_R} = \tan^{-1}\frac{-R}{\omega L} = \tan^{-1}\frac{-R}{X_L} \tag{4.17}$$

이 되며, R-L 병렬회로의 합성 전류 I 는 항상 전압 V 보다 위상이 θ 만큼 뒤진다.

R – L 병렬회로를 요약하면 다음과 같다.

※ R – L 병렬회로의 간추림

(1) $R-L$ 병렬회로에서 각 소자에 걸린 전압은 동일하다.

(2) 총 전류 I 는 I_R 과 I_L 의 페이저 합과 같다.

(3) $R-L$ 병렬회로의 기준 페이저는 인가전압이다.

(4) $R-L$ 병렬회로에서 L 에 흐르는 전류는 R 에 흐르는 전류보다 $90°$ 위상이 뒤쳐진다. 총 전류는 다음과 같다.

$$I = \sqrt{I_R^{\,2} + I_L^{\,2}}$$

(5) $R-L$ 병렬회로에서 총 전류와 인가전압은 θ 만큼 위상차가 생긴다.

$$\theta = \tan^{-1}(\frac{I_L}{I_R})$$

(6) $R-L$ 병렬회로에서 임피던스는 인가전압 V 와 총 전류 I 를 사용하여, 다음 식으로 구한다.

$$Z = \frac{V}{I}$$

예제 7

그림 4.7(a)와 같은 $R-L$ 병렬회로에서 $R = 150[\Omega]$, $X_L = 60[\Omega]$ 이고, 인가전압이 $300[V]$ 일 때 회로의 전류를 구하라.

병렬회로이므로 회로에 흐르는 전류는 $I = \sqrt{I_R^2 + I_L^2}$ 이 되므로,

$$I_R = \frac{V}{R} = \frac{300}{150} = 2[A],\ I_L = \frac{V}{X_L} = \frac{300}{60} = 5[A]$$

$$\therefore I = \sqrt{I_R^2 + I_L^2} = \sqrt{2^2 + 5^2} = \sqrt{29} \doteqdot 5.39[A]$$

5. R-C 병렬회로

그림 4.8(A)와 같은 R-C 병렬회로의 전압, 전류 관계는 R-L 병렬회로와 같은 방법으로 구하면 된다. 그러나 콘덴서 C에 흐르는 전류 I_C는 항상 전원 전압 V보다 위상이 90° 앞서게 되어 전원을 흐르는 합성 전류 I는 항상 전압 보다 위상이 앞서게 된다.

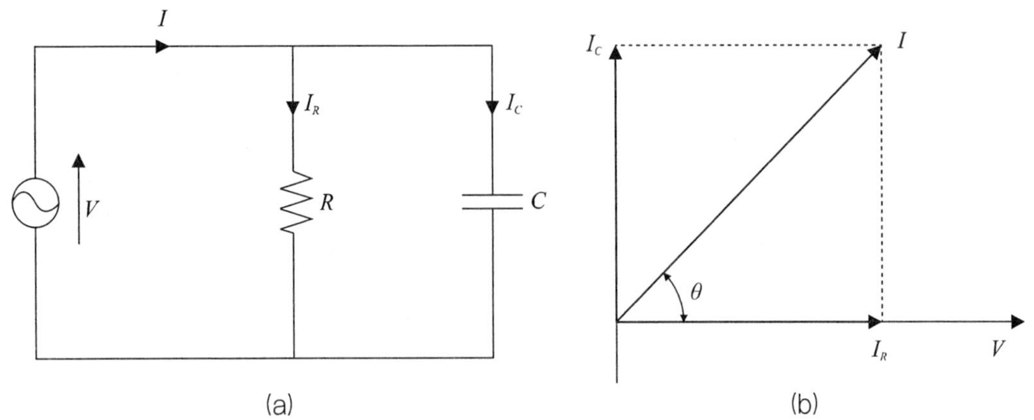

그림 4.8 R-C 병렬회로

따라서 KCL을 적용하면

$$I = I_R + I_C\ ,\ I_R = \frac{V}{R}\ ,$$

$$I_C = \frac{V}{\frac{1}{j\omega C}} = j\omega CV$$

$$\therefore I = \sqrt{{I_R}^2 + {I_C}^2} = \sqrt{(\frac{V}{R})^2 + (\omega CV)^2} \tag{4.18}$$

$$= V\sqrt{(\frac{1}{R})^2 + (\omega C)^2} = \frac{V}{Z}[A]$$

$$\therefore Z = \frac{V}{I} = \frac{1}{\sqrt{(\frac{1}{R})^2 + (\omega C)^2}}[\Omega] \tag{4.19}$$

$$\theta = \tan^{-1}\frac{I_C}{I_R} = \tan^{-1}\frac{\omega CV}{\frac{V}{R}} = \tan^{-1}\omega CR \tag{4.20}$$

R–C 병렬회로를 요약하면 다음과 같다.

※ R - C 병렬회로의 간추림

(1) $R-C$ 병렬회로에서 각 소자에 걸린 전압은 동일하다.

(2) 총 전류 I 는 I_R 과 I_C 의 페이저 합과 같다.

(3) $R-C$ 병렬회로의 기준 페이저는 인가전압이다.

(4) $R-C$ 병렬회로에서 C 에 흐르는 전류 I_C 는 R 에 흐르는 전류 I_R 보다 $90°$ 위상이 앞선다. 총 전류는 다음과 같다.

$$I = \sqrt{{I_R}^2 + {I_C}^2}$$

(5) $R-C$ 병렬회로에서 총 전류와 인가전압은 θ 만큼 위상차가 생긴다.

$$\theta = \tan^{-1}\left(\frac{I_C}{I_R}\right)$$

(6) $R-C$ 병렬회로에서 임피던스는 인가전압 V 와 총 전류 I 를 사용하여, 다음 식으로 구한다.

$$Z = \frac{V}{I}$$

예제 8

그림 4.8(a)와 같은 $R=20[\Omega]$, $C=21[\mu F]$ 의 $R-C$ 병렬회로에 주파수 $f=60[Hz]$, 크기 $V=100[V]$ 의 사인과 전압을 가할 때 I_R, I_C, $I[A]$ 를 구하여라.

$$\therefore I_R=\frac{V}{R}=\frac{100}{20}=5[A] \text{ (전압과 동위상)}$$

$$I_C=\omega CV=2\pi fCV=2\times\pi\times 60\times 210\times 10^{-6}\times 100 \fallingdotseq 8[A]$$

$$I=\sqrt{{I_R}^2+{I_C}^2}=\sqrt{5^2+8^2}\fallingdotseq 9.43[A]$$

$$\theta=\tan^{-1}\frac{I_C}{I_R}=\tan^{-1}\frac{8}{5}=58^\circ \text{ (용량성)}$$

6. R-L-C 병렬회로

그림 4.9(a)와 같은 R, L, C를 병렬회로의 각 소자에 흐르는 전류 I_R, I_L, I_C 라고 하면 KCL에 의해

$$I_R=\frac{V}{R},\ I_L=\frac{V}{j\omega L},\ I_C=\frac{V}{\frac{1}{j\omega C}}=j\omega CV$$

$$I=I_R+I_X=I_R+(I_C+I_L) \tag{4.21}$$

여기서 I_L 과 I_C 는 단순한 대수적 뺄셈 즉, $I_X=I_C-I_L$ 만 하면 된다.

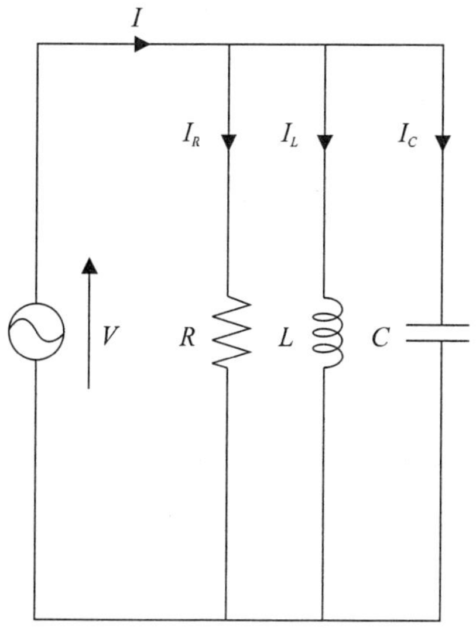

(a)

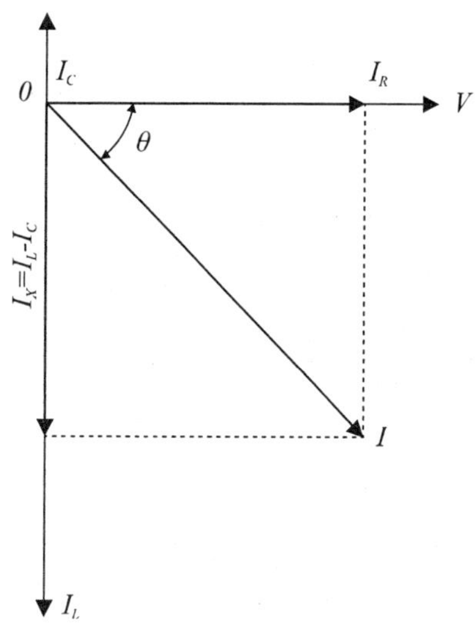

(b) $\omega C < 1/\omega L$ 인 경우

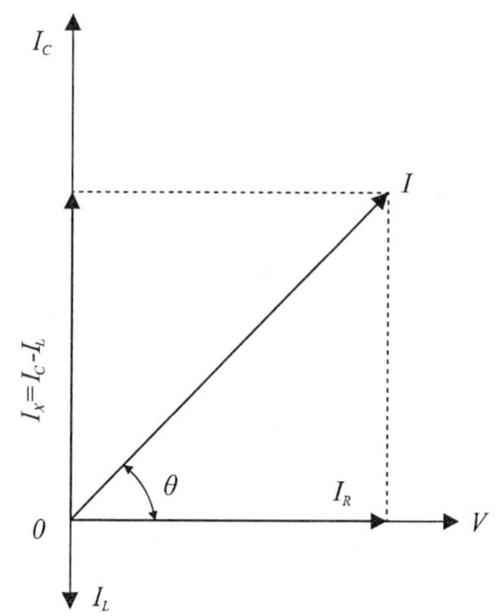

(c) $\omega C > 1/\omega L$ 인 경우

그림 4.9 R - L - C 병렬회로

즉,

$$I=\sqrt{{I_R}^2+(I_C-I_L)^2}=\sqrt{(\frac{V}{R})^2+(\frac{V}{X_C}-\frac{V}{X_L})^2} \tag{4.22}$$

$$=\sqrt{(\frac{1}{R})^2+(\omega C-(\frac{1}{\omega L})^2}\,V[A]$$

이 회로의 합성 임피던스 Z와 위상각 θ 는 다음식과 같다.

$$Z=\frac{V}{I}=\frac{1}{\sqrt{(\frac{1}{R})^2+(\omega C-\frac{1}{\omega L})^2}}[\Omega]$$

$$\theta=\tan^{-1}\frac{I_C-I_L}{I_R}=\tan^{-1}\frac{(\omega C-\frac{1}{\omega L})V}{\frac{V}{R}}=\tan^{-1}(\omega C-\frac{1}{\omega L})R \tag{4.23}$$

이 경우 $I_X=I_C-I_L$ 의 부호가 (+)이면 θ 의 부호는 (+)가 되어 전류가 전압보다 앞선 위상이 되고, I_X 의 부호가 (-)이면 그 반대가 된다.

R-L-C 병렬회로에서 전체 전류 I와 공급전압 V사이의 위상은 다음과 같은 관계가 있다.

$\omega C<\frac{1}{\omega L}(I_C<I_L)$ 인 경우 : I 는 V 보다 θ 만큼 뒤진다.(그림 4.9(b))

$\omega C>\frac{1}{\omega L}(I_C>I_L)$ 인 경우 : I 는 V 보다 θ 만큼 앞선다.(그림 4.9(c))

$\omega C=\frac{1}{\omega L}(I_C=I_L)$ 인 경우 : I 는 V 는 동위상이다.

※ R - L - C 병렬회로의 임피던스

(1) 각 소자의 임피던스를 옴의 법칙을 이용하여 구한다.

(2) 각 소자에 흐르는 전류를 구하고, 인가전압과의 위상차를 구한다. 이때 캐패시터와 인덕터의 위상은 서로 부호가 반대이다.

(3) 모든 소자의 전류 페이저 합을 구한다.

(4) 다음 공식에 의해 총 전류와 위상차를 구할 수 있다.

$$I_T = \sqrt{{I_R}^2 + {I_X}^2}\ ,\ \theta = \tan^{-1}(\frac{I_X}{I_R})$$

(5) $R-L-C$ 병렬회로에서 임피던스는 인가전압 V 와 총 전류 I 를 사용하여, 다음 식으로 구한다.

$$Z = \frac{V}{I}$$

예제 9

$60[Hz]$ 의 사인파 교류에 대해서, $X_L = 20[\Omega]$, $X_C = 24[\Omega]$ 을 병렬로 접속한 회로에 $100[V]$ 의 교류 전압을 가했다. 회로에 흐르는 전류 I 의 크기와 전압과의 위상차를 구하여라.

$L-C$ 병렬회로이므로

$$I_L = \frac{V}{X_L} = \frac{100}{20} = 5[A]\ ,\ I_C = \frac{V}{X_C} = \frac{100}{24} = 4.17[A]$$

이다. 또, $I_L - I_C = 5 - 4.17 = 0.83[A]$ 이고 전압보다 위상 $90°$ 늦게 된다. 또는 $X_L < X_C$ 이므로

$$Z = \frac{1}{\frac{1}{\omega_L} - \omega C} = \frac{1}{\frac{1}{20} - \frac{1}{24}} = 120[\Omega]$$

$$\therefore I = \frac{V}{Z} = \frac{100}{120} = 0.83[A]$$

전압보다 위상이 $90°$ 뒤진다.

예제 10

그림 4.10와 같은 회로에 있어서 전류 $I[A]$ 를 구하라. 단, $f=-60[Hz]$ 이다.

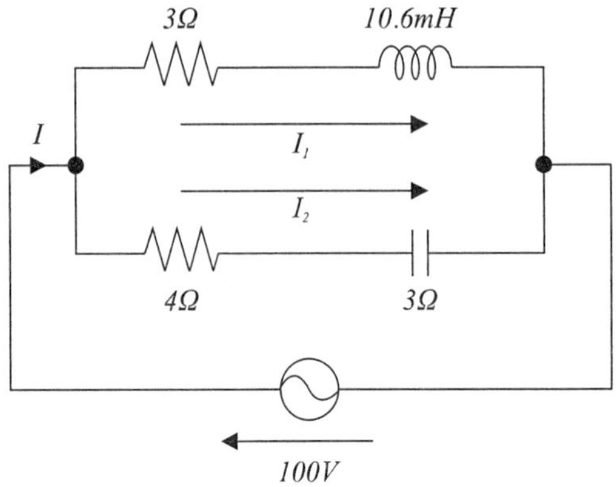

그림 4.10

병렬가지전류를 구한 후 전체전류는 식 $I=\sqrt{I_1^{\ 2}+I_2^{\ 2}}$ 을 사용한다.

$$X_L=\omega L=2\pi\times 60\times 10.6\times 10^{-3}=4[\Omega]$$

$$I_1=\frac{V}{Z_1}=\frac{100}{3+j4}=12-j16[A]$$

$$I_2=\frac{V}{Z_2}=\frac{100}{4-j3}=16+j12[A]$$

$$\therefore I=I_1+I_2=12-j16+16+j12=28-j4$$

$$|I|=\sqrt{28^2+4^2}=28.3[A]$$

7. 어드미턴스(Admitance)

병렬회로의 계산은 직렬회로의 계산에 비하여 매우 복잡하므로 임피던스의 역수인 어드미턴스를 이용하는 것이 편하다.

$$Y = \frac{1}{Z} = \frac{I}{V} = G + jB[\mho] \tag{4.24}$$

단위는 임피던스의 역수인 y를 어드미턴스라 하고, 단위로는 mho(℧) 또는 siemens(S)를 사용한다.

실수부 G G를 컨덕턴스라고 하며, 리액턴스 X 의 역수인 허수부 B 를 서셉턴스, 유도성 리액턴스 X_L 의 역수 B_I 을 유도성 서셉턴스, 용량성 리액턴스 X_C 의 역수 B_C 를 용량성 서셉턴스라고 하며, 단위는 모두 mho(℧)를 사용한다.

이러한 관계를 식으로 나타내면,

그림 4.11(b)의 병렬회로에서 다음식이 성립한다.

$$I = I_G + I_C + I_L = GV + j\,\omega CV + \frac{1}{j\omega L}V \tag{4.25}$$

$$= [G + j(\omega C - \frac{1}{\omega L})]\,V = [G + j(B_C + B_L)]\,V$$

그러므로 이 회로의 어드미턴스는

$$Y = G + jB = G + j(\omega C - \frac{1}{\omega L})$$

$$G = \frac{1}{R}\ ,\ B = B_C + B_L = \omega C - \frac{1}{\omega L} \tag{4.26}$$

R-L-C 병렬회로의 합성 임피던스 Z를 어드미턴스 Y로 표시하면

어드미턴스 크기 $Y = \frac{1}{Z} = \sqrt{G^2 + B^2}$,

$$\text{위상각 } \theta = \tan^{-1}\frac{B}{G} \tag{4.27}$$

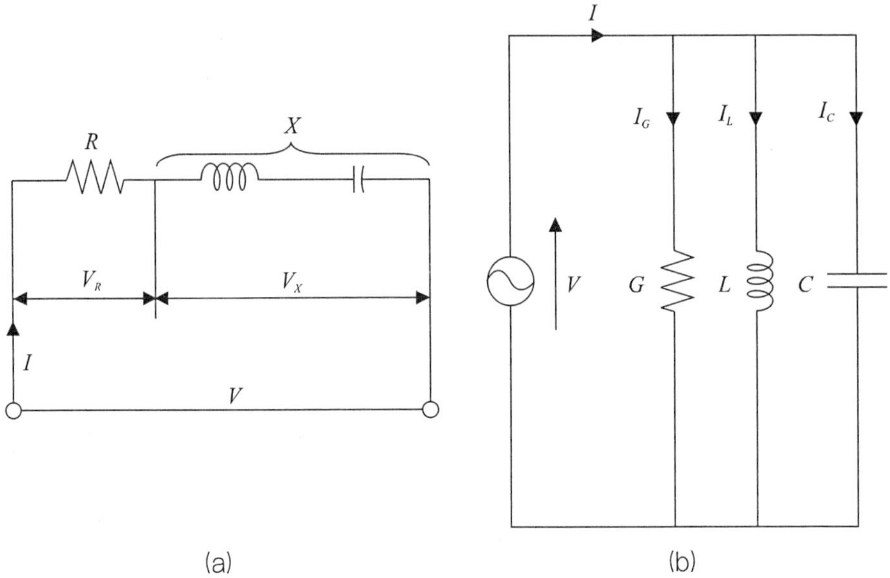

그림 4.11 직렬 및 병렬회로

직렬회로의 임피던스는 그림 4.12(a)와 같은 페이저로 표시하면, 그림 4.11(b)와 같은 병렬회로인 경우 임피던스로 계산하는 것보다 어드미턴스로 계산하는 것이 그림 4.12(b)와 같이 간편한 경우도 있다.

$$Y = \frac{1}{Z} = \frac{1}{\sqrt{R^2 + X^2}} = \sqrt{(\frac{R}{R^2 + X^2})^2 + (\frac{X}{R^2 + X^2})^2} \tag{4.28}$$

$$G = \frac{R}{R^2 + X^2} = \frac{R}{Z^2}[℧]\ ,\ B = \frac{-X}{R^2 + X^2} = \frac{-X}{Z^2}[℧] \tag{4.29}$$

$$I = \frac{V}{Z} = YV = \sqrt{G^2 + B^2}\ V[A] \tag{4.30}$$

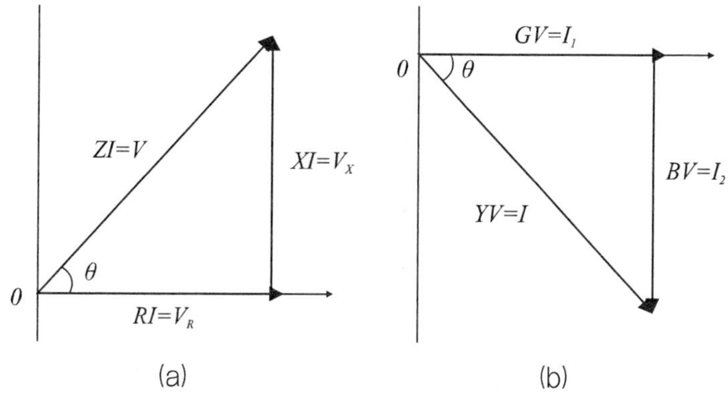

그림 4.12 (그림 4.11의 페이저도)

예제 11

그림 4.12에서 컨덕턴스와 서셉턴스를 구하라.(단, $f = 60[Hz]$)

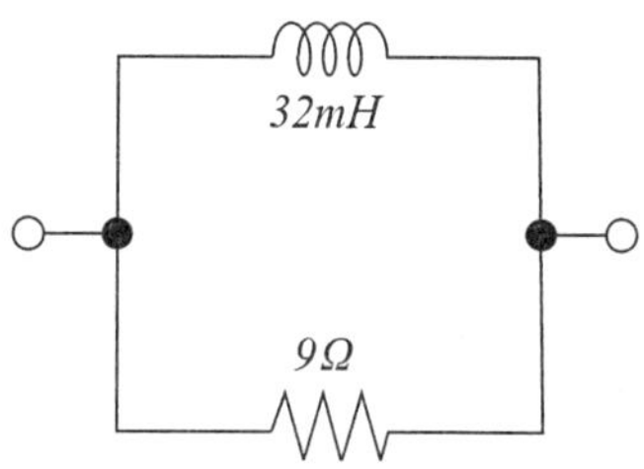

그림 4.12

$$Y = G + jB = \frac{1}{R} + \frac{1}{j\omega L} = \frac{1}{9} = -\frac{j}{377 \times 32 \times 10^{-3}}$$

$= 0.111 - j0.083$

$\therefore G = 0.111[℧]$, $B = -0.083[℧]$

예제 12

$R-L-C$ 직렬회로의 서셉턴스를 구하여라.

$R-L-C$ 직렬회로의 임피던스 $Z = R + j(\omega L - \frac{1}{\omega C})$

어드미턴스 Y 는

$$Y=\frac{1}{Z}=G+jB=\frac{1}{R+j(\omega L-\frac{1}{\omega C})}$$

$$=\frac{\omega C}{\omega CR+j(\omega^2 LC-1)}=\frac{\omega C\{\omega CR-j(\omega^2 LC-1)\}}{\omega^2 C^2 R^2+(\omega^2 LC-1)^2}$$

$$\therefore G=\frac{\omega^2 C^2 R}{\omega^2 C^2 R^2+(\omega^2 LC-1)^2}[\mho]$$

$$\therefore B=\frac{-\omega C(\omega^2 LC-1)}{\omega^2 C^2 R^2+(\omega^2 LC-1)^2}[\mho]$$

8. 임피던스 직렬회로

그림 4.13과 같이 여러 개의 임피던스를 Z_1 , Z_2 , Z_3 , $\cdots$, Z_n 을 직렬로 접속하여 양단에 교류전압 V를 가했을 때 회로에 흐르는 전류를 I라고 하면, 각 임피던스의 양단에 걸리는 전압 V_1 , V_2 , V_3 , $\cdots$, V_n 은

$$V_1=Z_1I,\ V_2=Z_2I,\ V_3=Z_3I,\ \cdots\ ,\ V_n=Z_nI$$

가 된다. 그리고 회로 전체에 걸리는 전압은 키르히호프의 전압 법칙에 의해 각 임피던스에 걸리는 전압의 총합이 되므로

$$V=V_1+V_2+V_3+\ \cdots\ +V_n \tag{4.31}$$

$$=\Sigma V_i=(Z_1+Z_2+Z_3+\ \cdots\ +Z_n)I=ZI[V]$$

이다. 회로 전체의 합성 임피던스 Z는 다음과 같다.

$$Z=Z_1+Z_2+\ \cdots\ +Z_n=R+jX[\Omega] \tag{4.32}$$

그러므로 임피던스를 직렬로 접속하였을 때 각 임피던스의 전압 분포는 다음과 같이 각 벡터

임피던스에 비례함을 알 수 있다.

$$V_1 = \frac{Z_1}{Z}V\ ,\ V_2 = \frac{Z_2}{Z}V\ ,\ \cdots\ ,\ V_n = \frac{Z_n}{Z}V[V] \tag{4.33}$$

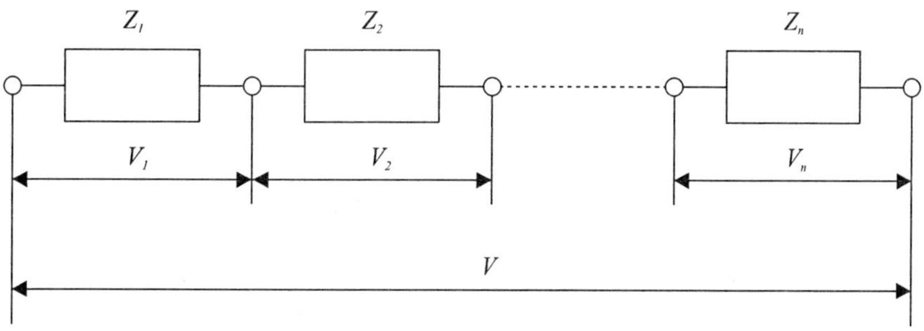

그림 4.13 임피던스 직렬회로

9. 임피던스 병렬회로

그림 4.14와 같이 여러 개의 임피던스를 병렬로 접속하여 양 단자 사이에 전압교류 V를 인가했을 때 회로에 흐르는 전류를 I_1, I_2, I_3, $\cdots$, I_n 이라고 하면 전체전류 I는

$$I_1 = \frac{V}{Z_1}\ ,\ I_2 = \frac{V}{Z_2}\ ,\ I_3 = \frac{V}{Z_3}\ ,\ \cdots\ ,\ I_n = \frac{V}{Z_n}[A] \tag{4.34}$$

이므로

$$I = I_1 + I_2 + I_3 + \cdots + I_n = \frac{V}{Z_1} + \frac{V}{Z_2} + \frac{V}{Z_3} + \cdots + \frac{V}{Z_n} \tag{4.35}$$

$$= V\left(\frac{1}{Z_1} + \frac{1}{Z_2} + \frac{1}{Z_3} + \cdots + \frac{1}{Z_n}\right) = \frac{V}{Z}[A]$$

따라서 병렬회로의 합성 임피던스 Z는

$$Z = \frac{1}{\frac{1}{Z_1} + \frac{1}{Z_2} + \cdots + \frac{1}{Z_n}} = \frac{1}{\Sigma \frac{1}{Z_i}} [\Omega] \tag{4.36}$$

이 되고, 어드미턴스 Y는

$$Y = G + jB = Y_1 + Y_2 + Y_3 + \cdots + Y_n [\mho] \tag{4.37}$$

으로 되어 각 분기 회로에 흐르는 전류는

$$I_1 = Y_1 V = \frac{Z}{Z_1} I, \; I_2 = Y_2 V = \frac{Z}{Z_2} I,$$

$$I_3 = Y_3 V = \frac{Z}{Z_3} I, \; \cdots \; , I_n = Y_n V = \frac{Z}{Z_n} I [A] \tag{4.38}$$

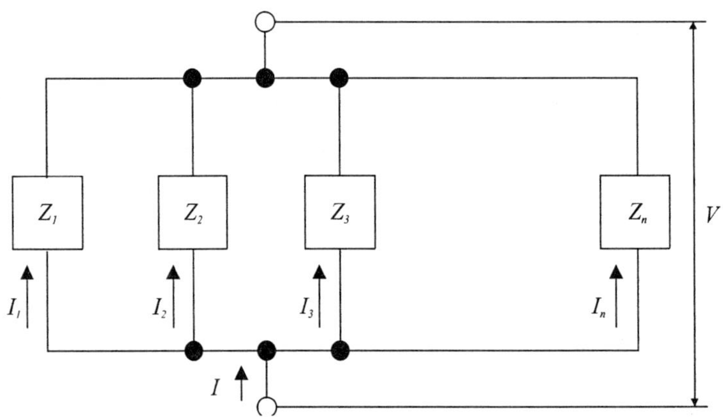

그림 4.14 임피던스 병렬회로

예제 13

그림 4.15와 같은 직렬회로에 전류 I, 각 부분회로에 걸리는 전압과 전체 전력을 구하여라.

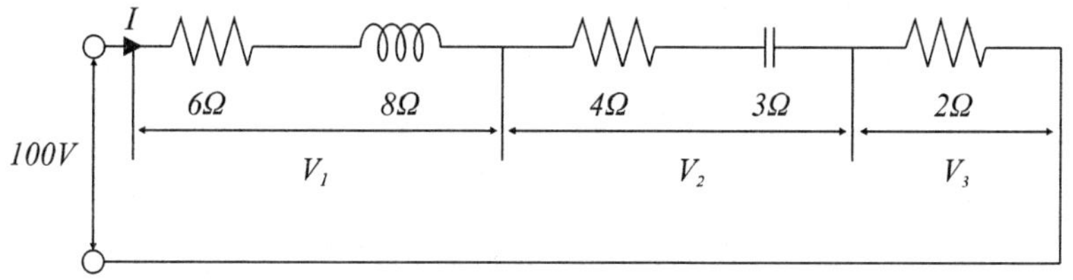

그림 4.15

$$Z = (6 + j8) + (4 - j3) + 2 = 12 + j5[\Omega]$$

$$\therefore I = \frac{100 + j0}{12 + j3} = \frac{100(12 - j3)}{(12 + j3)(12 - j3)} = 7.10 - j2.96[A]$$

$$V_1 = IZ_1 = (7.11 - j2.96)(6 + j8) = 66.34 + j39.12[V]$$

$$V_2 = IZ_2 = (7.11 - j2.96)(4 - j3) = 19.56 - j33.17[V]$$

$$V_3 = IZ_3 = (7.11 - j2.96)(2 + j0) = 14.2 - j5.92[V]$$

$$P_a = |I|^2(R_1 + R_2 + R_3) = \sqrt{7.11^2 + 2.96^2} \times (6 + 4 + 2)$$

$$= 7.70^2 \times 12 = 711.48[W]$$

10. 인덕턴스 및 정전용량

1) 인덕터(Inductor)

영국 마이클 패러데이(Michael Faraday)와 미국의 요셉 헨리(Joseph Henry)는 다음과 같은 사실을 거의 동시에 발견했다.

'변하는 자기장(changing magnetic field)은 인접회로에 전압을 유도시키며, 유도된 전압(induced voltage)은 자기장을 만드는 전류의 시간 변화에 비례한다'

이를 수식으로 나타내면,

$$e = -L\frac{di}{dt} \tag{4.39}$$

이다.

비례상수 L 을 인덕턴스(inductance)라고 부른다. 음(−)의 부호는 렌쯔의 법칙(Lentz's Law)에 의하면 '코일에 형성되는 유도 기전력은 유입되는 전류의 변화를 저지하는 방향으로 유도 전류가 흐른다'는 사실에 근거한다.

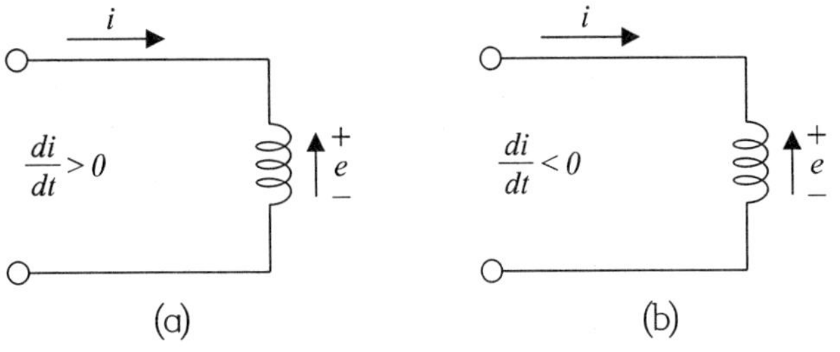

그림 4.16 유도전류와 유도 기전력 방향

변하는 자기장(changing magnetic field)은 전원에 의해 발생되므로, 전원 전압을 v 라고 하면,

$$v = -e = L\frac{di}{dt} \tag{4.40}$$

인 관계를 가지며, 일반적으로 그림 4.17과 같이 인덕터 또는 코일의 전압강하를

$$v = L\frac{di}{dt} \tag{4.41}$$

로 표시한다.

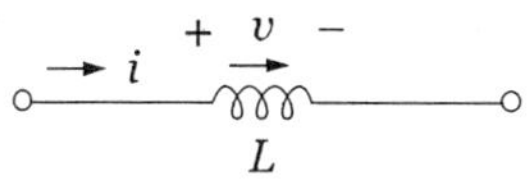

그림 4.17 인덕터 전압

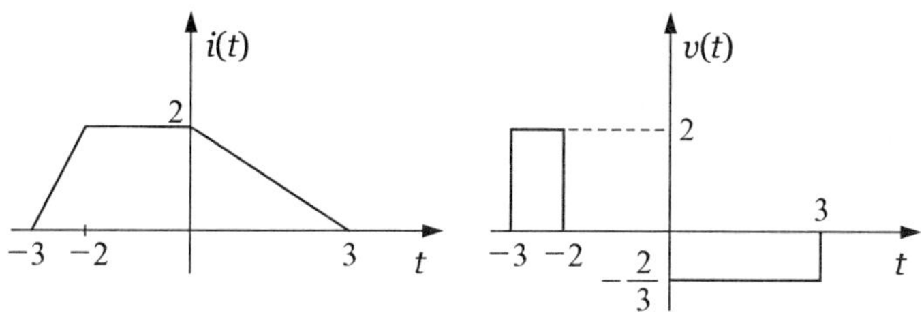

(a) (b)

그림 4.18 1[H] 인덕터의 전류 및 전압 파형

1 [H] 의 인덕터에 흐르는 전류가 그림 4.18(a)와 같이 주어질 때 전압강하는 $v = L\dfrac{di}{dt}$ 에 의해 그림 4.18(b)와 같이 된다.

만일 인덕터에 흐르는 전류가 그림 4.19(a)와 같이 주어질 때 전압강하는 $v = L\dfrac{di}{dt}$ 에 의해 그림 4.19(b)와 같이 된다. $t = 2$ 에서 전류가 불연속점을 가지므로, 전압은 무한대의 값을 가진다.

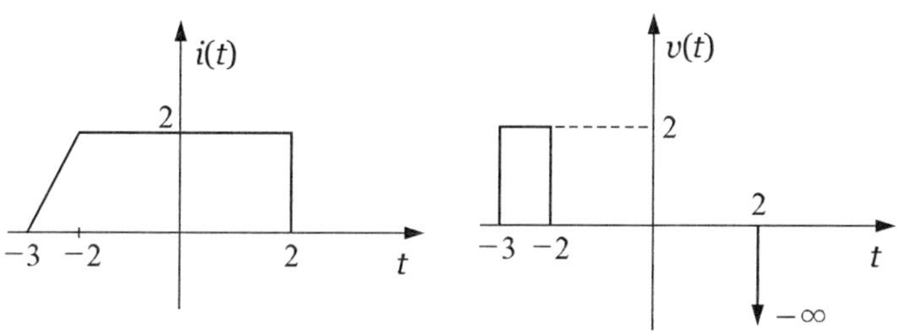

(a) (b)

그림 4.19 임펄스 전압

즉, 전류가 급격하게 변하면, 무한대의 임펄스 전압이 발생되는데, 이는 물리적으로 존재하지 않는다. 따라서, 인덕터에 흐르는 전류은 시간에 대하여 연속(continuous)임을 의미한다.

예제 14

다음 회로에서 전압 v_1 및 v_2 를 구하시오.

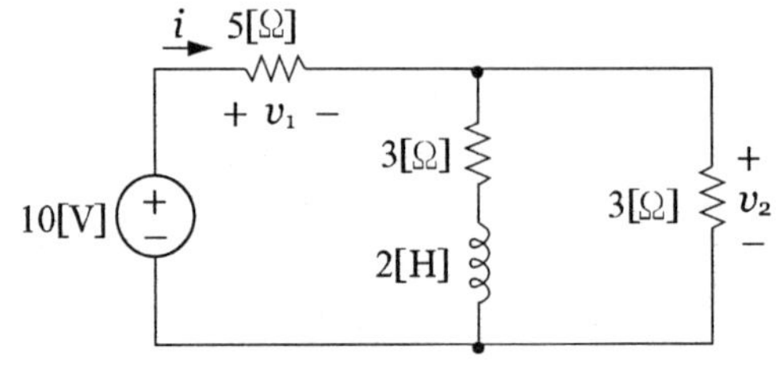

직류 전원에 대하여는, $v = L\dfrac{di}{dt}$ 에 의해 인덕터에는 전압이 유도되지 않는다. 즉, 단선(short-circuit) 상태와 같다. 따라서, 아래 회로와 등가이다.

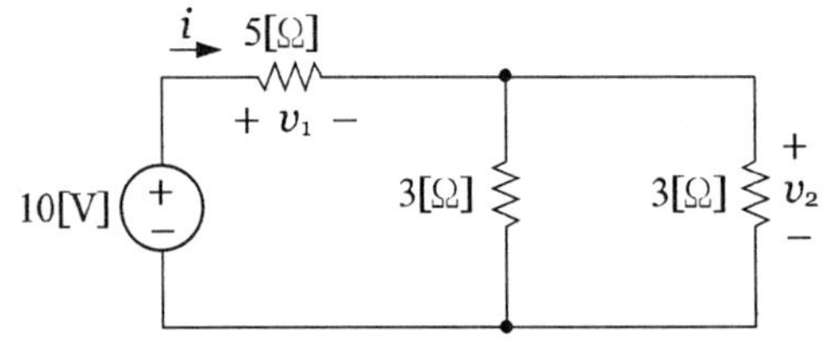

전압 분배 법칙을 적용하여, 전압v_1 및 v_2 를 구하면,

$$v_1 = 10 \times \frac{5}{5 + \frac{3}{2}} = 7.7\,[\mathrm{V}]$$

$$v_2 = 10 \times \frac{\frac{3}{2}}{5 + \frac{3}{2}} = 2.3\,[\mathrm{V}]$$

이다.

2) 인덕터의 에너지

인덕터의 흡수전력(absorbed power) p 는

$$p = vi = Li\frac{di}{dt} \tag{4.42}$$

이고, 에너지는 전력을 시간에 관하여 적분하면 구하여진다.

$$w = \int_{t_0}^{t} p\,dt = \int_{t_0}^{t} Li\frac{di}{dt}dt = \int_{t_0}^{t} Li\,di \tag{4.43}$$

에너지 식을 구하면,

$$w(t) - w(t_0) = \frac{1}{2}L\left[i^2(t) - i^2(t_0)\right] \tag{4.44}$$

이며, 이때 시간 $t = t_0$ 에 인덕터에 저장되어 있는 에너지 $w(t_0) = 0$ 을 가정하면,

$$w(t) = \frac{1}{2}Li^2(t) \tag{4.45}$$

이 된다.

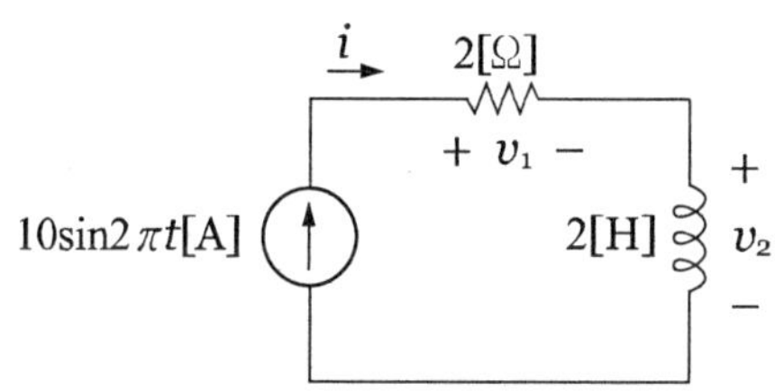

그림 4.20 인덕터 에너지

그림 4.20에서 인덕터에 저장되는 에너지를 구하여 보자.

$$v_2 = L\frac{di}{dt} = 2\frac{d}{dt}(\sin 2\pi t) = 4\pi\cos 2\pi t \tag{4.46}$$

인덕터에 저장 에너지는

$$w_2(t=\frac{1}{4})=\left(10\sin 2\pi\times\frac{1}{4}\right)^2=100\,[\mathrm{J}]$$

$$w_2(t=\frac{1}{2})=\left(10\sin 2\pi\times\frac{1}{2}\right)^2=0\,[\mathrm{J}] \tag{4.47}$$

이다.

즉, 시간 $t=\frac{1}{4}$ 에서 최대 저장값 100 [J] 을 가지며, $t=\frac{1}{2}$ 될 때, 저장되어 있는 에너지는 모두 인덕터로 부터 방출된다.

저항에서 열로 방출되는(dissipated) 에너지는

$$w_1=\int_0^{\frac{1}{2}} i^2 R\,dt=\int_0^{\frac{1}{2}} 200(\sin 2\pi t)^2 dt=50 \tag{4.48}$$

이며, 저항에서 열로 소모되는(dissipated) 에너지와 인덕터에 저장되는 최대에너지의 비는

$$\frac{50}{100}\times 100=50\,\% \tag{4.49}$$

가 된다. 이는 인덕터에 저장 및 방출되는 과정에서 열로 소모되는 비율이다.

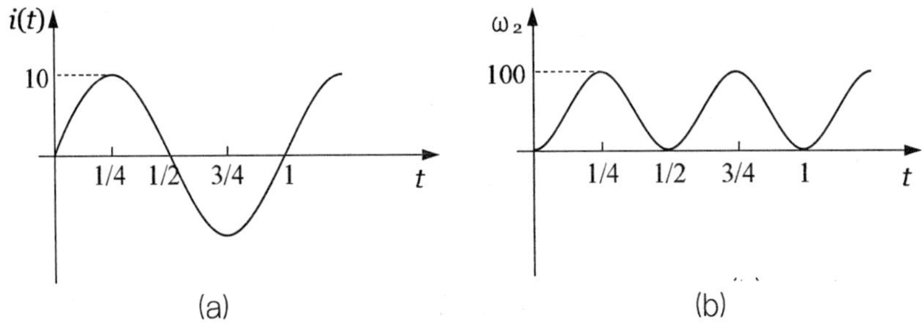

그림 4.21 인덕터에 저장되는 에너지

3) 정전 용량

$i = \frac{dq}{dt}$ 와 $q = Cv$ 로부터, 콘덴서에 흐르는 전류는

$$i = C\frac{dv}{dt} \tag{4.50}$$

로 나타낸다. 여기서, 비례상수 C 를 정전용량(capacitance)이라고 정의한다.

제임스 클라크 맥스웰 (James Clerk Maxwell)은 통합 전자기 이론에서 콘덴서에 흐르는 교류 전류를 변위 전류(displacement current)라고 가정하였고, 시간에 따라 변하는 전계 또는 전압이 콘덴서에 인가되면, 변위 전류(displacement current)는 항상 존재한다.

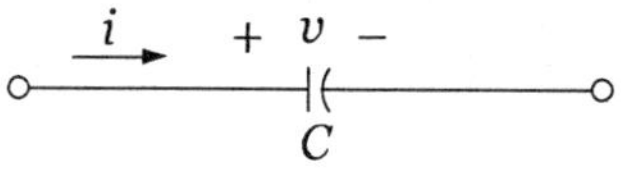

그림 4.22 콘덴서 전류

$i = C\frac{dv}{dt}$ 로부터 전압에 대한 식을 구하면 다음과 같다.

$$v = \frac{1}{C}\int_{t_0}^{t} i\,dt + v(t_0) \tag{4.51}$$

$1[\mu\text{F}]$ 의 콘덴서에 흐르는 전류가 그림 4.23(a)와 같이 주어질 때 전압강하는 $v = \frac{1}{C}\int_{t_0}^{t} idt + v(t_0)$ 로부터 구하면,

$$v(t=0) = \frac{1}{C}\int_{-2}^{0}(t+2)dt + v(t=-2) = 2+0 = 2\,[\text{V}]$$

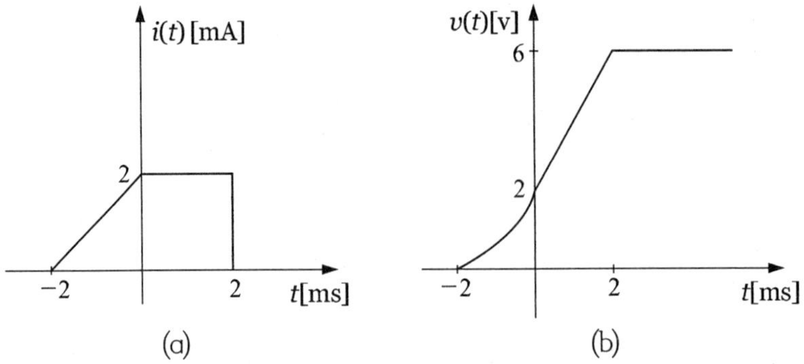

그림 4.23 1$[\mu F]$ 콘덴서의 전류 및 전압 파형

$$v(t=2) = \frac{1}{C}\int_0^2 2dt + v(t=0) = 4+2 = 6\,[\mathrm{V}] \tag{4.52}$$

이며, 이로부터 그림 4.23(b)와 같이 됨을 알 수 있다.

만일, $1[\mu\mathrm{F}]$ 의 콘덴서에 충전되는 전압이 그림 4.24(a)와 같이 주어질 때 흐르는 전류는 $i = C\dfrac{dv}{dt}$ 에 의해 그림 4.24(b)와 같이 된다. $t = 2$ 에서 전압이 불연속점을 가지므로, 전류는 무한대의 값을 가진다.

즉, 충전전압이 급격하게 변하면, 무한대의 임펄스 전류가 발생되는데, 이는 물리적으로 존재하지 않는다. 따라서, 콘덴서의 충전 전압은 시간에 대하여 연속(continuous)임을 의미한다.

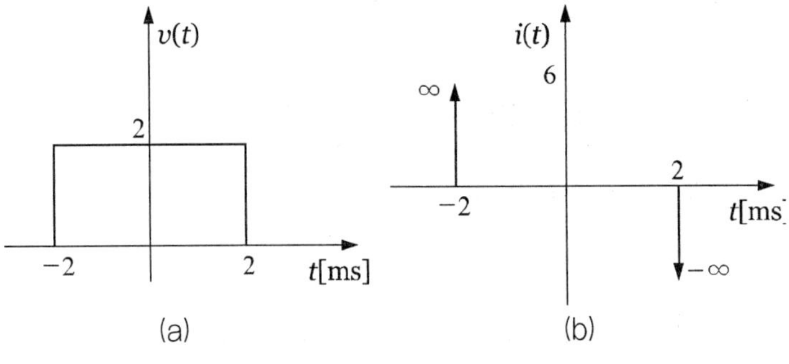

그림 4.24 임펄스 전류

예제 15

다음 회로에서 전압 v_1 및 v_2 를 구하시오

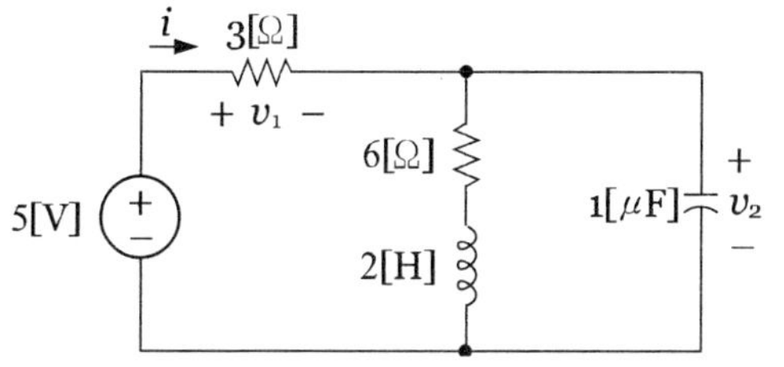

직류 전원에 대하여, 인덕터는 단선(short-circuit) 상태와 같고, 콘덴서는 $i = C\dfrac{dv}{dt}$ 에 의해 전류가 흐르지 못하므로, 개방(open)된 것과 다름이 없다.

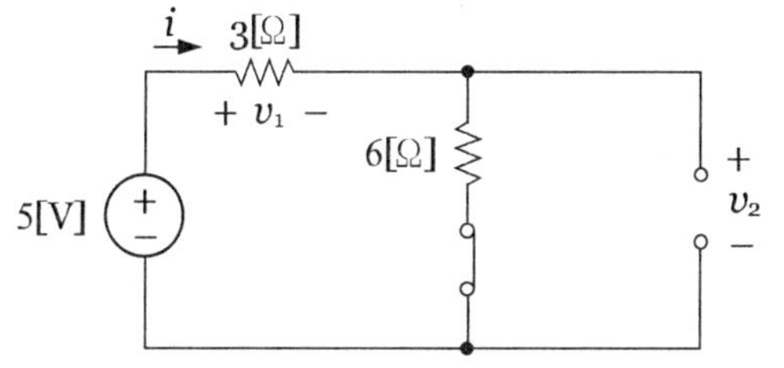

따라서, 전압 분배 법칙을 적용하여, 전압 v_1 및 v_2 를 구하면,

$$v_1 = 5 \times \frac{3}{3+6} = \frac{5}{3}\ [\mathrm{V}]$$

$$v_2 = 5 \times \frac{6}{3+6} = \frac{10}{3}\ [\mathrm{V}]$$ 이다.

4) 콘덴서의 에너지

콘덴서에 전달되는 전력 p 는

$$p = vi = Cv\frac{dv}{dt} \tag{4.53}$$

이고, 저장에너지는 전력을 시간에 관하여 적분하면 구하여 진다.

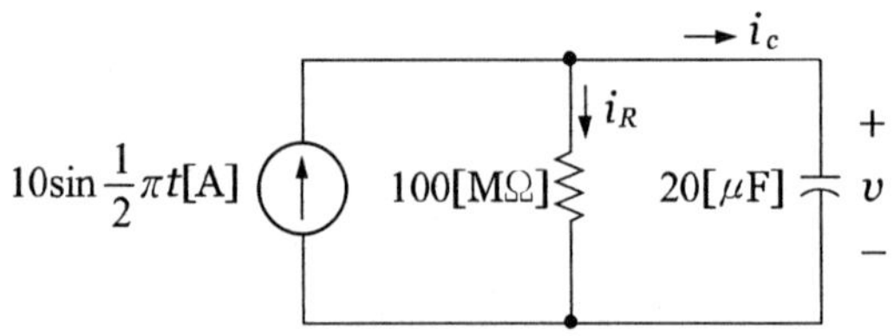

그림 4.25 콘덴서 에너지

$$w = \int_{t_0}^{t} pdt = \int_{t_0}^{t} Cv\frac{dv}{dt}dt = \int_{t_0}^{t} Cvdi \tag{4.54}$$

에너지 식을 구하면,

$$w(t) - w(t_0) = \frac{1}{2}L\left[v^2(t) - v^2(t_0)\right] \tag{4.55}$$

이다.

이때, 시간 $t = t_0$ 에 콘덴서에 저장되어 있는 에너지 $w(t_0) = 0$ 를 가정하면,

$$w(t) = \frac{1}{2}Cv^2(t) \tag{4.56}$$

이 된다.

다음 예에서 콘덴서에 저장되는 에너지를 구하여 보자.

$$w(t) = \frac{1}{2}Cv^2(t) = \frac{1}{2}C\left(100\sin\frac{1}{2}\pi t\right)^2 = 0.1\sin^2\frac{1}{2}\pi t \tag{4.57}$$

콘덴서에 저장 에너지는

$$w(t=1) = 0.1\sin^2\frac{1}{2}\pi \times 1 = 0.1\,[\mathrm{J}]$$

$$w(t=2) = 0.1\sin^2\frac{1}{2}\pi \times 2 = 0\,[\mathrm{J}] \tag{4.58}$$

이다. 즉, 시간 $t = 1$ 에서 최대 저장값 $0.1\,[\mathrm{J}]$ 을 가지며, $t = 2$ 될 때, 저장되어 있는 에너지는 모두 콘덴서로부터 방출된다.

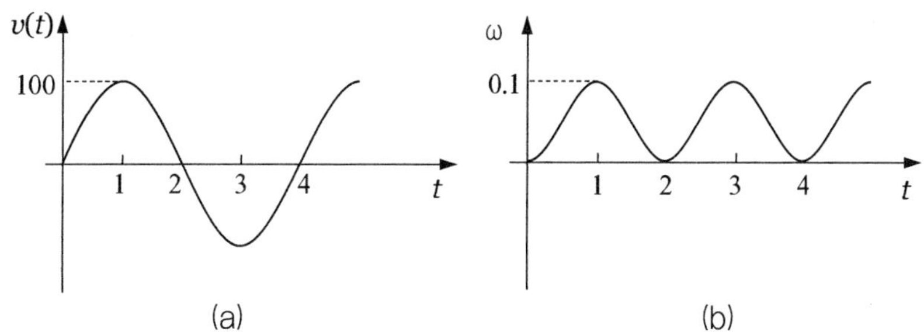

그림 4.26 콘덴서에 저장되는 에너지

저항에서 열로 방출되는(dissipated) 에너지는

$$i_R = \frac{100\sin\frac{1}{2}\pi t}{10^8} = 10^{-6}\sin\frac{1}{2}\pi t \tag{4.59}$$

로 부터,

$$w_R = \int_0^2 i^2 R dt = \int_0^2 10^{-4}\sin^2\frac{1}{2}\pi t\, dt = 10^{-4}\,[\mathrm{J}] \tag{4.60}$$

이다.

저항에서 열로 방출되는(dissipated) 에너지와 콘덴서에 저장되는 최대에너지의 비는

$$\frac{10^{-4}}{0.1} \times 100 = 0.1\% \tag{4.61}$$

가 된다. 이는 콘덴서에 충전 및 방전과정에서 열로 소모되는 비율이다.

5) 콘덴서의 접속

가. 직렬 접속

그림 4.27(a)에 키르히호프 전압법칙(KVL)을 적용하면,

$$v_s = v_1 + v_2 \tag{4.62}$$

이고, 옴 법칙에 의해

$$v_s = \frac{1}{C_1}\int_{t_0}^{t} idt + v_1(t_0) + \frac{1}{C_2}\int_{t_0}^{t} idt + v_2(t_0)$$

$$v_s = \frac{1}{C_{eq}}\int_{t_0}^{t} idt + v_s(t_0) \tag{4.63}$$

이다. 따라서,

$$C_{eq} = \frac{1}{\dfrac{1}{C_1} + \dfrac{1}{C_2}} \tag{4.64}$$

이며,

$$v_s(t_0) = v_1(t_0) + v_2(t_0) \tag{4.65}$$

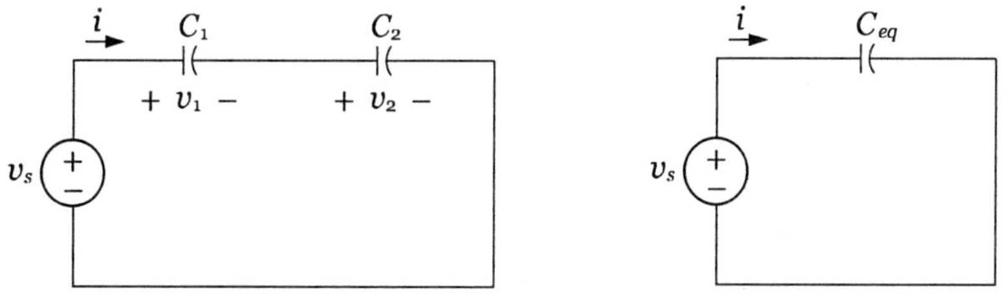

(a) 콘덴서의 직렬 접속 (b) 등가회로

그림 4.27 직렬 접속

이다.

이로부터 등가회로를 그리면 그림 4.27(b)가 된다.

만약, N 개의 콘덴서가 직렬로 접속되면, 등가 커패시턴스는

$$C_{eq} = \frac{1}{\sum_{n=1}^{N}\left(\frac{1}{C_n}\right)} \tag{4.66}$$

이다.

나. 병렬 접속

그림 4.28(a)에 키르히호프 전류법칙(KCL)을 적용하면,

$$i_s = i_1 + i_2 = (C_1 + C_2)\frac{dv}{dt}$$

$$i_s = C_{eq}\frac{dv}{dt} \tag{4.67}$$

이다. 따라서,

$$C_{eq} = C_1 + C_2 \tag{4.68}$$

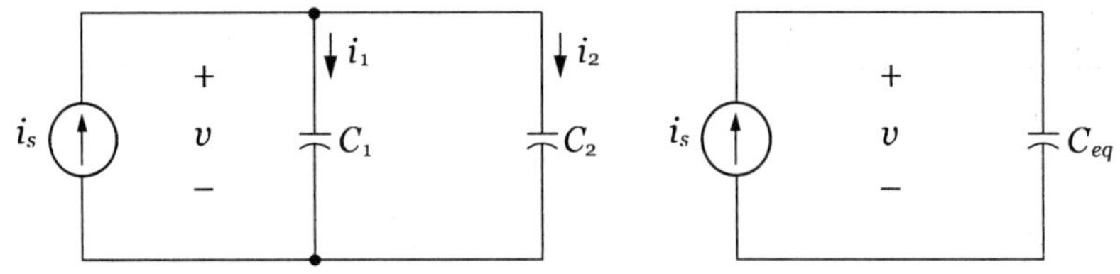

(a) 콘덴서의 병렬 접속 (b) 등가회로

그림 4.28 병렬 접속

이며, 이로부터 등가회로를 그리면 그림 4.28(b)가 된다.

만약, N개의 콘덴서가 병렬로 접속되면, 등가 커패시턴스는

$$C_{eq} = \sum_{n=1}^{N} C_n \tag{4.69}$$

이다.

6) 인덕터의 접속

가. 직렬 접속

그림 4.29(a)에 키르히호프 전압법칙(KVL)을 적용하면,

$$v_s = v_1 + v_2 \tag{4.70}$$

이며, 이로부터

$$v_s = (L_1 + L_2)\frac{di}{dt}$$

$$v_s = L_{eq}\frac{di}{dt}$$

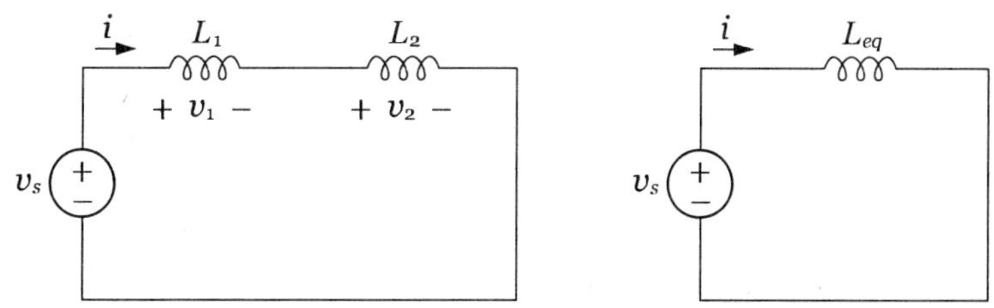

(a) 인덕터의 직렬 접속　　　　　(b) 등가회로

그림 4.29 직렬 접속

이다. 따라서,

$$L_{eq} = L_1 + L_2 \tag{4.71}$$

이다. 이로부터 등가회로를 그리면 그림 4.29(b)가 된다.

만약, N 개의 인덕터가 직렬로 접속되면, 등가 인덕턴스는

$$L_{eq} = \sum_{n=1}^{N} L_n \tag{4.72}$$

이다.

나. 병렬 접속

$i_s = i_1 + i_2$ 로부터

$$i_s = \frac{1}{L_1}\int_{t_0}^{t} v\,dt + i_1(t_0) + \frac{1}{L_2}\int_{t_0}^{t} i\,dt + i_2(t_0)$$

$$i_s = \frac{1}{L_{eq}}\int_{t_0}^{t} i\,dt + i_s(t_0) \tag{4.73}$$

이고, 따라서,

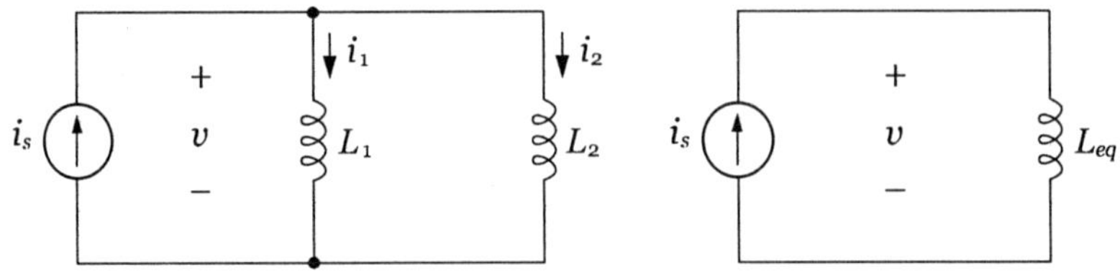

(a) 인덕터의 병렬 접속　　　　(b) 등가회로

그림 4.30 병렬 접속

$$L_{eq} = \frac{1}{\dfrac{1}{L_1} + \dfrac{1}{L_2}}, \quad i_s(t_0) = i_1(t_0) + i_2(t_0) \tag{4.74}$$

이다.

이로부터 등가회로를 그리면 그림 4.30(b)가 된다.

만약, N 개의 인덕터가 병렬로 접속되면, 등가 인덕턴스는 다음과 같다.

$$L_{eq} = \frac{1}{\displaystyle\sum_{n=1}^{N}\left(\frac{1}{L_n}\right)} \tag{4.75}$$

예제 16

다음 그림에서 (a)L_{eq} 를 구하시오. (b)C_{eq} 를 구하시오.

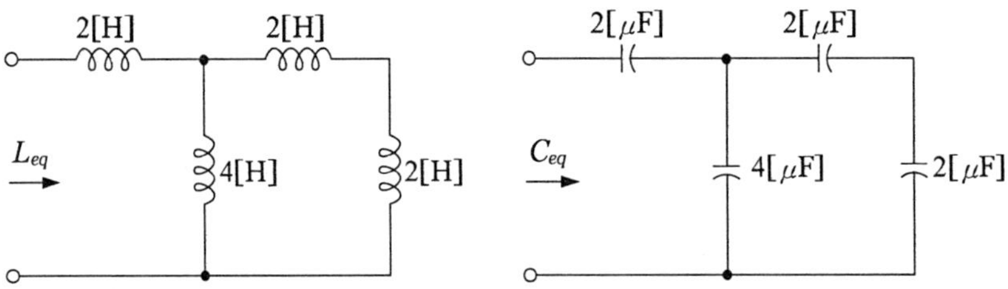

(a)　　　　(b)

$$L_{eq} = 2 + \frac{4 \times (2+2)}{4+2+2} = 2+2 = 4\,[\mathrm{H}]$$

$$C_{eq} = \frac{10}{5+2} = \frac{10}{7}\,[\mu\mathrm{F}]$$

6. 선형성(Linearity)

옴 법칙 $v = Ri$ 에 의하면, 저항에 대한 전압-전류관계식이 직선적으로 변하기 때문에 선형(linear)이라고 말한다.

또한, 인덕터 및 콘덴서 역시 선형성이 성립한다. 즉, 코일의 전압$v = L\frac{di}{dt}$ 으로부터, 전류에 비례상수 A 를 곱해주면, 전압 역시 A 배 된다.

마찬가지로, 콘덴서의 전류 $i = C\frac{dv}{dt}$ 으로부터, 전압에 비례상수 A 를 곱해주면, 전압 역시 A 배 된다.

따라서, 인덕터 및 콘덴서도 저항과 마찬가지로 선형성이 성립한다.

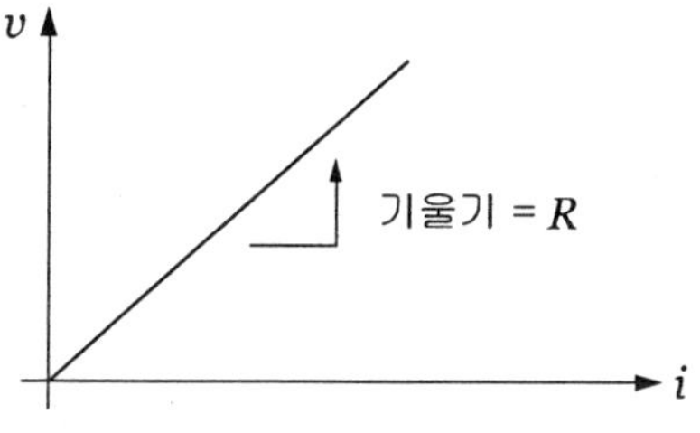

그림 4.31 선형성

Chapter 4. 연습문제

문제 1. R-L 직렬회로에서 $R=30(\Omega)$, $X_L=20(\Omega)$이다. 이 때 다음을 구하시오. 단, 공급전압은 $220(V)$, 주파수 $f=60(Hz)$이다.

가) 임피던스 Z 나) 전류 I 다) 전압 V_R, V_C

문제 2. R-L 직렬회로에서 $R=30(\Omega)$, $X_L=30(\Omega)$일 때, 위상각 θ를 구하시오.

문제 3. R-C 직렬회로에서 $R=10(k\Omega)$, $C=1(\mu F)$이다. 이 때 다음을 구하시오. 단, 공급전압은 $220(V)$, 주파수 $f=60(Hz)$이다.

가) 임피던스 Z 나) 전류 I 다) 전압 V_R, V_L

문제 4. R-L-C 직렬회로에서 $R=10(\Omega)$, $X_L=15(\Omega)$, $X_C=15(\Omega)$이다. 이 때 임피던스 Z와 전류 I를 구하시오. 단, 전압 $V=200(V)$이다.

문제 5. R-L 병렬회로에서 $R=100(\Omega)$, $X_L=50(\Omega)$일 때, 회로전류 I를 구하시오. 단, 교류전압은 $200(V)$이다.

문제 6. R-C 병렬회로에서 $R=20(\Omega)$, $X_C=10(\Omega)$이다. 이 때 회로전류 I를 구하시오. 단, 전압 $V=200(V)$이다.

Chapter 5. 정현파 교류

1. 정현파
2. 주파수와 주기
3. 순시값, 최대값
4. 파고율과 파형율
5. 실효값
6. 위상과 위상차

※ 연습문제

1. 정현파

교류회로 해석에서 기본적으로 취급되고 있는 전압과 전류는 정현파로서 정현파 교류의 발생 원리와 정현파에 관한 제반 기본 용어를 정의하고 R, L, C 소자 회로에서 정현파 전압과 전류 사이의 관계를 표시하고 계산하는 방법과 교류의 페이저 표시법에 대하여 살펴보기로 한다.

1) 교류 발전기

정현파 전압은 그림 5.1과 같은 교류발전기에 의해 발생하며, 수력·화력·원자력발전소 등에서 발전에 이용된다. 고정자 쪽 원통형 철심 안쪽 편에 slot를 만들고 이들 slot에 전기자코일을 넣는다. 회전자 쪽에는 직류로 여자된 자극을 설치하고 이것을 회전시키면, 각 상의 코일에는 회전속도에 비례한 주파수의 교류전압이 발생한다. 교류발전기에서 자극을 회전시키는 구조로 된 것을 회전계자형이라 하는데 대부분 이 형식을 취한다. 자극이 고정자 쪽에 있고 회전자 쪽에서 교류전압이 발생되는 코일을 설치한 구조를 회전전기자형이라 한다. 이러한 형식은 소용량 발전기에 적용된다. 영구자석 대신에 계자로 전자석을 사용하거나 회전자와 계자의 역할을 치환하는 등의 다양한 변형이 가능하다.

교류발전기는 강한 직류전자석을 회전시켜 발전한다. 이 전자석은 계자코일에 직류전류를 흐르게 하여 만드는데 이것을 '여자'라 한다. 여자를 시키는 데에는 직류전원이 필요하기 때문에 여자기라고 하는 직류발전기를 이용한다. 여자기는 주발전기와 같은 축상에 설치되어, 여자기와 주발전기 계자권선의 접속은 일반적으로 브러시와 슬립링을 통해 행한다. 최근 브러시 없는 교류발전기가 발명되어 직류발전기의 사용은 줄어들고 있다.

그림 5.1과 같이 두 도체를 직렬 접속한 사각형 코일을 자기장 내에서 회전하는 경우에 대하여 좀 더 살펴보면, 사각형의 코일은 N, S 두 자극에 의한 자기장 내에만 있어야 한다. 각 도체는 슬립 링으로 연결되어 있고, 각 슬립 링은 브러시를 통하여 외부단자와 전기적으로 연결된다. 자기장 내의 도체가 회전하면, 사각형의 코일이 위치에 따라 자기장과 수직으로 되는 면적이 다르게 되고, 그에 따라 자속쇄교수가 변하게 되어 도체에 유도기전력이 발생한다.

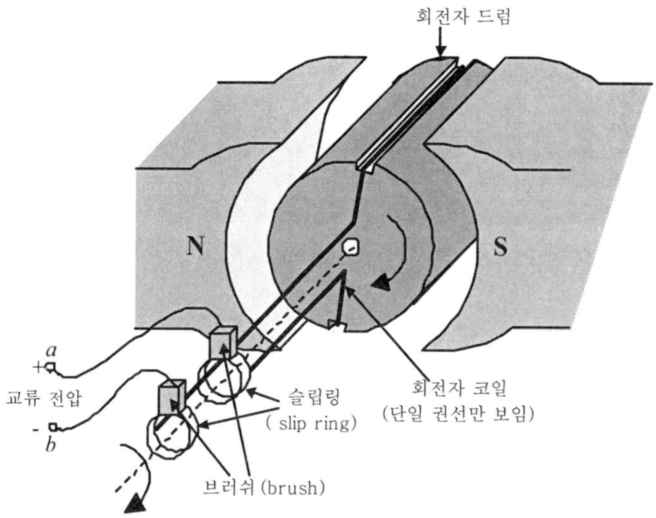

그림 5.1 교류발전기

정현파의 발생과정을 보면 그림 5.2(a)~(e)와 같다. 1회전에 의해 생성되는 정현파 교류전압은 (f)에서 보여주고 있다. 먼저 회전자 코일이 영구자석의 자계와 평행일 때 유기되는 전력은 0이 되고(A 지점), 90° 위치가 되면 (+) 최대치가 발생한다(B 지점). 계속 회전하여 180° 위치에서는 회전체와 자계가 평행이 되므로 0이 되고(C 지점), 270° 가 되면 (-) 최대치가 된 후 (D 지점), 360° 위치가 되면 다시 0이 된다(E 지점).

이와 같이 회전자가 0° ~ 360° 까지 회전하는 시간이 하나의 주기 T가 되고, 이 기간을 1 사이클이라 한다. 결국 그림 5.2(f)와 같은 정현파 파형이 발생하게 된다.

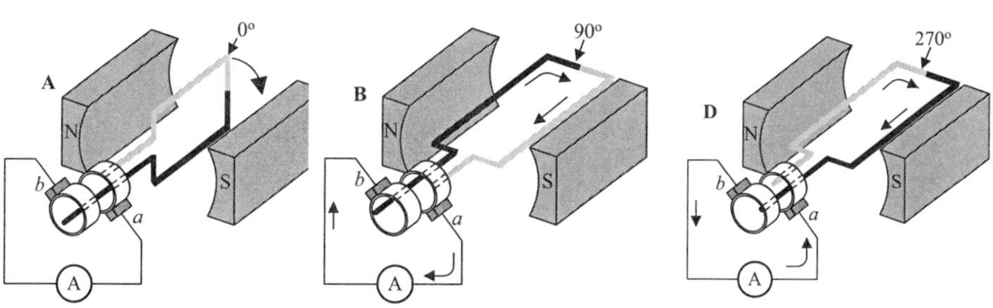

(a) (b) (c)

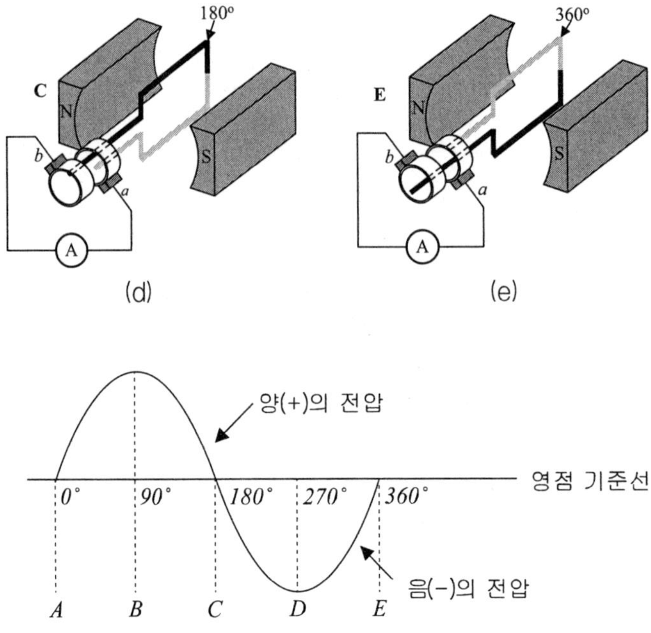

그림 5.2 교류발전기의 동작과 정현파 교류의 발생

2) 호도법

전기이론에서 사용하는 각도는 도(degree) 또는 (°)를 사용하거나 각의 크기를 길이의 비율로 측정하는 호도법(radian)으로 나타낸다.

그림 5.3(a)와 같이 1라디안(rad로 표기)은 반지름 각(radial angle)의 합성어로, 반지름의 길이가 r인 원에서 호의 길이가 r인 부채꼴의 중심각의 크기를 의미한다. 반지름의 길이에 대한 원 전체 둘레의 길이의 비는 $2\pi r/r = 2\pi$ 이므로, 360° 는 $2\pi(rad)$ 이고, 180° 는 $\pi(rad)$ 이다.

$$\frac{\text{원둘레}}{\text{반지름}} = \frac{2\pi r}{r} = 2\pi[rad] = 360° \tag{5.1}$$

1 라디안은 약 57.1745° 이며, 호도법에서는 보통 각의 단위인 라디안을 생략한다. 이를테면, π 라디안을 간단히 π 로 표기한다.

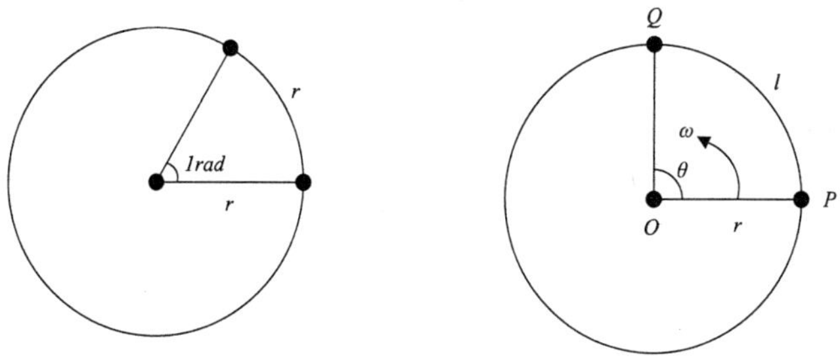

(a) (b)

그림 5.3 라디안과 각속도

그림 5.3(b)에서 OP와 OQ가 이루는 각도를 호도법으로 나타내면 다음 식과 같다.

$$\theta = \frac{l}{r}[rad] \tag{5.2}$$

선분 OP가 한바퀴 회전하면 360° 이고, 호도법으로 나타내면

$$360^\circ = \frac{2\pi r}{r} = 2\pi[rad] \tag{5.3}$$

가 되어, 각도와 라디안의 변환 공식은 다음과 같다.

$$\text{라디안}(rad) = \text{각도} \times \frac{2\pi}{360} = \frac{\text{각도}}{180} \times \pi \tag{5.4}$$

$$\text{각도}(^\circ) = \text{라디안}(rad) \times \frac{180}{\pi} = \frac{\text{라디안}(rad)}{\pi} \times 180 \tag{5.5}$$

도(°)	1	30	45	$\frac{180}{\pi}$ 약 57.1	60	90	180	360
라디안	$\frac{\pi}{180}$	$\frac{\pi}{6}$	$\frac{\pi}{4}$	1	$\frac{\pi}{3}$	$\frac{\pi}{2}$	π	2π

그림 5.3에서 ω 는 각속도라고 하며, 1초 동안에 진행하는 각도를 의미하고 단위는 (rad/s) 쓰인다. 전기이론에서는 각속도보다는 각주파수라는 용어가 더 많이 쓰이며, t초 동안 선분 OP 가 θ (rad)만큼 회전하였을 때의 각속도 ω 는

$$\text{각속도 } \omega = \frac{\theta}{t}[rad/s]$$

$$\text{각도 } \theta = \omega t[rad] \qquad (5.6)$$

또한 원둘레 상을 움직이는 점이 일정한 속도로 회전하고 있고, 1초간에 f회전하는 경우의 각속도는 1회전의 각도가 2π (rad)이므로 아래와 같이 된다.

$$\text{각속도 } \omega = 2\pi f(rad/s) \qquad (5.7)$$

예제 1

135 ° 와 225 ° 는 각각 몇 라디안인가?

$\text{라디안}[rad] = \frac{\text{각도}}{180} \times \pi$을 이용하여 계산하면,

$$\frac{135}{180} \times \pi = \frac{3}{4}\pi, \ \frac{225}{180} \times \pi = \frac{5}{4}\pi$$

예제 2

$\frac{\pi}{4}$와 $\frac{\pi}{12}$는 각각 몇 도(°)인가?

$\text{각도}(°) = \frac{\text{라디안}(rad)}{\pi} \times 180$을 이용하여 계산하면,

$$\frac{\pi}{4} \times \frac{180}{\pi} = 45°, \ \frac{\pi}{12} \times \frac{180}{\pi} = 15°$$

2. 주파수와 주기

정현파 교류는 정현 파형이 반복되는 주기파로, 임의의 값을 갖는 점에서 시작하여 다시 그 값이 되는 점 까지를 '1사이클'이라고한다. 교류파형이 + 사이클에서 – 사이클로 한번 변화하여 처음의 상태로 되돌아오는데 걸리는 시간을 '주기'라 하고, T(sec)로 표시한다. 주기는 (s), (ms), (ns) 등이 사용된다.

$$1ms = 10^{-3}s,\ 1\mu s = 10^{-6}s,\ 1ns = 10^{-9}s \tag{5.8}$$

1초당 사이클의 수를 '주파수'라고 하여, f로 나타내며 단위는 헤르쯔(Hz)를 사용한다. 그림 5.4에서 (a)의 1사이클 시간에 (b)는 2사이클이므로 주파수는 (b)가 2배 만큼 빠르다는 것을 알 수 있다.

반면에 주기는 (a) 파형이 (b)의 주기의 1/2이 됨을 알 수 있다. 주파수의 단위로는 Hz 외에도 kHz, MHz, GHz 등이 사용되는데, 그 관계식은 아래와 같다.

$$1KHz = 10^3 Hz,\quad 1MHz = 10^6 Hz,\quad 1GHz = 10^9 Hz \tag{5.9}$$

교류에서는 1주기의 각을 $2\pi(rad)$이라 하며, 이것을 '전기각'이라 한다. 주기 $T(\sec)$)와 주파수 $f(Hz)$ 사이에는

$$f = \frac{1}{T} = \frac{\omega}{2\pi}[Hz]$$

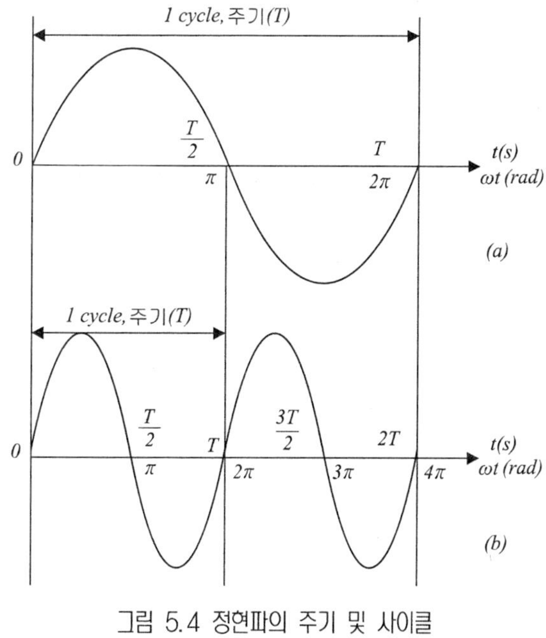

그림 5.4 정현파의 주기 및 사이클

또는

$$T = \frac{1}{f}[\sec] \tag{5.10}$$

의 관계가 있다. 교류파형 1초 동안에 변화하는 전기각 ω 를 '각주파수' 또는 '각속도'라고 한다. 따라서 1주기 동안에 2π (rad) 만큼 변하므로 1초 동안에는 2π /T만큼 변하며, 이것을 정리하면,

$$\omega = \frac{2\pi}{T} = 2\pi f[rad/\sec] \tag{5.11}$$

파장은 주기의 변화를 거리에 대해 나타낸 것으로 1 사이클에 포함되는 거리를 말한다. 파장 λ 는 전파의 속도를 주파수로 나누어서 구할 수 있다. 라디오 전파는 공기 중의 공간을 통해 이동하며 파장은 속도를 주파수로 나눈 값으로 표현한다.

속도가 $C_0 \fallingdotseq 3 \times 10^8 (m/\sec)$이므로 파장 λ 는 다음 식과 같다.

$$\lambda = \frac{C_0}{f} = \frac{3 \times 10^8}{f}[m] \tag{5.12}$$

그림 5.5에서와 같이 교류파형의 주기와 주파수는 오실로스코프를 통하여 측정할 수 있다. 즉, 오실로스코프의 수평 눈금은 시간을 알려주는 값이다. 따라서 1 사이클에 해당하는 파형이 차지하는 눈금수와 눈금의 값을 이용하여 주기 T를 측정한다. 주파수는 f = 1/T에 의해 계산한다. 물론 디지털 오실로스코프는 주파수 값을 계산하여 화면에 나타내주기 때문에 주기와 주파수를 동시에 측정할 수 있다.

$$주기(T) = 수평눈금의\ 수(Div수) \times 눈금당\ 시간\ 값(Time/Div)$$

$$주파수(f) = \frac{1}{T} \tag{5.13}$$

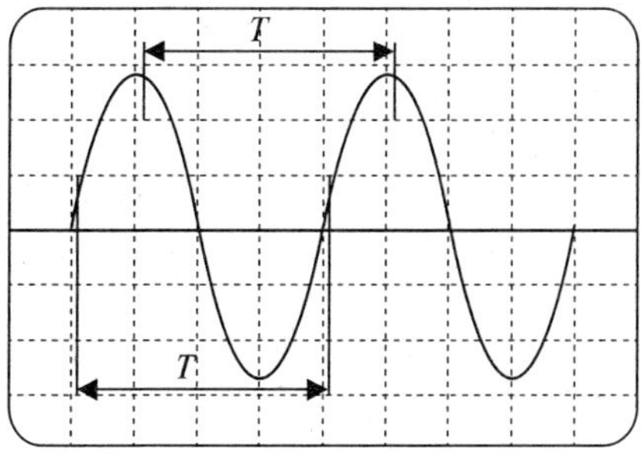

그림 5.5 오실로스코프를 이용한 주기와 주파수 측정

예제 3

주파수가 60(Hz)인 교류에서의 주기와 파장을 구하시오.

주기 $T = 1/f = 1/60 \fallingdotseq 0.0167(s)$

파장 $\lambda = C/f = 3 \times 10^8/60 = 0.05 \times 10^8 = 5 \times 10^6(m)$

예제 4

교류전압의 주파수가 $60[Hz]$이면 주기 T는 얼마인가?

$$T = \frac{1}{f} = \frac{1}{60} = 0.0167s = 16.7[ms]$$

예제 5

어떤 교류전류가 2초에 3000사이클을 보이고 있다. 주기(T)와 주파수(f)를 구하라.

$$f = \frac{3000}{2} = 1500[Hz], \quad T = \frac{1}{f} = 666.7[\mu s]$$

예제 6

휴대폰에 사용되는 주파수는 $1.8[GHz]$이고, 가정에서 사용하는 전기는 $60[Hz]$이다. 휴대폰과 가정용 전기의 파장을 계산하라. 또한 주파수와 파장과의 관계를 설명하라.

휴대폰의 경우$(1.8GHz)$: $\lambda = \frac{C_o}{f} = \frac{3 \times 10^{10}}{18 \times 10^8} = \frac{300}{18} = 16.7[cm]$

가정의 전기$(60Hz)$: $\lambda = \frac{C_o}{f} = \frac{3 \times 10^8}{60} = 5.000[km]$

※ 주파수가 높을수록 주기가 짧고, 1 사이클의 거리인 파장 역시 짧아진다. 주파수와 과장은 반비례한다.

예제 7

오실로스코프로 측정한 정현과 교류과형의 1 사이클이 4눈금(div)이고, 눈금 당 $0.001[s/\div]$ 일 때 이 파형의 주기와 주파수는 얼마인가?

주기(T) = 수평눈금의 수 × 눈금당 시간값$(Time/\div) = 4 \times 0.001 = 0.004[s]$

주파수$(f) = \frac{1}{T} = \frac{1}{0.004} = 250[Hz]$

3. 순시값, 최대값

1) 순시값

정현파 교류전압 v와 전류 i는 다음과 같이 표현하면 그 파형의 모양은 아래 그림과 같다.

$$v = V_m \sin \omega t[V] \qquad (5.14)$$

$$i = I_m \sin \omega t[A] \qquad (5.15)$$

그림 5.6에서 v_1, v_2, v_3와 같이 시간에 따라 변하는 전압을 '순시값'이라 한다. 순간순간의 시간에 따라 그 값이 다르기 때문이다. 순시값 가운데 가장 큰 값을 '최대값' 또는 '피크값'이라고 하며, 전압은 V_m, 전류는 I_m으로 각각 표현한다.

또한 파형의 + 최대값에서 − 최다값 사이의 값 즉, + 피크에서 − 피크 간의 크기를 V_{p-p} 또는 I_{p-p}로 각각 표현한다. 이 피크 간 값은 최대값 V_m, I_m 값의 2배가 된다.

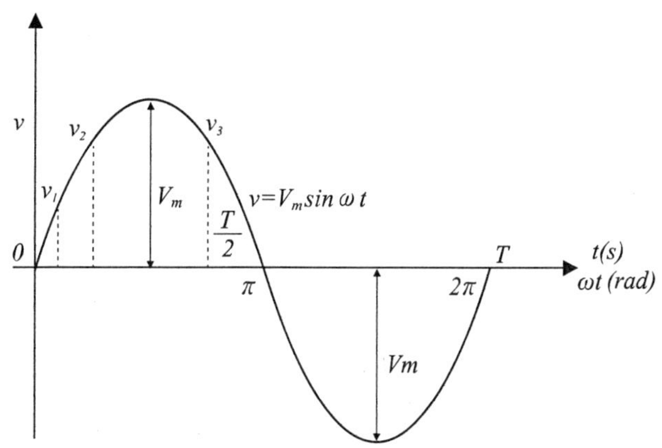

그림 5.6 정현파 교류파형

$$※\ 피이크간전압(V_{p-p}) = 2 \times V_m(최대전압) \qquad (5.16)$$

$$※\ 피이크간전류(I_{p-p}) = 2 \times I_m(최대전류) \qquad (5.17)$$

2) 평균값

정현파 교류전압의 파형은 +파형과 −파형이 서로 대칭이므로, 1주기 값을 평균하면 0이 된다. 따라서 평균값 계산은 반주기 동안의 교류전류 또는 교류전압을 평균하여 구한다. 정현파 교류전압과 교류전류의 평균값은 아래와 같다.

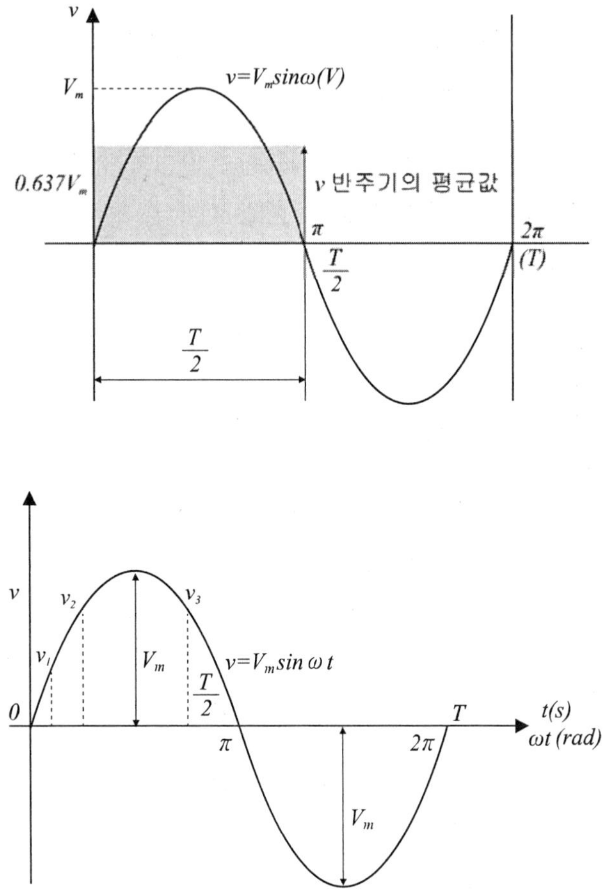

그림 5.7 평균값

※ 정현파 교류의 평균전압과 평균전류

$$평균전압값(V_{ave}) = \frac{2 \times 최대전압}{\pi} = \frac{2V_m}{\pi} = 0.637V_m[V] \qquad (5.18)$$

$$평균전류값(I_{ave}) = \frac{2 \times 최대전류}{\pi} = \frac{2I_m}{\pi} = 0.637I_m[A] \qquad (5.19)$$

즉, 정현파 교류의 평균값은 최대값의 2/π 배가 된다. 평균값의 측정은 오실로스코프를 사용하여 최대값을 측정한 후, 식 (5.18), (5.19)을 이용하여 평균값으로 변환한다.

예제 8

정현파 교류 $v = 9.42\sin\omega t[V]$의 평균값은 몇 $[V]$인가?

$V_{ave} = \frac{2}{\pi} V_m$에서 $V_m = 9.42[V]$이므로

$V_{ave} = \frac{2}{\pi} \times 9.42 = 6[V]$

예제 9

어떤 정현과 교류의 평균값이 $120[V]$이면 최대값은 얼마인가?

$V_{ave} = \frac{2}{\pi} V_m$에서 $V_m = \frac{V_{ave}}{2} = 120 \times \frac{\pi}{2} \fallingdotseq 188.4[V]$

4. 파고율과 파형율

비정형 주기파에서 구형파로부터 일그러짐의 정도를 나타내는 계수로, 파고율과 파형률이 있으며 이들 계수로 파형의 개략적인 형태를 알 수 있다.

파고율 = 최대값/실효값, 파형률 = 실효값/평균값 (5.20)

정현파 교류에서의 파고율과 파형률을 구하면

$$\text{파고율} = \frac{I_m}{I} = \frac{I_m}{\frac{I_m}{\sqrt{2}}} = \sqrt{2} = 1.414 \tag{5.21}$$

$$\text{파형율} = \frac{I}{I_{av}} = \frac{\frac{I_m}{\sqrt{2}}}{\frac{2}{\pi}I_m} = \frac{\pi}{2\sqrt{2}} = 1.11 \tag{5.22}$$

가 되며 이 값은 정현파가 구형파로부터 일그러진 정도를 판단하는 기준이 된다.

5. 실효값

실효값은 "직류가 하는 일과 동일한 열 효과를 나타내는 교류값" 을 말하며, 가장 일반적으로 사용되는 값이다. 어떤 저항 R에 순시교류 전류 i를 흘렸을 때 교류의 평균전력이 같은 저항 R에 직류전류 I를 흘렸을 때의 소비전력과 같다고 하면, 실제로 i와 I는 같은 효과를 가지므로 직류 I의 값을 교류 i의 실효값이라고 부른다. 예를 들어, 실효값 $10(A)$의 교류전류는 직류 $10(A)$와 동일한 전력을 공급한다. 실효전압은 V_{rms}, 실효전류는 I_{rms}로 표기하며, 다음 식과 같이 나타낸다. 즉 보통 몇 볼트의 전압이라고 할 때 특별히 지정하지 않은 경우 이 실효값을 의미한다.

※ 정현파 교류의 실효전압과 실효전류

$$\text{실효전압}(V_{\mathrm{rms}}) = \frac{\text{최대전압}}{\sqrt{2}} = \frac{V_m}{\sqrt{2}} = 0.707\,V_m\,[V] \tag{5.23}$$

$$\text{실효전류}(I_{\mathrm{rms}}) = \frac{\text{최대전류}}{\sqrt{2}} = \frac{I_m}{\sqrt{2}} = 0.707 I_m\,[A] \tag{5.24}$$

교류측정기로 측정하는 교류전압이나 전류는 모두 실효값이다. 동일한 파형의 전압을 오실로스코프로 측정한 교류파형의 최대전압(V_m)과 멀티미터로 특정한 교류전압(V_{rms})의 값이 다른 이유가 바로 이점 때문이다. 정현파의 실효값과 최대값은 다음의 관계식을 이용하여 상호 변환할 수 있다.

※ **정현파 교류파형의 상호관계식**

실효값(V_{rms}), 최대값(V_m), 평균값(V_{ave}) 및 피이크간 값(V_{p-p})

$$V_{rms} = 0.707\,V_m$$

$$V_{ave} = 0.637\,V_m = 0.901\,V_{\mathrm{rms}}$$

$$V_m = 1.414\,V_{\mathrm{rms}} = 1.570\,V_{ave}$$

$$V_{p-p} = 2\,V_m \tag{5.25}$$

교류전류의 관계식도 같은 방식으로 적용된다.

실효값의 측정은 일반적으로 디지털멀티미터, VOM 등을 이용하고, 최대값 및 피크간 전압은 오실로스코프를 이용하여 측정 가능하다. 또한 평균값은 측정된 실효값이나 최대값에서 관계식을 통하여 변환이 가능하다. 그림 5.8에서 보는 바와같이 오실로스코프를 통하여 측정하는 경우, 오실로스코프의 수직눈금은 전압을 알려주는 값이므로 측정하고자 하는 파형이 차지하는 눈금수와 눈금당 값을 이용하여 측정한다.

$$\text{피이크간 전압}(V_{p-p}) =$$
$$+\text{피이크에서}-\text{피이크 간의 수직눈금의 수}(div\text{수}) \times \text{눈금당 전압값}(Volts/div)$$

$$\text{최대전압}(V_m) = \text{피이크의 수직눈금의 수}(div\text{수}) \times \text{눈금당 전압값}(Volts/div) = \frac{V_{p-p}}{2} \tag{5.26}$$

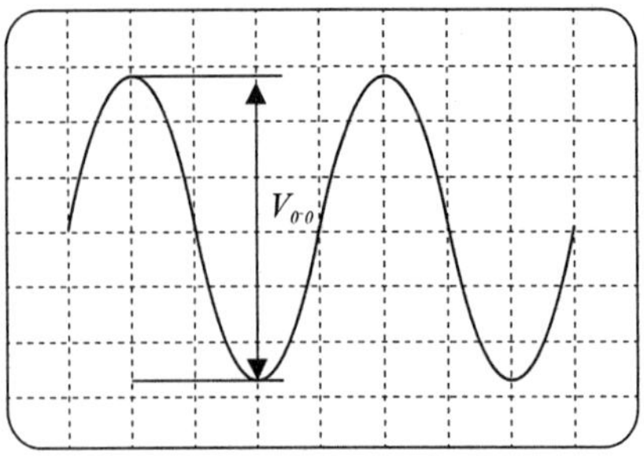

그림 5.8 교류전압의 값 Vp-p 측정

예제 10

오실로스코프로 측정한 정현파 교류파형의 +파형 피이크에서 -파형 피이크까지 3.6눈금을 차지하였다. 수직눈금 당 $1[V/div]$일 때 이 파형의 V_{p-p}와 최대값은 얼마인가?

진폭전압 V_{p-p} =+ 피이크에서 − 피이크간의 수직눈금의 수 × 눈금당 전압값$[Volts/div]$

$$= 3.6(div) \times 1[V/div] = 3.6[V]$$

최대값 $V_m = \dfrac{V_{p-p}}{2} = 1.8[V]$

예제 11

$60[Hz]$, $100[V]$의 교류전압의 최대값, 피이크 간 전압, 평균값은 각각 얼마인가? 또한 $200[\Omega]$의 전구에 인가할 때 소비되는 전력은 얼마인가?

일반적으로 교류전압이라 하면 실효값을 의미한다. 최대값이나 피이크간 값, 평균값 등을 지칭할 때만 해당 이름을 사용한다.

최대값 $V_m = 1.414 \times 100 = 141.4[V]$

피이크간 전압 $V_{p-p} = 2 \times V_m = 2 \times 141.4 = 282.8[V]$

평균값 $V_{ave} = 0.637 \times V_m = 0.637 \times 141.4 = 90.07[V]$

$200[\Omega]$의 전구의 소비전력 $\dfrac{V^2}{R} = \dfrac{100^2}{200} = 50[W]$

예제 12

최대값이 10[A]인 사인파 교류 전류의 실효값은 몇 [A]인가?

I_s(실효값) $= 0.707 \times$ 최대값 $= 0.707 \times 10 = 7.07[A]$

예제 13

교류전압의 평균값이 300[V]일 때, 실효값은 몇 [V]인가?

$$V_{ave} = \frac{2}{\pi} V_m, \quad V_m = \frac{\pi}{2} \times V_{ave} = \frac{\pi}{2} \times 300 = 150\pi[V]$$

$$V_s = \frac{V_m}{\sqrt{2}} = \frac{150\pi}{\sqrt{2}} \fallingdotseq 333.1[V]$$

6. 위상과 위상차

순시값으로 표현한 기전력 $v = V_m \sin\omega t(V)$는 ωt축의 0 점에서 시작되는 파형으로 표현된다. 각 또는 시간의 기점을 사인파가 0을 지나 +로 되기 시작하는 점으로 택하였기 때문에 사인파의 표시식을 $v = V_m \sin\omega t(V)$로 나타내었다.

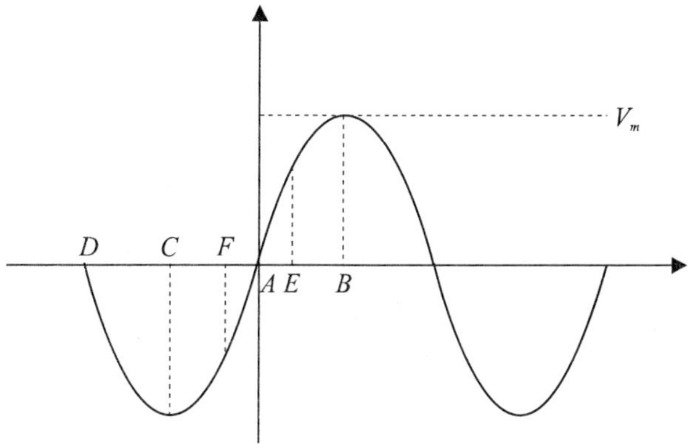

그림 5.9 정현파에서 시간 기준점 선택

그러나 이 기점을 그림 5.10에서와 같이 여러 점에 대하여 나타내면,

점 $A : v = V_m \sin \omega t [V]$

점 $B : v = V_m \cos \omega t = V_m \sin (\omega t + \frac{\pi}{2}) [V]$

점 $C : v = - V_m \cos \omega t = V_m \sin (\omega t - \frac{\pi}{2}) [V]$

점 $D : v = - V_m \sin \omega t = V_m \sin (\omega t \pm \pi) [V]$

점 $E : v = V_m \sin (\omega t + \frac{\pi}{4}) [V]$

점 $F : v = V_m \sin (\omega t - \frac{\pi}{6}) [V]$

와 같이 나타날 것이다. 따라서 일반적인 사인파는

$$\underset{\text{순시값}}{\underset{\uparrow}{v}} = \underset{\text{최대값}}{\underset{\uparrow}{V_m}} \underset{\text{위상각}}{\underset{\uparrow}{\sin (\omega t + \theta)}} \qquad (5.27)$$

와 같이 나타낸다. 위 5.27 식에서 $(\omega t + \theta)$를 시간 t에 있어서의 위상 또는 위상각이라 하며, $t = 0$일 때의 위상 θ를 초기위상 또는 초기위상각이라고 한다.

식 5.27으로부터 사인파는 진폭 V_m, 각속도 ω, 위상 θ의 세가지 값으로 규정됨을 알 수 있다. 그리고 ωt와 θ의 단위는 동일한 것을 써야 하지만 ωt가 라디안이더라도 편의상 θ를 도($^\circ$)로 표시하는 경우가 많다.

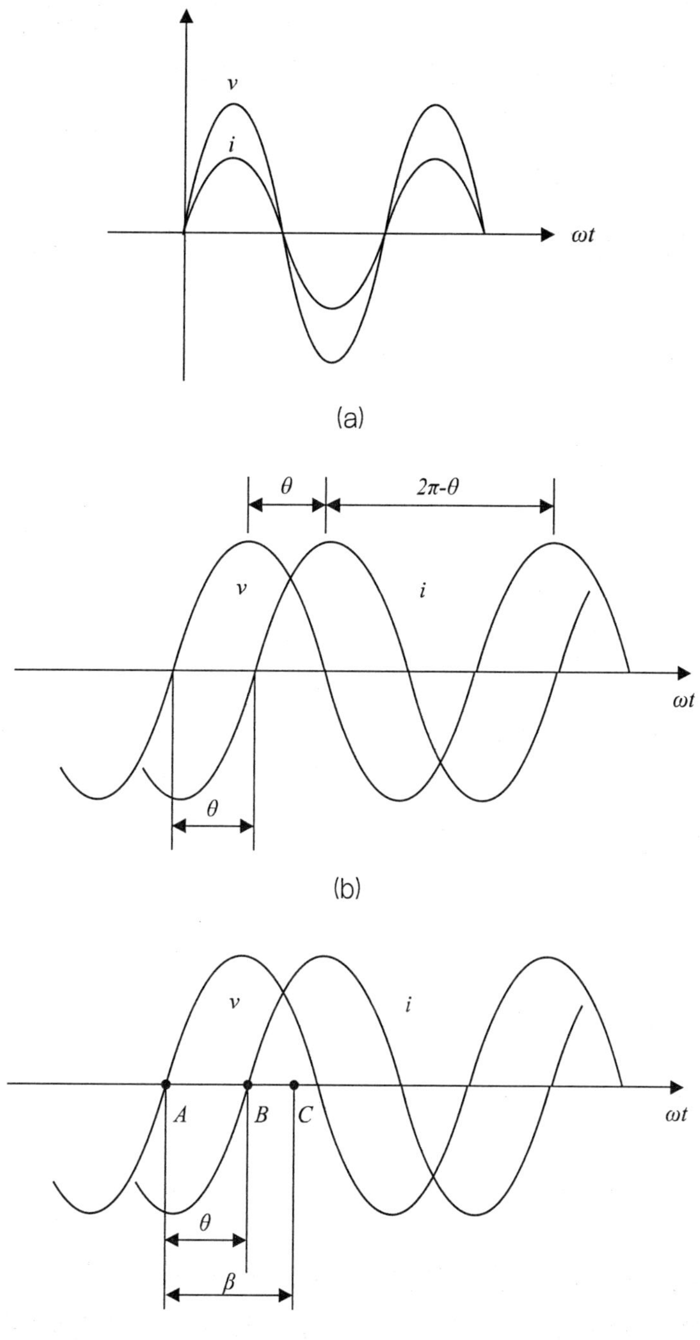

(c)

그림 5.10 두 정현파의 위상차

그림 5.10은 주파수가 동일한 두 사인파의 상대적 위치를 나타냈다. 그림 5.10(a)에서 v와 i는 같은 순간에 영점 및 최대점에 도달하며, 이 두 파를 동위상이라고 한다. 그림 5.10(b)에서는 v와 i가 각각 다른 순간에 영점 또는 최대점에 도달하므로 v는 i보다 θ만큼 위상이 앞선다고 하며, 역으로 i는 v보다 θ만큼 위상이 뒤진다고 말한다.

i가 v보다 θ만큼 위상이 뒤진다는 것은 시간적으로는 $t = \theta / \omega$초 만큼 뒤지면서 v의 파형을 쫒아간다는 것을 의미한다.

시간 또는 각의 기점을 그림 5.10(c)의 점 A로 택하면

$$v = V_m \sin\omega t [V]$$

$$i = I_m \sin(\omega t - \theta)[A]$$

점 B를 기점으로 택하면

$$v = V_m \sin(\omega t + \theta)[V]$$

$$i = I_m \sin\omega t [A]$$

점 C를 기점으로 택하면,

$$v = V_m \sin(\omega t + \beta)[V]$$

와 같이 표시된다면(β는 이때의 v의 위상각), i는

$$i = I_m \sin(\omega t + \beta - \theta)[A]$$

가 된다. 모든 경우에서 v와 i의 위상차는 항상 θ 이다. 따라서 θ를 이 두 정현파의 위상차 또는 단순히 상차(phase difference)라 한다. 이와 같이 위상차는 시간 원점의 선택과 관계없이 '위상차=큰 위상-작은위상'이다.

그림 5.10(b)에서와 같이 v가 i보다 위상이 θ만큼 앞서는 경우 v는 또한 i보다 $(2\pi - \theta)$만

큼 위상이 뒤진다고도 할 수 있다.

그러나 보통 위상의 뒤짐과 앞섬 또는 위상차를 논할 때는 $\pi(rad)$보다 적은 각을 말하며, $\pi(rad)$의 위상차가 있는 경우에는 위상의 뒤짐과 앞섬을 구별할 수 없다.

또한 동일한 주파수의 정현파들에 한해서만 상호간의 위상차를 나타낼 수 있다. 두 교류파형의 위상차는 오실로스코프로 측정 가능하며, 주기와 주파수 측정과 같은 방법으로 하면 된다.

$$위상차(^\circ) = 두 신호간의 수평눈금 수 차이 (Div 수) \times 눈금당 각도(^\circ)$$

예제 14

다음의 전류 i는 전압 v보다 몇 $[rad]$위상이 앞서 있는가, 또는 뒤져 있는가?

$$v = V_m \sin(\omega t + \frac{\pi}{3})[V] \qquad i = I_m \sin(\omega t - \frac{\pi}{3})[A]$$

v와 i의 위상차 θ는 $\theta = \frac{\pi}{3} - (-\frac{\pi}{3}) = \frac{2\pi}{3}[rad]$

즉, 전압 v가 i보다 $\frac{2\pi}{3}$ 앞선다.

예제 15

$i = 20\sin(\omega t - \frac{2\pi}{3})[A]$로 표시되는 전류파보다 위상이 $\frac{\pi}{4}$만큼 앞서고, 진폭이 $50[V]$인 전압파 v의 표시식을 나타내라.

$$v = 50\sin(\omega t - \frac{2\pi}{3} + \frac{\pi}{4}) = 50\sin(\omega t - \frac{5\pi}{12})[V]$$

예제 16

$i = 60\sin(\omega t - \frac{\pi}{3})[A]$인 전류파 보다 위상이 $80°$ 만큼 앞선 전압파형이 있다. 이 전압파형의 진폭이 $25[V]$라고 할 때, 전압 v의 표시식을 쓰고, v, i의 파형을 그려라. 단, v, i의 주파수는 동일하다고 한다.

$80° = \frac{4\pi}{9}[rad]$에 해당하므로, 전압 v는

$$v = 25\sin(\omega t - \frac{\pi}{3} + \frac{4\pi}{9}) = 25\sin(\omega t + \frac{\pi}{9})[V]$$

두 파형의 그래프는 아래 그림 5.11와 같다.

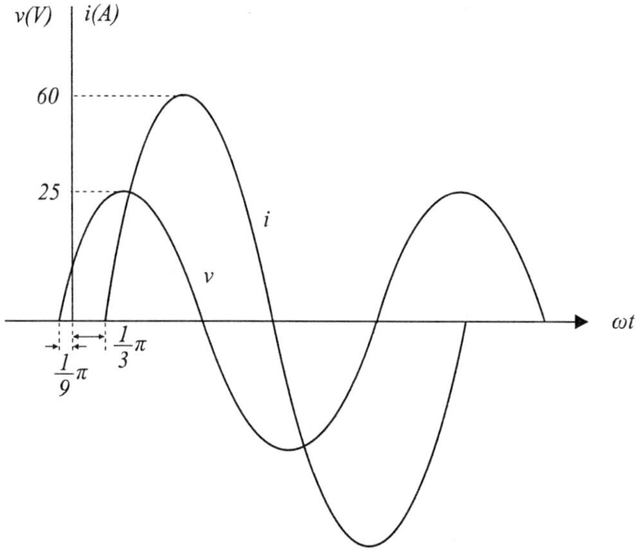

그림 5.11(예제 5.16)의 파형

Chapter 5. 연습문제

문제 1. 저항 $R_1 = 10(\Omega)$, $R_2 = 40(\Omega)$이 직렬로 연결된 회로에 전압 100(V), 60(Hz)인 전압이 인가되었다. 이때 회로의 전류(I)와 R_2 양단의 전압(V)을 구하시오.

문제 2. $L = 40(mH)$인 코일에 $v = \sqrt{2} \cdot 100\sin 100\pi t(V)$의 전압을 인가하였다. 이때 코일의 리액턴스(X_L), 전류의 실효값(I), 순시값(i)를 구하시오.

문제 3. 정전용량이 50(μF)인 캐패시터가 있다. 이 캐패시터에 $v = \sqrt{2} \cdot \sin 377t(V)$의 교류전압을 인가하였다. 이 회로의 리액턴스(X_C), 전류의 실효값 및 순시값을 구하시오.

문제 4. 1(μF)인 캐패시터에 60(Hz)인 전원을 인가하였다. 이때 용량 리액턴스(X_C)의 값은 얼마인가?

문제 5. 60(Hz), 100(V) 교류전압을 어떤 콘덴서에 인가할 때, 1(A)의 전류가 흘렀다. 이때 콘덴서의 정전용량(C)은 얼마일까?

문제 6. 0.1(H)인 코일의 리액턴스가 377(Ω)일 때 주파수를 구하시오.

문제 7. $R=10(k\Omega)$, $C=1(\mu F)$인 RC 직렬회로에 주파수 $f=60(Hz)$, 전압 $220(V)$ 교류 전압을 인가하였다. 이때 리액턴스(X_C), 임피던스(Z), 전류(I)를 구하시오.

Chapter 6. 반사와 투과

1. 임피던스 정합
2. 반사계수
3. 투과계수
4. 정재파비
5. 최대전력 전달조건

※ 연습문제

1. 임피던스 정합

부하 임피던스가 선로의 특성 임피던스와 같지 않을 때에는 그림 6.1과 같이 선로 길이가 $\lambda/4$ 인 또 다른 무손실 선로를 삽입하여 임피던스 정합을 시킨다.

그림 6.1로부터 길이 $\lambda/4$인 무손실 선로를 수전단에서 $\lambda/4$이동한 지점에서 바라본 입력 임피던스는

$$\dot{Z}_i = \dot{Z}_o' \frac{\dot{Z}_R cosh r\frac{\lambda}{4} + \dot{Z}_o' sinh\, r\frac{\lambda}{4}}{\dot{Z}_R sinh\, r\frac{\lambda}{4} + \dot{Z}_o cosh r\frac{\lambda}{4}} = \dot{Z}_o' \frac{\dot{Z}_R + \dot{Z}_o' tanh r\frac{\lambda}{4}}{\dot{Z}_R tanh r\frac{\lambda}{4} + \dot{Z}_o'} \tag{6.1}$$

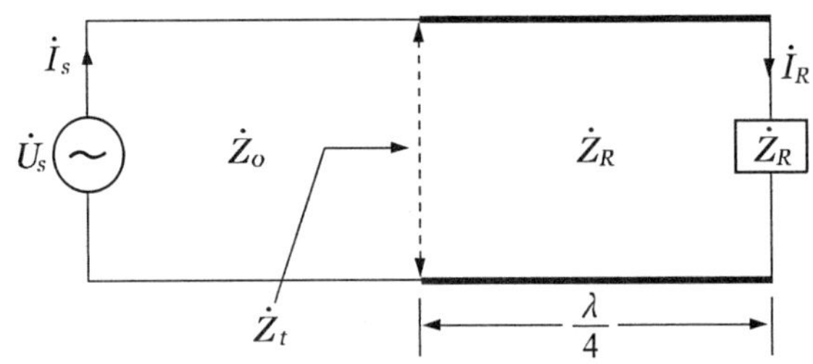

그림 6.1 임피던스 정합

이 된다.

$$\tanh r\frac{\lambda}{4} = \tanh j\beta\frac{\lambda}{4} = \tanh j\frac{\pi}{2} = \frac{e^{j\frac{\pi}{2}} - e^{-j\frac{\pi}{2}}}{e^{j\frac{\pi}{2}} + e^{-j\frac{\pi}{2}}} = \infty \tag{6.2}$$

로부터,

$$\dot{Z}_i = \frac{\dot{Z}_o'^2}{\dot{Z}_R}$$

또는 $\dot{Z}_o'^2 = \sqrt{\dot{Z}_i \dot{Z}_R}$ (6.3)

관계식을 구할 수 있다.

2. 반사계수

그림 6.2의 선로에 대한 선로 방정식은

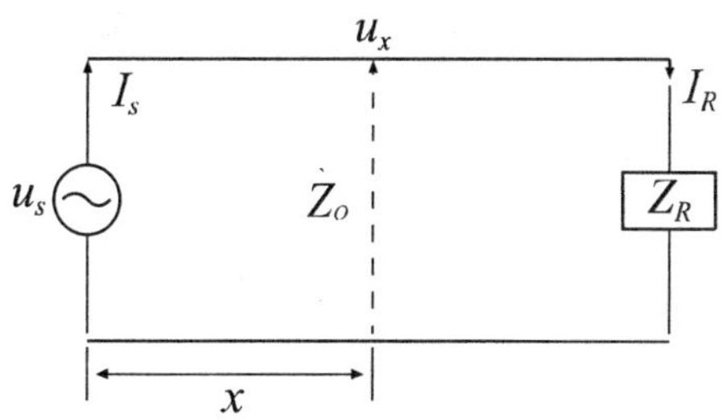

그림 6.2 전송선로

$$\dot{U}(x) = Ae^{-\gamma x} + Be^{\gamma x} \tag{6.4}$$

$$\dot{I}(x) = \sqrt{\frac{\dot{Y}}{\dot{Z}}}\left(Ae^{-\gamma x} - Be^{\gamma x}\right) \tag{6.5}$$

이다. 식 (6.4), (6.5)의 첫 번째 식 $Ae^{-\gamma x}$ 은 $+x$ 방향으로 진행하는 진행파, 두 번째 식 $Be^{\gamma x}$ 은 $-x$ 방향으로 진행하는 반사파로 볼 수 있다. $x = l$ 인 수전단의 전압 및 전류식은 각각

$$\dot{U}_R = Ae^{-\gamma l} + Be^{\gamma l} \tag{6.6}$$

$$\dot{I}_R = \sqrt{\frac{\dot{Y}}{\dot{Z}}}\left(Ae^{-\gamma l} - Be^{\gamma l}\right) \tag{6.7}$$

이 된다. $\dot{U}_R = \dot{Z}_R \dot{I}_R$ 을 대입하면, 수전단 전압식은

$$\dot{U}_R = \frac{\dot{Z}_R}{\dot{Z}_o}\left(Ae^{-\gamma l} - Be^{\gamma l}\right) \tag{6.8}$$

이 된다. 이로부터 진행파 및 반사파식을 구한다.

식 (6.6)에 $\frac{\dot{Z}_R}{\dot{Z}_o}$ 을 곱하고 식 (6.6)을 다음과 같이 연립하여 $Ae^{-\gamma l}$ 과$Be^{\gamma l}$ 을 구하면,

$$\dot{U}_R = \frac{\dot{Z}_R}{\dot{Z}_o}\left(Ae^{-\gamma l} - Be^{\gamma l}\right) \tag{6.9}$$

$$+)\ \frac{\dot{Z}_R}{\dot{Z}_o}\dot{U}_R = \frac{\dot{Z}_R}{\dot{Z}_o}\left(Ae^{-\gamma l} + Be^{\gamma l}\right)$$

$$\left(1 + \frac{\dot{Z}_R}{\dot{Z}_o}\right)\dot{U}_R = 2\frac{\dot{Z}_R}{\dot{Z}_o}Ae^{-\gamma l}$$

식 (6.9)으로부터

$$Ae^{-\gamma l} = \frac{1}{2}\left(1 + \frac{\dot{Z}_R}{\dot{Z}_o}\right)\dot{U}(R) \tag{6.10}$$

를 얻을 수 있다. 동일한 방법으로 $Be^{\gamma l}$ 을 구해보자.

$$\dot{U}_R = \frac{\dot{Z}_R}{\dot{Z}_o}\left(Ae^{-\gamma l} - Be^{\gamma l}\right) \tag{6.11}$$

$$\begin{array}{rl} & \dfrac{\dot{Z}_R}{\dot{Z}_o}\dot{U}_R = \dfrac{\dot{Z}_R}{\dot{Z}_o}\left(Ae^{-\gamma l} + Be^{\gamma l}\right) \\ +\,) & \\ \hline & (1 - \dfrac{\dot{Z}_R}{\dot{Z}_o})\dot{U}_R = -2\dfrac{\dot{Z}_R}{\dot{Z}_o}Be^{\gamma l} \end{array}$$

식 (6.11)로부터

$$Be^{\gamma l} = \frac{1}{2}(1 - \frac{\dot{Z}_R}{\dot{Z}_o})\dot{U}(R) \tag{6.12}$$

을 얻는다. 따라서 진행파와 반사파는 각각 식 (6.13)과 식(6.14)와 같다.

$$Ae^{-\gamma l} = \frac{1}{2}\left(\dot{U}(R) + \dot{Z}_o\dot{I}(R)\right) \tag{6.13}$$

$$Be^{-\gamma l} = \frac{1}{2}\left(\dot{U}(R) - \dot{Z}_o\dot{I}(R)\right) \tag{6.14}$$

이 된다.

한편, 반사계수는 $\rho = \dfrac{\text{반사파}}{\text{입사파}}$ 와 같이 정의된다. 따라서 반사계수 ρ 는

$$\rho = \frac{Be^{-\gamma l}}{Ae^{-\gamma l}} = \frac{\frac{1}{2}\left(\dot{U}(R) - \dot{Z}_o\dot{I}(R)\right)}{\frac{1}{2}\left(\dot{U}(R) + \dot{Z}_o\dot{I}(R)\right)} = \frac{\dot{Z}_R - \dot{Z}_o}{\dot{Z}_R + \dot{Z}_o} \tag{6.15}$$

을 얻는다. 부하에 따른 반사계수 값의 범위는 $-1 \le \rho \le 1$ 가 되고, 부하가 정합, 단락, 개방상태일 때 반사계수의 값은 다음 식 (6.16)과 같다.

부하 정합시 $\dot{Z}_R = \dot{Z}_0 \rightarrow \rho = 0$

부하 단락시 $\dot{Z}_R = 0 \rightarrow \rho = -1$

부하 개방시 $\dot{Z}_R = \infty \rightarrow \rho = 1$ (6.16)

3. 투과계수

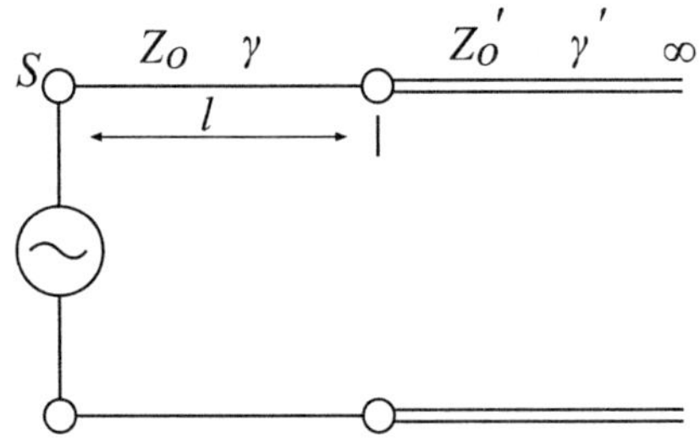

그림 6.3 특성이 다른 선로의 접속

투과파는 위 그림 6.3과 같이 특성 임피던스 및 전파정수가 다른 두 선로가 점 P에서 접속되어 있는 경우 접속점 P의 좌측 선로는 특성 임피던스 Z_o, 전파정수 γ, 길이 l의 유한장 선로이며 우측의 선로는 특성 임피던스 Z_o', 전파정수 γ'인 무한장 선로라고 하면 접속점 P에서의 전압 전류는

$$Ep = A_1 e^{-\gamma l} + B_1 e^{\gamma l}$$

$$Ip = \frac{1}{Z_o}(A_1 e^{-\gamma l} - B_1 e^{\gamma l}) \quad (6.17)$$

이 된다. 여기서 Ep, Ip 는 각각 입사파와 반사파의 합성이므로 Ep, Ip 는 우측 선로에 대해서는 입력파로 작용하여 P점에서 투과파로 전파된다. P점을 투과해서 전파되는 투과파의 임의의 $x(x > l)$ 점에서의 전압 E', I'는

$$E' = Ee^{-\gamma' x}$$

$$I' = \frac{E'}{Zo'} = \frac{Ep}{Zo'}e^{-\gamma x} \tag{6.18}$$

가 된다. 접속점 P에서 $Ep = Zo' IP$이므로 식 (6.17)에서의 전압과 입사파와 반사파를 구하면

$$A_1 e^{-\gamma l} = 1/2\,(1 + Zo/Zo')Ep$$

$$B_1 e^{\gamma l} = 1/2\,(1 - Zo/Zo')Ep \tag{6.19}$$

가 된다. 따라서 전압 반사계수 m_v를 구하면

$$mv = \frac{B_1 e^{\gamma l}}{A_1 e^{-\gamma l}} = \frac{1 - \dfrac{Zo}{Zo'}}{1 + \dfrac{Zo}{Zo'}} = \frac{Z_R' - Zo}{Z_R' + Zo} \tag{6.20}$$

가 된다. 또한 접속점 p점에서의 입사파에 대한 투과파의 비를 '투과비' 라고 하며 P점의 전압 투과계수 n은 다음과 같다.

$$n = 투과파/입사파 = \frac{Ep}{A_1 e^{-\gamma l}} = \frac{2Zo'}{Zo + Zo'} = 1 + mv \tag{6.21}$$

4. 정재파비

전송선로에서 진행파에 대하여 반대방향으로 진행하는 동일한 주파수의 반사파가 존재할 때, 특정한 점에서 진행파와 반사파가 다음과 같을 때, 즉

진행파 : $u_i(x,t) = E_t \sin(kx - \omega t + \theta_1)$

반사파 : $u_r(x,t) = E_r \sin(kx + \omega t + \theta_2)$ (6.22)

$E_t = E_r$ 및 $\theta_1 = \theta_2$ 이 성립하면, 진행파와 반사파의 합성파는 식 (6.23)과 같이 된다.

$$E_t \sin(kx - \omega t) + E_r \sin(kx + \omega t) = 2E_t \sin(kx)\cos(\omega t) \quad (6.23)$$

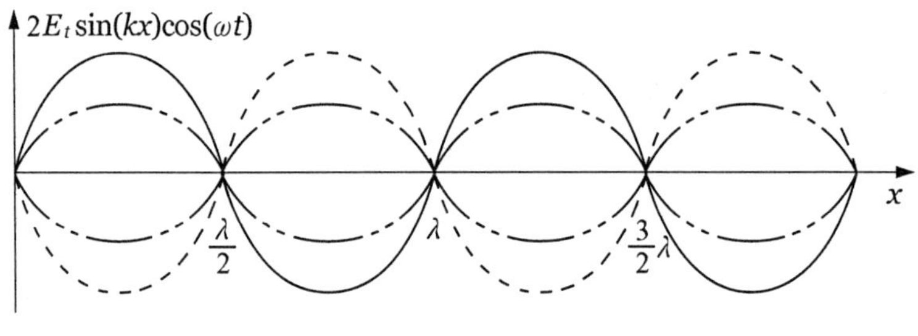

그림 6.4 정재파

이는 $f(x \pm vt)$ 형태로 공간에 진행하는 진행파가 아니고 주기적(harmonic)으로 변하는 정재파(standing wave) 형태가 된다. 그림 6.4는 특정한 점 x' 에서 시간에 따라 $\cos\omega t$ 형태로 주기적으로 변하는 정재파를 나타낸다.

정재파 비는 정재파의 정도를 나타내는 양으로써, 정재파 전압의 최대값과 최소값의 비로 정의한다.

$$s = \left| \frac{V_{\max}}{V_{m \in |} = \left| \frac{V_i + V_r}{V_i - V_{r|} = \frac{1+|\rho|}{1-|\rho|}} \right.} \right. \tag{6.24}$$

한편 반사계수를 ρ를 s에 의해 표시하면

$$|\rho| = \left| \frac{s-1}{s+1} \right| \tag{6.25}$$

가 된다.

단, V_i는 입사전압, V_r는 반사전압이다.

예제 1

$Z_R = 2Z_o$인 전송선로의 반사계수 ρ 및 정재파 비 s를 구하시오.

$$\rho = \frac{\dot{Z}_R - \dot{Z}_o}{\dot{Z}_R + \dot{Z}_o} = \frac{2Z_o - Z_o}{2Z_o + Z_{o = \frac{1}{3}}}$$

$$s = \frac{1+|\rho|}{1-|\rho|} = \frac{1+\frac{1}{3}}{1-\frac{1}{3}} = 2$$

5. 최대전력 전달조건

아래 그림은 전원 V_s로부터 부하저항 R_L 에 전력을 전달하는 회로를 나타낸 것으로, R_s는 전원의 내부저항을 포함하는 저항을 말한다. 이 회로에서 전원에서 ab단자에 열결된 부하저항 R_L에 최대전력을 전달하기 위해서는 부하저항을 얼마로 해야 하는지 알아본다.

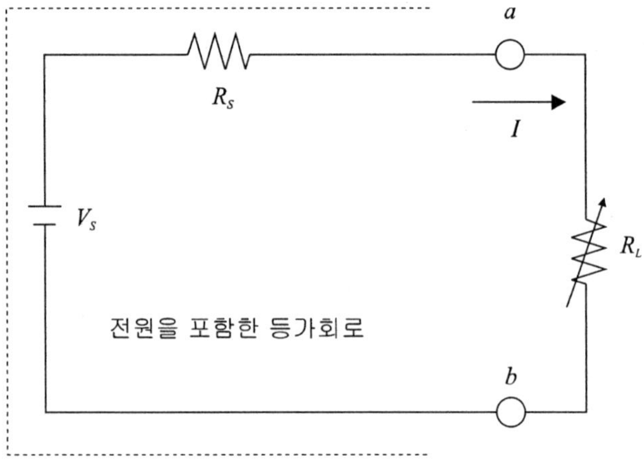

그림 6.5 최대전력전달

부하저항 R_L에서 소비되는 전력은 $(\text{전류})^2 \times R_L$ 로부터,

$$P_L = I^2 R_L \tag{6.26}$$

$$= \left(\frac{V_s}{R_s + R_L}\right)^2 R_L = \frac{V_S^2 R_L}{(R_S + R_L)^2}$$

전력 P_L이 최대가 되는 R_L의 값은 다음과 같이 V_s, R_s는 일정하게 하고, R_L에 관한 미분값인 $dP_L/dR_L = 0$으로 하여 구한다. 즉,

$$\frac{dP_L}{dR_L} = \frac{V_S^2(R_S + R_L)^2 - R_L V_S^2 2(R_S + R_L)}{(R_S + R_L)^4}$$

$$= \frac{V_S^2(R_S + R_L)[(R_S + R_L) - 2R_L]}{(R_S + R_L)^4} = 0$$

그러므로

$$R_S + R_L - 2R_L = 0$$

$$\therefore R_L = R_S \tag{6.27}$$

즉 부하저항(R_L)이 전원의 내부저항(R_s)과 같을 때(이것을 정합이라고 한다) 부하저항에 최대전력이 전달된다. 이를 최대전력전달조건이라고 한다. 이때 최대부하전력은 다음 식과 같다.

$$P_{L(\max)} = \frac{V_S^2}{4R_L} = \frac{V_S^2}{4R_S}[W] \tag{6.28}$$

예제 2

그림 6.6에서 부하에 최대전력을 공급하기 위해서 부하저항을 얼마로 해야 하는가?

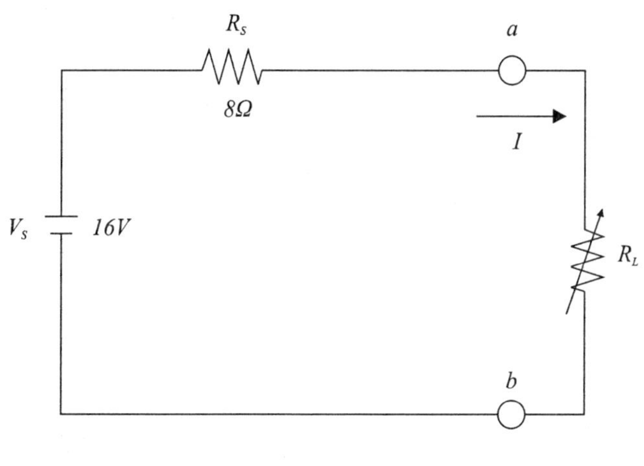

그림 6.6(예제 2)의 회로

최대전력 전달정리에 의해 내부저항과 부하저항이 같을 때 최대전력이 부하에 전달되므로,

$$R_L = R_S = 8[\Omega]$$

이다.

예제 3

그림 6.7의 회로에서 부하저항 R_L에 최대전력이 공급되기 위한 R_L의 값을 구하여라. 또한, 그때 공급되는 최대전력 $P_{L(\max)}$를 구하여라.

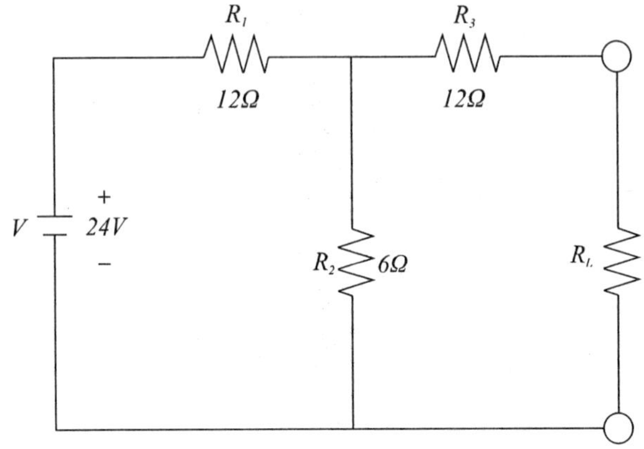

그림 6.7 예제 3의 회로

그림 6.7을 테브난의 등가회로로 변화하기 위해 그림 6.8와 그림 6.9를 이용하여 R_{TH}와 V_{TH}를 구한다.

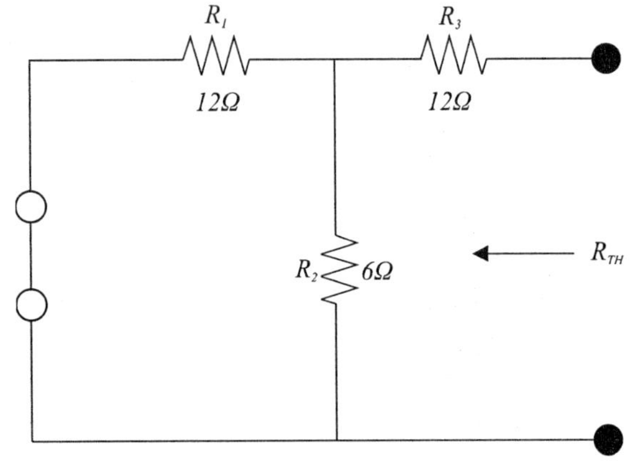

그림 6.8

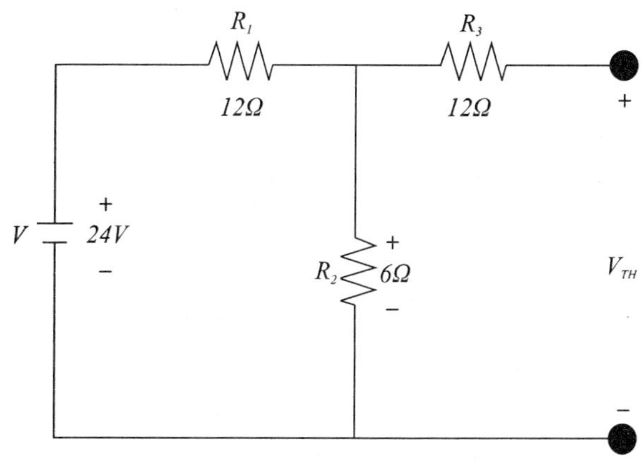

그림 6.9

테브난 등가저항 R_{TH}와 등가전압 V_{TH}는 다음과 같다.

$$R_{TH} = R_3 + \frac{R_1 R_2}{R_1 + R_2} = 12 + \frac{12 \times 6}{12 + 6} = 16[\Omega]$$

$$V_{TH} = \frac{R_2 V}{R_1 + R_2} = \frac{6 \times 24}{12 + 6} = \frac{144}{18} = 8[V]$$

따라서 테브난의 등가회로는 그림 6.10과 같다.

최대전력 전달정리로부터 $R_L = R_{TH} = 16[\Omega]$일 때 최대전력이 공급된다.

이때 최대전력은

$P_{L(\max)} = \frac{V_{TH}^2}{4R_{TH}} = \frac{8^2}{4 \times 16} = 1[W]$가 된다.

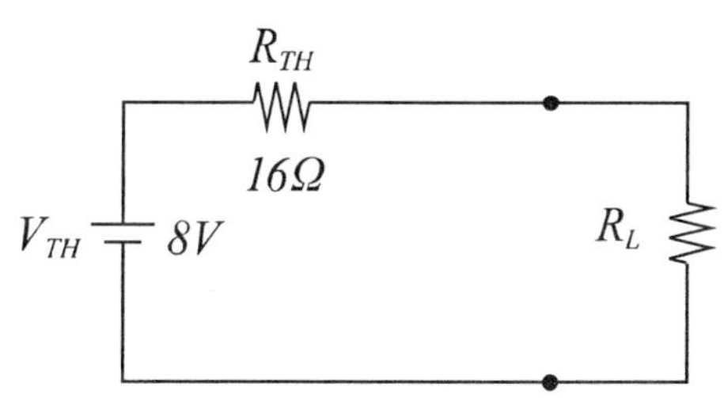

그림 6.10

Chapter 6. 연습문제

문제 1. 그림의 회로에서 부하저항(R_L)에 최대전력을 공급하려고 한다.

가) 부하저항(R_L)

나) 부하에 공급되는 최대전력 $P_L(\max)$를 구하시오.

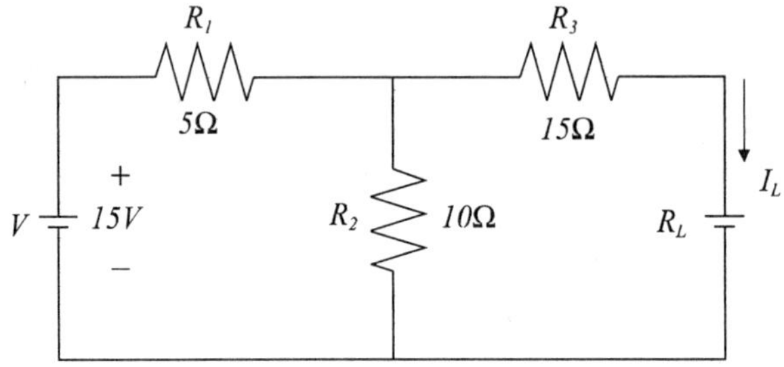

문제 2. 특성 임피던스 $50(\Omega)$의 무손실 선로에 부하임피던스 $Z_L = 100 + j200(\Omega)$을 접속했을 때, 정재파비를 구하시오.

문제 3. 반사계수 $\rho_e = 2/3$일 때 정재파비를 구하시오.

문제 4. 유한장 송전선로의 특성 임피던스가 $200(\Omega)$이고, 부하 저항이 $600(\Omega)$일 경우, 부하에서의 반사계수를 구하시오.

문제 5. 무손실 전송선로에서 선로의 특성 임피던스가 $600(\Omega)$이고, 반사계수가 0.3일때 부하 임피던스 $Z_L(\Omega)$은 얼마인가?

문제 6. 송전선로의 분포정수 회로에서 무손실 조건이 성립될 때 선로의 자기인덕턴스가 $0.1(\mu H/m)$이고, 캐패시턴스가 $250(pF/m)$이다. 이 때의 특성 임피던스를 구하시오.

Chapter 7. 복소수와 페이저

1. 복소수

1) 정 의

복소수 z는 아래 식과 같이 표시되는 수로서 a와 b는 실수이고, $j = \sqrt{-1}$ 로 정의한다.

$$z = a + jb \tag{7.1}$$

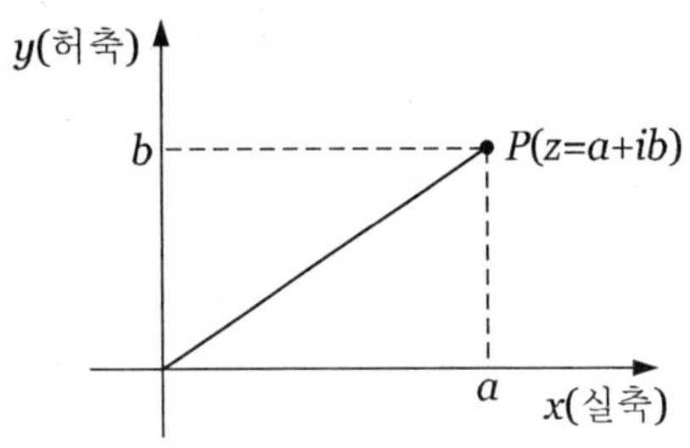

그림 7.1 복소수의 표시

2) 복소수의 연산

두 복소수 z_1과 z_2를

$$z_1 = x_1 + jy_1$$

$$z_2 = x_2 + jy_2 \tag{7.2}$$

로 두면, 복소수의 합 $z_1 + z_2$는 실수부는 실수부대로 허수부는 허수부대로 합한다.

$$z_1 + z_2 = (x_1 + x_2) + j(y_1 + y_2) \tag{7.3}$$

복소수의 차 $z_1 - z_2$는 동일하게 구하면,

$$z_1 - z_2 = (x_1 - x_2) + j(y_1 - y_2) \tag{7.4}$$

이 되며, 복소수의 곱 $z_1 z_2$ 는

$$z_1 z_2 = (x_1 + jy_1)(x_2 + jy_2)$$

$$= (x_1 x_2 - y_1 y_2) + j(x_1 y_2 + x_2 y_1) \tag{7.5}$$

이다. 복소수의 나눗셈은 분모의 공액 복소수를 분자 분모에 각각 곱하여 주면 된다.

$$\frac{z_1}{z_2} = \frac{(x_1 + jy_1)}{(x_2 + jy_2)} = \frac{(x_1 + jy_1)}{(x_2 + jy_2)} \frac{(x_2 - jy_2)}{(x_2 - jy_2)}$$

$$= \frac{(x_1 x_2 + y_1 y_2) + j(x_2 y_1 - x_1 y_2)}{x_2^2 + y_2^2}$$

$$= \frac{(x_1 x_2 + y_1 y_2)}{x_2^2 + y_2^2} + j \frac{(x_2 y_1 - x_1 y_2)}{x_2^2 + y_2^2} \tag{7.6}$$

복소수의 연산은 교환법칙, 결합법칙, 그리고 분배법칙이 성립한다.

① 교환법칙

$$z_1 + z_2 = z_2 + z_1$$

$$z_1 z_2 = z_2 z_1 \tag{7.7}$$

② 결합법칙

$$(z_1 + z_2) + z_3 = z_1 + (z_2 + z_3)$$

$$(z_1 z_2) z_3 = z_1 (z_2 z_3) \tag{7.8}$$

③ 분배법칙

$$z_1 (z_2 + z_3) = z_1 z_2 + z_1 z_3 \tag{7.9}$$

3) 공액 복소수의 성질

$z = a + jb$일 때, 허수부의 부호를 바꿈으로써 얻어지는 수를 공액복소수(complex conjugate)라 하고, 식 (7.10)과 같이 나타낸다.

$$\overline{z} = a - jb \tag{7.10}$$

합과 곱의 정의로부터, 복소수와 그 공액 복소수와 합과 곱은 식 (7.11)와 같이 실수값을 가진다.

$$z + \overline{z} = (a + jb) + (a - jb) = 2a \tag{7.11}$$

$$z \cdot \overline{z} = (a + jb) \cdot (a - jb) = a^2 + b^2 \tag{7.12}$$

복소수와 공액복소수의 차는 순 허수값을 가진다.

$$z - \overline{z} = (a + ib) - (a - ib) = i2b \tag{7.13}$$

식 (7.11)와 식 (7.13)으로부터 식 (7.14) 공식을 얻을 수 있다.

$$Re(z) = \frac{z + \overline{z}}{2}$$

$$Im(z) = \frac{z - \overline{z}}{2i} \tag{7.14}$$

예제 1

$z_1 = 1 + j,\ z_2 = 2 + j5$ 일 때, $z_1 z_2$와 $\frac{z_1}{z_2}$를 구하시오.

$z_1 z_2 = (1+j)(-2+j5) = -7+j3$

$\frac{z_1}{z_2} = \frac{1+j}{-2+j5} = \frac{(1+j)(-2-j5)}{(-2+j5)(-2-j5)} = \frac{3}{29} - j\frac{7}{29}$

예제 2

$z_1 = 20 + j15,\ z_2 = 10 + j20$ 일 때, 그 합과 차를 구하시오.

$z_1 + z_2 = 30 + j35$

$z_1 - z_2 = 10 - j5$

4) 복소수의 지수형태(Exponential form)

오일러 공식 $e^{j\theta} = \cos\theta + j\sin\theta$ 으로부터 양변에 양의 실수 r을 곱하면

$$re^{j\theta} = r\cos\theta + rj\sin\theta \tag{7.15}$$

이고, 식(7.15)의 우변은 복소수의 직각좌표계 형태(rectangular form)이다. 이 복소수를 $z = a + jb$라 하자. 실수부를 같게 둠으로써,

$$a = r\cos\theta \tag{7.16}$$

를 얻는다. 마찬가지로 하면, 허수부는

$$b = r\sin\theta \tag{7.17}$$

이다. 식(7.16)과 식(7.17)을 각각 제곱하여 더하면,

$$a^2 + b^2 = r^2 \tag{7.18}$$

$$r = \sqrt{a^2 + b^2} \tag{7.19}$$

이고, 식(7.17)를 식(7.16)로 나누면,

$$\frac{b}{a} = \tan\theta \tag{7.20}$$

$$\theta = \tan^{-1}\left(\frac{b}{a}\right) \tag{7.21}$$

가 된다.

예를 들어, $z = 2 + j3$ 이면

$$r = \sqrt{2^2 + 3^2} = 3.61$$

$$\theta = \tan^{-1}\left(\frac{3}{2}\right) = 56.3^\circ \tag{7.22}$$

이다. 따라서

$$z = 3.06\cos 56.3^\circ + j3.06\sin 56.3^\circ \tag{7.23}$$

가 되고,

$$z = re^{j\theta} = 3.06\, e^{j56.3^\circ} \tag{7.24}$$

로 나타낼 수가 있다.

식 (7.24)와 같이 표현한 복소수를 지수형태라고 부른다.

예제 3

$z = 3 + j2$를 지수형태로 나타내시오.

$$r = \sqrt{3^2 + 2^2} = 3.6 \qquad \theta = \tan^{-1}\left(\frac{2}{3}\right) = 33.7^\circ$$

따라서, $z = 3.6\, e^{j33.7^\circ}$ 가 된다.

5) 복소수의 극형식(Polar form)

복소수 z 는

$$z = r\cos\theta + jr\sin\theta = re^{j\theta} = r\angle\theta \tag{7.25}$$

로 표현할 수 있다. 이것을 복소수의 극형식(polar form)이라고 한다.

여기서, r은 복소수의 크기이고, θ는 축에 대한 편각(argument)을 말한다.

$$r = \sqrt{a^2 + b^2}$$

$$\theta = \tan^{-1}\left(\frac{b}{a}\right) \tag{7.26}$$

따라서, 복소수 z의 지수(exponential) 형태 식 (7.27)는

$$z = re^{j\theta} \tag{7.27}$$

식 (7.28)으로 쓸 수 있다.

$$z = r\angle\theta \tag{7.28}$$

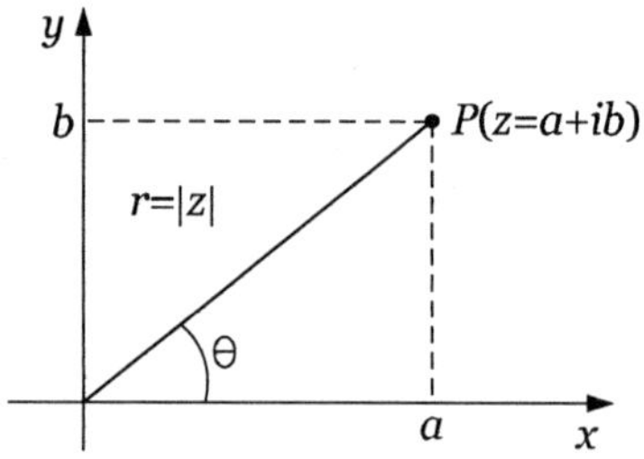

그림 7.2 복소수의 벡터 표시

예를 들면, 복소수 $z = 4 + j3$ 는 지수형태로

$$z = 5e^{j36.87^{\circ}} \tag{7.29}$$

극형식으로는

$$z = 5 \angle 36.87^{\circ} \tag{7.30}$$

로 표현된다.

예제 4

복소수 $z = 1 + j$ 를 극형식으로 표시하시오.

$$r = \sqrt{1^2 + 1^2}, \quad \theta = \tan^{-1}\left(\frac{1}{1}\right) = \frac{\pi}{4}$$

$$\therefore \; z = 1 + j = \sqrt{2} \angle \frac{\pi}{4}$$

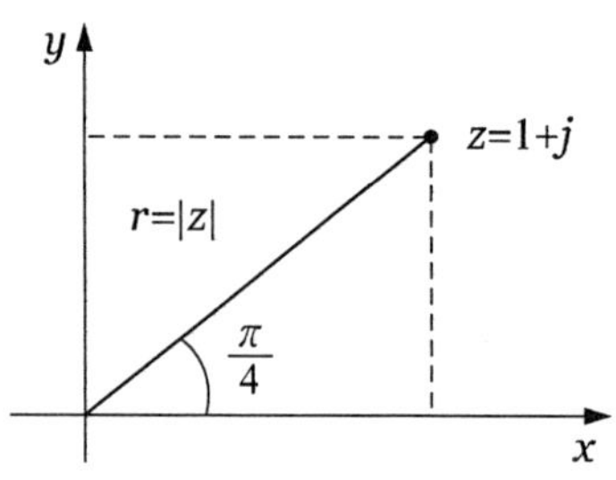

가. 복소수의 곱

$$z_1 = r_1(\cos\theta_1 + j\sin\theta_1)$$

$$z_2 = r_2(\cos\theta_2 + j\sin\theta_2)$$

$$z_1 z_2 = r_1(\cos\theta_1 + j\sin\theta_1)\cdot r_2(\cos\theta_2 + j\sin\theta_2)$$

$$= r_1 r_2\{\cos(\theta_1 + \theta_2) + j\sin(\theta_1 + \theta_2)\} \qquad (7.31)$$

나. 복소수의 나눗셈

$$\frac{z_1}{z_2} = \frac{r_1(\cos\theta_1 + j\sin\theta_1)}{r_2(\cos\theta_2 + j\sin\theta_2)}$$

$$= \frac{r_1(\cos\theta_1 + j\sin\theta_1)(\cos\theta_2 - j\sin\theta_2)}{r_2(\cos\theta_2 + j\sin\theta_2)(\cos\theta_2 - j\sin\theta_2)}$$

$$= \frac{r_1}{r_2}\{\cos(\theta_2 - \theta_1) + j\sin(\theta_2 - \theta_1)\} \qquad (7.32)$$

다. 드모아브르의 정리

$$(\cos\theta_1 + j\sin\theta_1)^n = \cos(n\theta) + j\sin(n\theta) \qquad (7.33)$$

이 정리는 곱의 공식 식 (7.31)로부터 쉽게 증명이 된다.

예제 5

다음 두 복소수의 곱 및 나눗셈을 구하시오.

$z_1 = 10 \angle \pi/3$

$z_2 = 5 \angle \pi/4$

$$z_1 z_2 = 50 \angle \frac{7\pi}{12} = 200(\cos\frac{7\pi}{12} + i\sin\frac{7\pi}{12})$$

$$\frac{z_1}{z_2} = 2 \angle \frac{\pi}{12}$$

$$= \frac{1}{2}(\cos\frac{\pi}{12} + i\sin\frac{\pi}{12})$$

2. 페이저(Phasor) 이론

정현파 전압 $e = 3\sin(\omega t + \pi/3)$는

$$e = I_m\left[3e^{j(\omega t + \frac{\pi}{3})}\right] \tag{7.34}$$

와 동일하다. 이때, I_m은 허수부(imaginary part)를 의미한다.

식 (7.34)를 $e = I_m\left[\dot{E}\, e^{j\omega t}\right]$로 두면,

$$\dot{E} = 3e^{j\frac{\pi}{3}} \tag{7.35}$$

가 된다. $\dot{E} = 3e^{j\frac{\pi}{3}}$를 $\dot{E} = 3\angle\frac{\pi}{3}$로 표시하고, 이를 페이저(phasor)이라고 부른다. 즉,

$$\dot{E} = 3e^{j\frac{\pi}{3}} = 3\angle\frac{\pi}{3} \tag{7.36}$$

동일한 방법으로, 정현파 전압 $e = 3\cos(\omega t + \pi/3)$ 는

$$e = Re\left[3e^{j(\omega t + \frac{\pi}{3})}\right] \tag{7.37}$$

와 동일하다. 이때, Re 는 실수부(real part)를 의미한다.

식 (7.37)를 $e = Re\left[\dot{E}e^{j\omega t}\right]$ 로 두면,

$$\dot{E} = 3e^{j\frac{\pi}{3}} \tag{7.38}$$

이 된다. $\dot{E} = 3e^{j\frac{\pi}{3}}$ 를 $\dot{E} = 3\angle\frac{\pi}{3}$ 로 표시한다.

3. 임피던스(Impedance) 및 역률(Power factor)

페이저 전압과 페이저 전류의 비를 임피던스라고 정의하며, $\dot{Z}$ 로 나타낸다.

$$\dot{Z} = \frac{\dot{V}}{\dot{I}} = R + jX[\Omega] \tag{7.39}$$

이때, R은 저항(resistance)이라 하고, X는 리액턴스(reactance)라고 부른다. $\dot{Z}$ 를 복소수 평면에서 도시하면, 그림 7.3과 같고,

$$\cos\theta = \frac{R}{Z} = \frac{R}{\sqrt{R^2 + X^2}} \tag{7.40}$$

를 부하의 역률이라 정의한다.

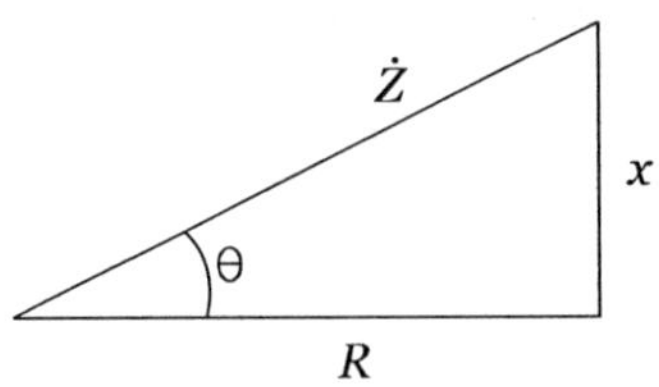

그림 7.3 임피던스 $Z' = R + jX$

1) 저항 회로

그림 7.4에서와 같이 저항뿐인 회로에 교류전압 $v(t) = V_m \cos(\omega t)$을 인가하면, 전류는 $i(t) = I_m \cos(\omega t)$가 흐른다. 따라서, 전압과 전류의 위상은 동일하고, 진폭만 달라진다.

또한, 임피던스는 식 (7.41)와 같다.

$$\dot{Z} = \frac{\dot{V}_R}{\dot{I}} [\Omega] = \frac{RI_m \angle 0^\circ}{I_m \angle 0^\circ} = R \tag{7.41}$$

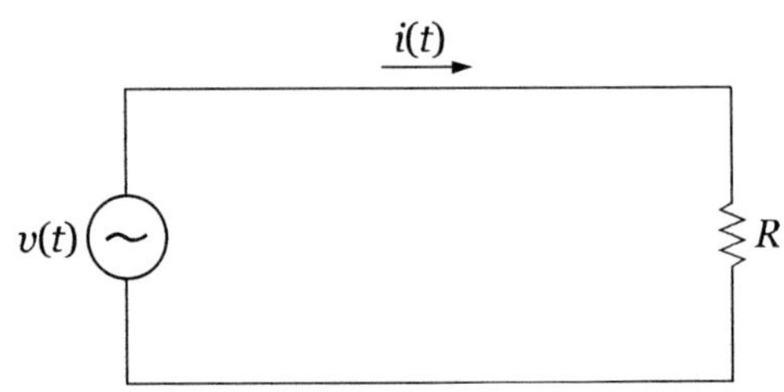

그림 7.4 저항회로

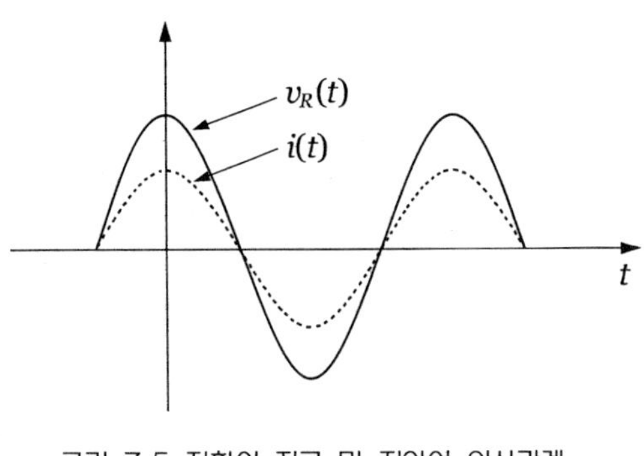

그림 7.5 저항의 전류 및 전압의 위상관계

2) 코일 회로

그림 7.6 에서와 같이 코일뿐인 회로에 교류전류 $i(t) = I_m \cos(\omega t + \theta)$ 가 흐른다고 가정하면, 전류의 극 형식은 $\dot{I} = I_m \angle \theta$ 이고, 코일의 전압은

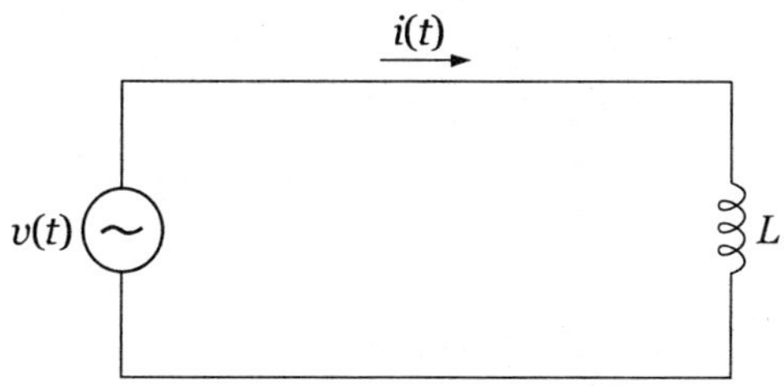

그림 7.6 코일회로

$$v_L(t) = L\frac{di}{dt} = -I_m \omega L \sin(\omega t + \theta)$$

$$= I_m \omega L \cos\left(\omega t + \theta + \frac{\pi}{2}\right) \tag{7.42}$$

이므로, 극형식으로 역시 나타내면,

$$\dot{V}_L = \omega L I_m \angle \left(\theta + \frac{\pi}{2}\right) \tag{7.43}$$

이 된다.

따라서, 코일에 생기는 전압의 위상은 전류보다 $\pi/2$ 만큼 앞선다는 사실을 알 수 있다.

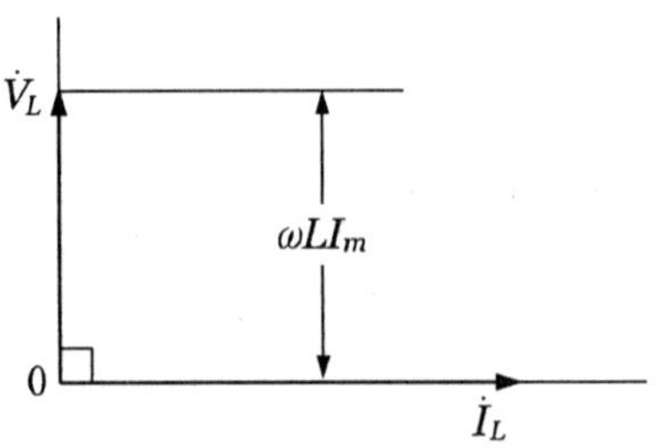

그림 7.7 코일의 전류 및 전압의 위상관계

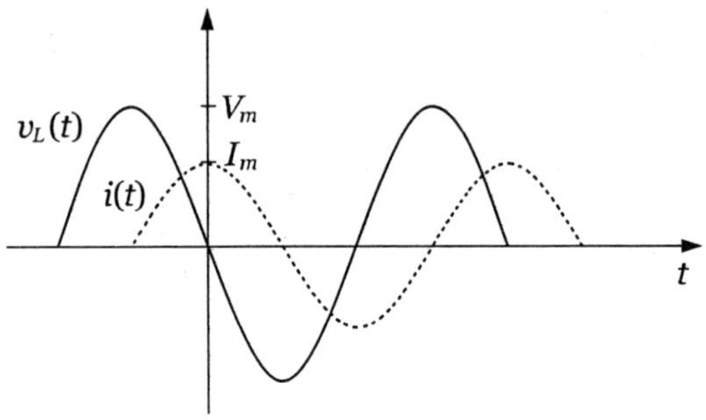

그림 7.8 코일의 전류, 전압의 위상차

또한 임피던스는 다음식 (7.44)와 같다.

$$\dot{Z} = \frac{\dot{V}_L}{\dot{I}}(\Omega) = \frac{\omega L I_m \angle \left(\theta + \frac{\pi}{2}\right)}{I_m \angle \theta} = W_L \angle \frac{\pi}{2} = j\omega L \tag{7.44}$$

특히, $j\omega L$을 유도성 리액턴스라고 부른다.

3) 콘덴서 회로

그림 7.9에서와 같이 콘덴서 회로에 교류전압을 인가하면, 전압의 극형식은 $\dot{V} = V_m \angle 0$ 이고, 콘덴서에 흐르는 전류는

$$i_c(t) = C\frac{dv_c}{dt} = -V_m \omega C\sin(\omega t) = V_m \omega C\cos\left(\omega t + \frac{\pi}{2}\right) \tag{7.45}$$

이므로, 극형식으로 역시 나타내면,

$$\dot{I}_C = \omega C V_m \angle \pi/2 \qquad (7.46)$$

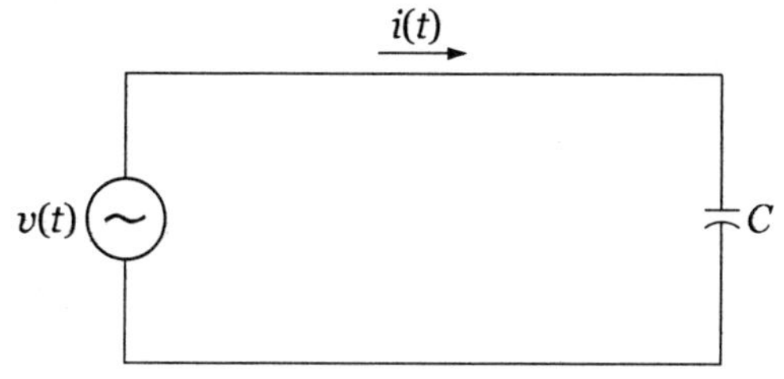

그림 7.9 콘덴서회로

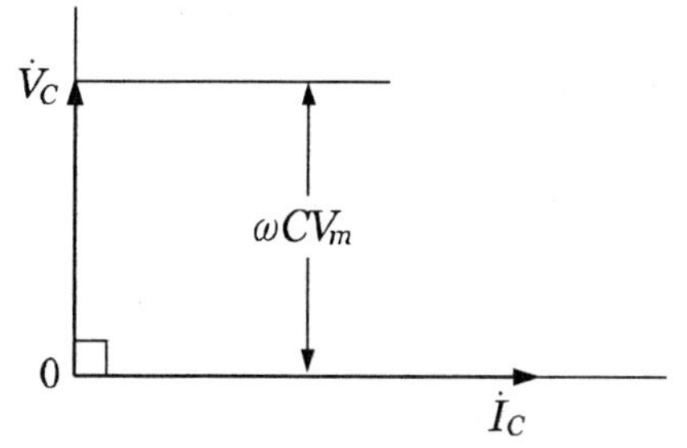

그림 7.10 콘덴서의 전류 및 전압의 위상관계

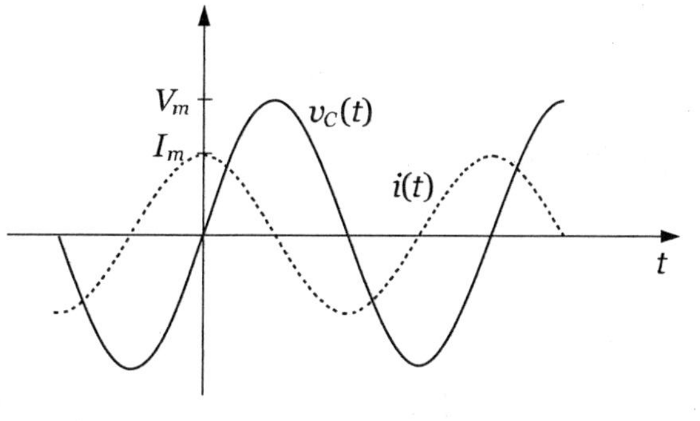

그림 7.11 콘덴서의 전류 및 전압의 위상차(phase difference)

이 된다.

따라서, 콘덴서에 흐르는 전류의 위상은 전압보다 $\pi/2$ 만큼 앞선다는 사실을 알 수 있다. 또한, 임피던스는 식 (7.47)과 같다.

$$\dot{Z} = \frac{\dot{V}_C}{\dot{I}_C} = \frac{V_m \angle 0}{\omega C V_m \angle \pi/2} = \frac{1}{\omega C} \angle -\pi/2 = -j\frac{1}{\omega C} \tag{7.47}$$

특히, $-j\dfrac{1}{\omega C}$ 을 용량성 리액턴스(capactive reactance)라고 부른다.

예제 6

1 [H] 코일의 리액턴스가 370 [Ω] 일 때 주파수는 얼마인가?

$Z = \omega L = 2\pi f L$ 로부터

$$f = \frac{Z}{2\pi L} = \frac{370}{2\pi} = 58.89$$

예제 7

2 [H] 코일의 전압 $V = 3\angle 30^\circ$ 을 가할 전류의 순간값은? 단, $f = 100\,[\mathrm{Hz}]$

$$\dot{I} = \frac{\dot{V}_L}{j\omega L} = \frac{3\angle 30^\circ}{400\pi \angle 90^\circ} = 0.0024\angle -60^\circ$$

$$\therefore\ i(t) = 0.0024\sqrt{2}\,sin(\omega t - 60^\circ)$$

예제 8

60 [Hz] 에서 콘덴서가 10 [Ω] 의 용량 리액턴스를 가질 때 정전용량은 얼마인가?

$Z = \dfrac{1}{2\pi f C}$ 로부터

$$C = \frac{1}{2\pi f X_c} = \frac{1}{2\pi \times 60 \times 10} = 265\,[\mu\mathrm{F}]$$

예제 9

다음 회로의 출력 위상은 입력과 어떤 관계인가?

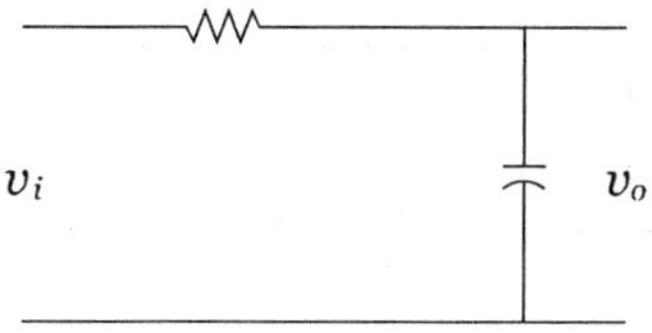

$$\dot{V}_o = \frac{\frac{1}{j\omega C}}{R+\frac{1}{j\omega C}} V_i \angle 0 = \frac{1}{1+j\omega CR} V_i \angle 0$$

$$= \frac{V_i}{\sqrt{1+(\omega CR)^2}} \angle -\phi$$

$$\phi = \tan^{-1}(\omega CR)$$

따라서, 출력전압은 입력전압에 비해 위상이 뒤진다.

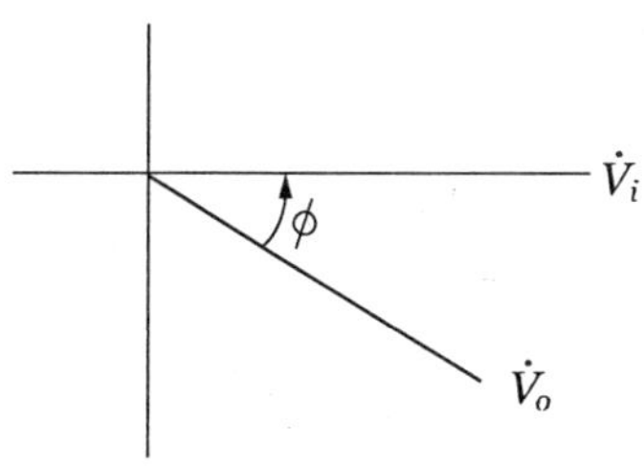

예제 10

5 [F] 콘덴서에 전압 $V = 10\angle -30^\circ$을 가할 때 전류의 순간값은?
단, $\omega = 100$ [rad]

$$\dot{I} = \frac{\dot{V}_C}{\frac{1}{j\omega C}} = \frac{10\angle -30^\circ}{\frac{1}{500}\angle -90^\circ} = 5000\angle 60^\circ$$

$$\therefore\ i(t) = 5000\sin(\omega t + 60^\circ)$$

예제 11

다음 R-L-C 병렬회로의 전류 I를 구하시오.

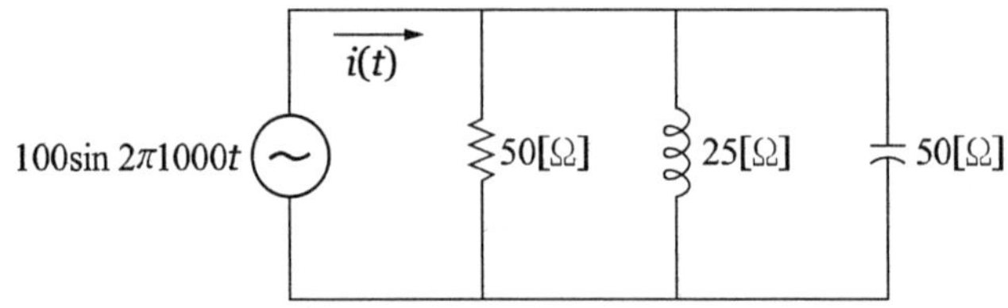

$$\dot{I} = \dot{I}_R + \dot{I}_L + \dot{I}_C = 100\left(\frac{1}{50} + \frac{1}{j25} + \frac{1}{-j50}\right) = 2 - j2 = 2\sqrt{2} \angle -\frac{\pi}{4}$$

따라서, $i(t) = I_m\left[2\sqrt{2}\, e^{j(\omega t - \frac{\pi}{4})}\right] = 2\sqrt{2}\, sin\left(\omega t - \frac{\pi}{4}\right)$ [A]

예제 12

다음 그림에서 정상 전류를 구하시오.

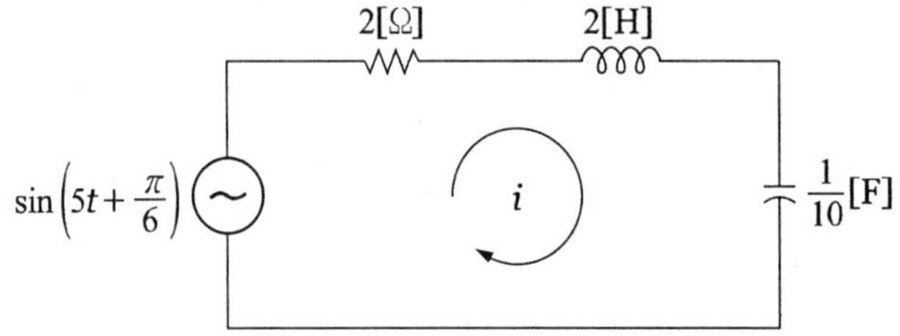

$\dot{Z} = R + j\omega L - j\dfrac{1}{\omega C} = 2 + j(5-2) = 2 + j3$ 이므로

$1 \angle \dfrac{\pi}{6} = \left(\sqrt{13} \angle \theta\right)\dot{I}$ 로부터

$\dot{I} = \dfrac{1}{\sqrt{13}} \angle \left(\dfrac{\pi}{6} - \theta\right) \quad \theta = \tan^{-1}\left(\dfrac{3}{2}\right) = 56.3^\circ$

따라서, 정상전류는 $i(t) = \dfrac{1}{\sqrt{13}} sin(\omega t - 26.3^\circ)$

Chapter 7. 연습문제

문제 1. 다음을 직각좌표 형식으로 표현하시오.

가) $5\angle 30^\circ$

나) $10e^{-j60}$

다) $5\angle 30^\circ - 10e^{-j60}$

문제 2. 다음을 극좌표 형식으로 표현하시오.

가) $5+j8$

나) $4\angle 130^\circ - j3$

문제 3. $V=96+j28$, $I=4-j3$일 때, $\frac{V}{I}$를 구하시오.

문제 4. $V=4+j3=5\angle 36.9^\circ$, $I=3+j4=5\angle 53.1^\circ$ 일때 다음을 구하시오.

가) $V\times I$

나) v/i

문제 5. $10(\Omega)$의 저항회로에 $v(t)=30\sqrt{2}\sin(100t+30^\circ)(V)$의 전압을 인가했다. 이때 회로에 흐르는 전류를 페이저와 순시값으로 구하시오.

문제 6. 어떤 회로의 전압과 전류가 $V=10\angle 60^\circ(V)$, $I=5\angle 30^\circ(A)$일때, 회로의 임피던스(Z)를 구하시오.

문제 7. $0.1(H)$의 인덕터 회로에 $v=12\sqrt{2}sin(60t+45^\circ)(V)$ 전압을 인가했다. 이때 흐르는 전류를 페이저와 순시값으로 나타내시오.

Chapter 8. 회로망 해석법

1. 지로 해석법
2. 절점 해석법(Node analysis)
3. 폐로 해석법(Loop analysis)
4. 행렬(Matrix)

※ 연습문제

1. 지로 해석법

1) 회로망의 용어

복잡한 전기회로 해석에 사용하는 간단한 용어를 살펴보면 다음과 같다.

가. 회로망

그림 8.1과 같이 전원 및 여러 전기소자들이 복잡하게 연결된 전기회로를 말하며 단순하게 '회로' 라고도 한다.

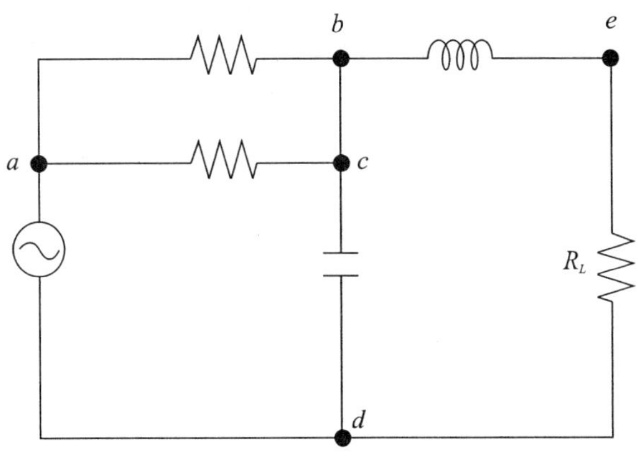

그림 8.1 일반적인 회로망

나. 절점(node)과 접속점(junction)

2개 이상의 소자가 연결되어 있는 점을 '절점' 이라고 하며, 3개 이상 연결된 점을 '접속점' 이라고 한다. 하지만 둘 다 혼용하여 사용되고 있다. 그림 8.2에서 a, b, c, d는 접속점이고 e는 절점이다.

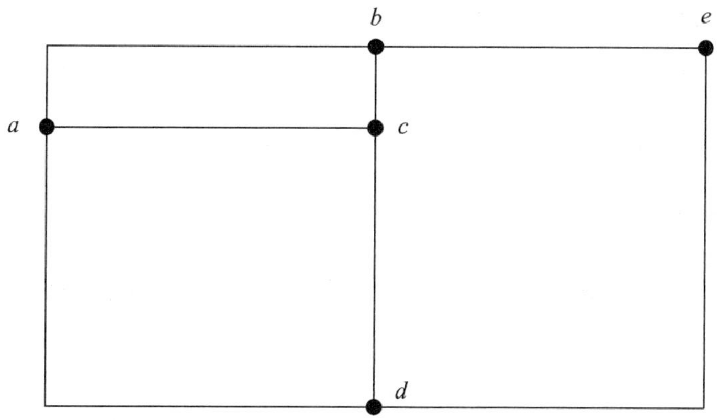

그림 8.2 단순화한 회로망

다. 지로(branch)

두 접속점 또는 절점 사이의 회로 부분을 말하며, 전류의 통로가 된다. 그림 8.2에서 a-b, a-c, a-d, b-c, b-e, c-d, d-e가 있다.

라. 폐로(loop)와 망로(mesh)

몇 개의 지로를 통하여 일주하면서 완결된 닫힌 회로를 말하며, 다른 폐로를 포함하지 않는 독립된 폐로를 '망로' 라고 한다. 그림 8.2에서 a-b-c-a, a-c-d-a, b-e-d-c-b, a-b-e-d-a, a-b-c-d-a, a-b-e-d-c-a, a-c-b-e-d-a가 폐로이고, 그 중에서 a-b-c-a, a-c-d-a, b-e-d-c-b를 특히 망로라고 한다.

2) 망로 해석법

직병렬 회로는 옴옴의 법칙과 키르히호프 전압 및 전류법칙을 사용하여 해석할 수 있다. 그러나 다수의 전원과 많은 지로를 포함한 회로망인 경우에는 계산이 복잡하여 시간이 많이 걸린다는 단점이 있다. 이런 경우에 회로망 해석법에 의해 회로를 분석하면 계산과정의 많은 부분이 줄어들어 보다 쉽게 회로해석을 할 수 있다.

※ 망로법은 다음과 같은 순서로 해석한다.

(1) 각 망로에 시계방향으로 전류를 방향을 정해준다.

(2) 해당 망로에 대하여 키르히호프 전압 방정식을 세운다.

(3) 망로 전압 방정식을 풀어 전류를 구한다.

그림 8.3의 회로를 망로해석법으로 전류 I_1, I_2를 구하는 방법은 다음과 같다.

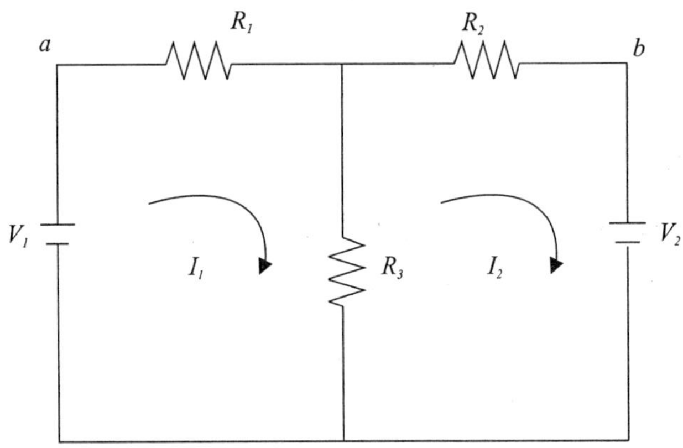

그림 8.3 망로해석법 회로

(1) 망로전류의 방향은 임의로 정할 수 있으나, 일반적으로 시계방향을 기준으로 한다. 그림 8.3과 같이 망로 1과 망로 2의 전류 I_1, I_2를 정한다.

(2) 키르히호프 전압방정식(KVL)을 전압강하를 기준으로 하여 다음과 같이 세운다.

망로 1(a점 기준) : $R_1 I_1 + R_3(I_1 - I_2) - V_1 = 0$

※ $(R_1 + R_3)I_1 - R_3 I_2 = V_1$ (8.1)

망로 2(b점 기준) : $V_2 + R_{33}(I_{22} - I_1) + R_2 I_2 = 0$

$$※\ -R_3I_1+(R_2+R_3)I_2=-V_2 \quad (8.2)$$

(3) 식 8.1과 식 8.2를 소거방법에 연립하여 풀거나 Cramer 방법을 이용한 행렬식을 계산하여 전류 I_1, I_2를 구한다.

예제 1

다음 그림 8.4회로에서 전류 I_1, I_2를 망로해석법으로 구하여라

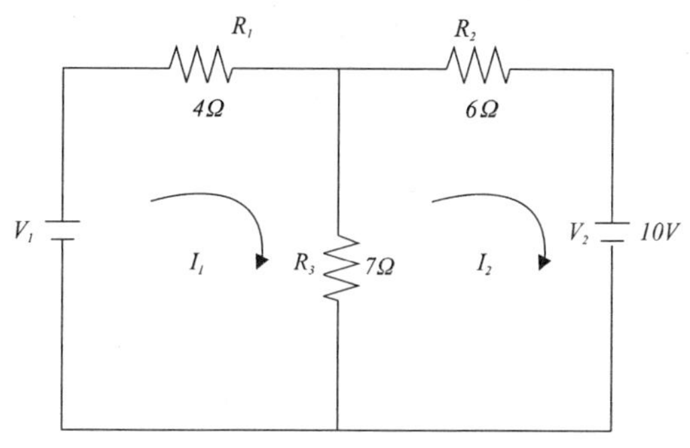

그림 8.4 (예제 1)의 회로

먼저 망로 1, 망로 2에 키르히호프 전압법칙(KVL)를 적용하면,

망로 1 : $4I_1+7(I_1-I_2)=20$ (1)

망로 2 : $6I_2+7(I_2-I_1)=-10$ (2)

식 (1), (2)를 정리하면,

$11I_1-7I_2=20$ (3)

$-7I_1=13I_2=-10$ (4)

식 (3), (4)의 연립방정식을 풀어 I_1, I_2를 가우스(Gauss) 소거법 혹은 크래머(Craver)의 방법으로 구한다.

(방법 1) 가우스 소거법으로 I_1, I_2 구하기

식 $(3)\times 7$, 식 $(4)\times 11$

$77I_1-49I_2=140$ (5)

$-77I_1+143I_2=-100$ (6)

식(5) + 식 (6)을 하면, $94I_2=30$

$$\therefore I_2 = \frac{15}{47}[A] \qquad (7)$$

식(7)을 식 (5)에 대입하면 풀면, $I_1 = \frac{95}{47}[A]$가 된다.

(방법 2) 크레이머의 방법으로 I_1, I_2 구하기

식 (3), (4) 으로부터

$$I_1 = \frac{\begin{bmatrix} 20 & -7 \\ -10 & 13 \end{bmatrix}}{\begin{bmatrix} 11 & -7 \\ -7 & 13 \end{bmatrix}} = \frac{(20)(13)-(-7)(-10)}{(11)(13)-(-7)(-7)} = \frac{190}{94} = \frac{95}{47}[A]$$

$$I_2 = \frac{\begin{bmatrix} 11 & 20 \\ -7 & -10 \end{bmatrix}}{\begin{bmatrix} 11 & -7 \end{bmatrix}} = \frac{(11)(-10)-(20)(-7)}{(11)(13)-(-7)(-7)} = \frac{30}{94} = \frac{15}{47}[A]$$

예제 2

그림 8.5에서 망로전류 I_1, I_2, I_3를 구하라.

그림 8.5 (예제 2)의 회로

망로 1, 2, 3에 키르히호프 전압법칙(KVL)을 적용하면,

망로 1(a점) : $2I_1 + 3(I_1 - I_2) + 4(I_1 - I_3) - 10 = 0$ (1)

망로 2 : $3(I_2 - I_1) + 2I_2 + (I_2 - I_3) = 0$ (2)

망로 3 : $4(I_3 - I_1) + (I_3 - I_2) + 5I_3$ (3)

식 (1), (2), (3)을 정리하면,

$9I_1 - 3I_2 - 4I_3 = 10$ (4)

$-3I_1 + 6I_2 - I_3 = 0$ (5)

$-4I_1 - I_2 + 10I_3 = 0$ (6)

식 (4), (5), (6)으로부터

$$I_1 = \frac{\begin{bmatrix} 10 & -3 & -4 \\ 0 & 6 & -1 \\ 0 & -1 & 10 \end{bmatrix}}{\begin{bmatrix} 9 & -3 & -4 \\ -3 & 6 & -1 \\ -4 & -1 & 10 \end{bmatrix}}$$

$$= \frac{(10)(6)(10)+(0)(-1)(-4)+(0)(-1)(-3)-(-4)(6)(0)-(-3)(0)(10)-(10)(-1)(-1)}{(9)(6)(10)+(-3)(-1)(-4)+(-4)(-1)(-3)-(-4)(6)(-4)-(-3)(-3)(10)-(9)(-1)(-1)}$$

$$= \frac{590}{321} = 1.84[A]$$

$$V_2 = \frac{\begin{bmatrix} 9 & 10 & -4 \\ -3 & 0 & -1 \\ -4 & 0 & 10 \end{bmatrix}}{321} = \frac{340}{321} = 1.06[A]$$

$$V_2 = \frac{\begin{bmatrix} 9 & -3 & 10 \\ -3 & 6 & 0 \\ -4 & -1 & 0 \end{bmatrix}}{321} = \frac{270}{321} = 0.84[A]$$

2. 절점 해석법(Node analysis)

회로망내의 한 절점을 기준절점으로 잡고 그 전위를 0으로 잡는다. 그리고, 다른 절점들의 상대전위를 모두 구함으로써 각 절점간의 지로 전류 및 지로 전압을 구할 수 있는 방법을 절점 해석법(node analysis)이라고 말한다.

다음 회로에서 지로전류 I_1을 절점 해석법(node analysis)에 의해 구해 보자.

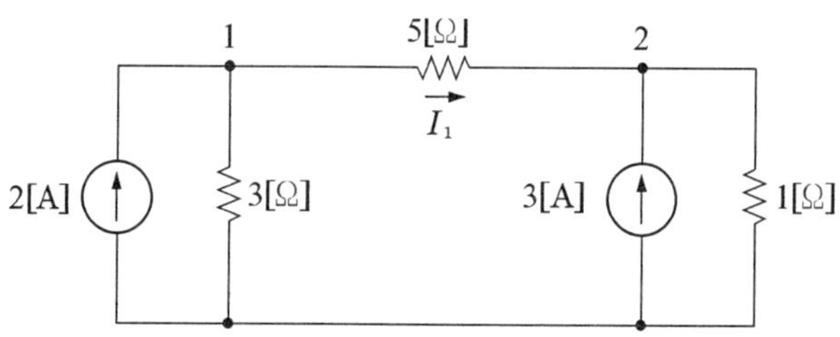

그림 8.6 절점 해석법

절점 1과 2에 KCL을 적용하면,

$$\frac{v_1}{3} + \frac{v_1 - v_2}{5} = 2$$

$$\frac{v_2 - v_1}{5} + v_2 = 3 \tag{8.3}$$

이고, 행렬식으로 정리하면

$$\begin{bmatrix} \frac{8}{15} & -\frac{1}{5} \\ -\frac{1}{5} & \frac{6}{5} \end{bmatrix} \begin{bmatrix} v_1 \\ v_2 \end{bmatrix} = \begin{bmatrix} 2 \\ 3 \end{bmatrix} \tag{8.4}$$

이며 행렬의 해를 구하면

$$v_1 = \frac{61}{9}, \quad v_2 = \frac{10}{3} \tag{8.5}$$

이다. 따라서, I_1은

$$I_1 = \frac{v_1 - v_2}{5} = \frac{31}{9}[\text{A}] \tag{8.6}$$

이다.

예제 3

그림과 같은 회로에서 A, B간 전압 V_{AB}[V]을 구하면?

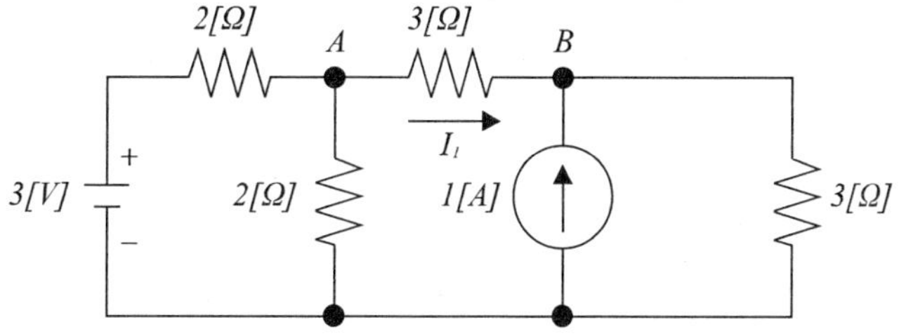

A, B점의 전위를 V_A, V_B라고 하고, 절점방정식을 세우면

$$\frac{3-V_A}{2}=\frac{V_A}{2}+\frac{V_A-V_B}{3}$$

$$\frac{V_B-V_A}{3}+\frac{V_B}{3}=1$$

$$\begin{bmatrix} -\frac{4}{3} & \frac{1}{3} \\ -\frac{1}{3} & \frac{2}{3} \end{bmatrix}\begin{bmatrix} V_A \\ V_B \end{bmatrix}=\begin{bmatrix} -\frac{3}{2} \\ 1 \end{bmatrix}$$

이고, 행렬의 해를 구하면

$$V_A=\frac{\begin{vmatrix} -\frac{3}{2} & \frac{1}{3} \\ 1 & \frac{2}{3} \end{vmatrix}}{\begin{vmatrix} -\frac{4}{3} & \frac{1}{3} \\ -\frac{1}{3} & \frac{2}{3} \end{vmatrix}}=\frac{12}{7},\quad V_B=\frac{\begin{vmatrix} -\frac{4}{3} & -\frac{3}{2} \\ -\frac{1}{3} & 1 \end{vmatrix}}{\begin{vmatrix} -\frac{4}{3} & \frac{1}{3} \\ -\frac{1}{3} & \frac{2}{3} \end{vmatrix}}=\frac{33}{14}$$

이다. 따라서, V_{AB}는

$$V_{AB}=V_A-V_B=-\frac{9}{14}\,[\text{V}]$$

이다.

3. 폐로 해석법(Loop analysis)

독립적인 각각의 폐로(loop)에 대하여 각각의 폐로 전류들을 구함으로써 비교적 간편하게 각각의 지로 전류 및 전압을 구할 수 있는 방법을 폐로 해석법(loop analysis)이라고 말한다. 폐로 전류를 흔히 메쉬(mesh) 전류라고도 말한다.

그림 8.7 회로에서 폐로전류 I_1, I_2, I_3을 폐로 해석법(loop analysis)에 의해 구하여 보자.

각 폐로에 대한 폐로 방정식은

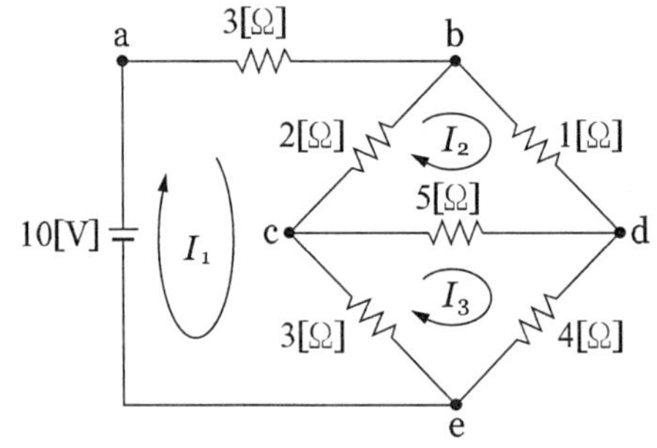

그림 8.7 폐로 해석법

$$\begin{bmatrix} 8 & -2 & -3 \\ -2 & 8 & -5 \\ -3 & -5 & 12 \end{bmatrix} \begin{bmatrix} I_1 \\ I_2 \\ I_3 \end{bmatrix} = \begin{bmatrix} 10 \\ 0 \\ 0 \end{bmatrix} \tag{8.7}$$

이고, 행렬 방정식으로부터 폐로 전류를 각각 구하면

$$I_1 = \frac{\begin{vmatrix} 10 & -2 & -3 \\ 0 & 8 & -5 \\ 0 & -5 & 12 \end{vmatrix}}{\begin{vmatrix} 8 & -2 & -3 \\ -2 & 8 & -5 \\ -3 & -5 & 12 \end{vmatrix}} = \frac{710}{388}$$

$$I_2 = \frac{\begin{vmatrix} 8 & 10 & -3 \\ -2 & 0 & -5 \\ -3 & 0 & 12 \end{vmatrix}}{\begin{vmatrix} 8 & -2 & -3 \\ -2 & 8 & -5 \\ -3 & -5 & 12 \end{vmatrix}} = \frac{390}{388}$$

$$I_3 = \frac{\begin{vmatrix} 8 & -2 & 10 \\ -2 & 8 & 0 \\ -3 & -5 & 0 \end{vmatrix}}{\begin{vmatrix} 8 & -2 & -3 \\ -2 & 8 & -5 \\ -3 & -5 & 12 \end{vmatrix}} = \frac{340}{388} \tag{8.8}$$

이다. 이들 폐로 전류로부터 각 지로 전류를 구할 수 있다.

$$I_{ab} = I_1, \quad I_{bc} = I_1 - I_2, \quad I_{bd} = I_2,$$

$$I_{cd} = I_3 - I_2, \quad I_{ce} = I_1 - I_3, \quad I_{de} = I_3 \tag{8.9}$$

예제 4

다음 회로에서 폐로전류 I_1, I_2, I_3을 폐로 해석법(loop analysis)에 의해 구하시오.

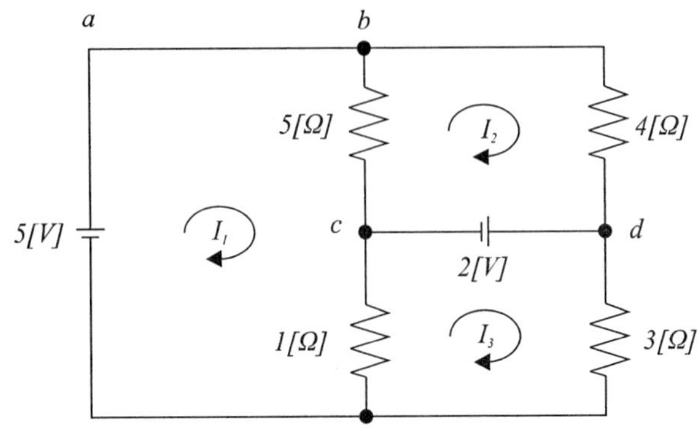

각 루프에 대하여 KVL을 적용하면

$$-5+5(I_1-I_2)+(I_1-I_3)=0$$

$$5(I_2-I_1)+4I_2+2=0$$

$$(I_3-I_1)-2+3I_3=0$$

이고, 이를 행렬방정식으로 나타내면

$$\begin{bmatrix} 6 & -5 & -1 \\ -5 & 9 & 0 \\ -1 & 0 & 4 \end{bmatrix}\begin{bmatrix} I_1 \\ I_2 \\ I_3 \end{bmatrix}=\begin{bmatrix} 5 \\ -2 \\ 2 \end{bmatrix}$$

이다. 행렬 방정식으로부터 폐로 전류를 각각 구하면

$$I_1=\frac{\begin{vmatrix} 5 & -5 & -1 \\ -2 & 9 & 0 \\ 2 & 0 & 4 \end{vmatrix}}{\begin{vmatrix} 6 & -5 & -1 \\ -5 & 9 & 0 \\ -1 & 0 & 4 \end{vmatrix}}=\frac{158}{107},\qquad I_2=\frac{\begin{vmatrix} 6 & 5 & -1 \\ -5 & -2 & 0 \\ -1 & 2 & 4 \end{vmatrix}}{\begin{vmatrix} 6 & -5 & -1 \\ -5 & 9 & 0 \\ -1 & 0 & 4 \end{vmatrix}}=\frac{64}{107}$$

$$I_3=\frac{\begin{vmatrix} 6 & -5 & 5 \\ -5 & 9 & -2 \\ -1 & 0 & 2 \end{vmatrix}}{\begin{vmatrix} 6 & -5 & -1 \\ -5 & 9 & 0 \\ -1 & 0 & 4 \end{vmatrix}}=\frac{93}{107}\text{ 이다.}$$

4. 행렬(Matrix)

1) 행렬의 정의

정 의 1) 행 렬

행렬은 수(number)들의 직각 배열(rectangular array)로 정의된다.

$$\begin{bmatrix} C_{11} & C_{12} & \cdots & C_{1n} & C_{21} \\ C_{22} & \cdots & C_{2n} & \vdots & \vdots \\ \vdots & \vdots & & C_{m1} & C_{m2} \\ \cdots & C_{mn} & & & \end{bmatrix} \tag{8.10}$$

위의 행렬은 m행(row), n열(column) 행렬이다.

정 의 2) 열과 행 벡터

$$\begin{bmatrix} b_1 \\ b_2 \\ \vdots \\ b_n \end{bmatrix} \tag{8.11}$$

$n \times 1$행렬은 열 벡터라고 부른다.

$$[b_1\, b_2 \cdots b_n\,] \tag{8.12}$$

$1 \times n$행렬은 행 벡터라고 부른다.

정 의 3) 행렬의 합

A, B가 $m \times n$행렬이면, 그 합은 다음과 같다.

$$A + B = [\, a_{ij} + b_{ij}\,] \tag{8.13}$$

정 의 4) 행렬의 스칼라 곱

만약 k가 실수이면, 행렬 A의 스칼라 곱은 다음과 같다.

$$kA = \begin{bmatrix} ka_{11} & ka_{12} & \cdots & ka_{1n} & ka_{21} \\ ka_{22} & \cdots & ka_{2n} & \vdots & \vdots \\ \vdots & \vdots & & ka_{m1} & ka_{m2} \\ \cdots & ka_{mn} & = \left[ka_{ij} \right]_{m \times n} & & \end{bmatrix} \tag{8.14}$$

〈 정 리 1 〉 행렬의 합 및 스칼라 곱의 특성

A, B, C가 $m \times n$행렬이고 k_1및 k_2가 스칼라이면, 다음 정리가 성립한다.

$$A + B = B + A$$

$$A + (B + C) = (A + B) + C$$

$$(k_1 k_2)A = k_1(k_2)A$$

$$1A = A$$

$$k_1(A + B) = k_1 A + k_1 B$$

$$(k_1 + k_2)A = k_1 A + k_2 A \tag{8.15}$$

정 의 5) 행렬의 곱

A가 $m \times p$행렬, B가 $p \times n$행렬이면, AB는 $m \times n$행렬이다.

$$AB=\begin{bmatrix} a_{11} & a_{12} & & \cdots & & a_{1p} & a_{21} \\ a_{22} & \cdots & & a_{2p} & & \vdots & \vdots \\ \vdots & \vdots & & & & a_{m1} & a_{m2} \\ & & \begin{bmatrix} b_{11} & b_{12} & \cdots & b_{1n} & b_{21} \\ b_{22} & \cdots & b_{2n} & \vdots & \vdots \\ \vdots & \vdots & & b_{p1} & b_{p2} \\ \cdots & b_{pn} & & & \end{bmatrix} & & & & \\ \cdots & a_{mp} & & & & & \end{bmatrix}$$

$$= \left[\sum_{k=1}^{p} a_{ik} b_{kj} \right]_{m \times n} \tag{8.16}$$

곱의 차원은 다음과 같이 결정할 수 있다.

$$A_{m \times p} B_{p \times n} = C_{m \times n} \tag{8.17}$$

정 의 6) 전치행렬(transpose)

$m \times n$행렬의 전치행렬은 $n \times m$행렬 A^T이다.

$$A^T = \begin{bmatrix} a_{11} & a_{21} & \cdots & a_{m1} & a_{12} \\ a_{22} & \cdots & a_{m2} & \vdots & \vdots \\ \vdots & \vdots & & a_{1n} & a_{2n} \\ \cdots & a_{mn} & & & \end{bmatrix} \tag{8.18}$$

〈 정 리 2 〉 전치행렬의 특성

A, B가 행렬이고, k가 스칼라이면 다음 정리가 성립한다.

$$(A^T)^T = A$$

$$(A+B)^T = A^T + B^T$$

$$(AB)^T = B^T A^T$$

$$(kA)^T = kA^T \tag{8.19}$$

2) 기본적인 행렬

가. 대각 행렬

정방 행렬에서 대각선 원소를 제외한 모든 원소가 0인 행렬을 말한다.

$$\begin{bmatrix} a_{11} & 0 & 0 \\ 0 & a_{22} & 0 \\ 0 & 0 & a_{33} \end{bmatrix} \tag{8.20}$$

나. 단위 행렬

대각선 행렬에서 주 대각선 원소가 모두 1인 행렬을 말한다.

$$I = \begin{bmatrix} 1 & 0 & 0 \\ 0 & 1 & 0 \\ 0 & 0 & 1 \end{bmatrix} \tag{8.21}$$

다. 대칭 행렬(symmetric matrix)

정방향렬 A에 대하여, $A = A^T$가 성립할 때, 행렬 A는 대칭행렬이다.

3) 행렬식(determinant)

연립방정식

$$\begin{cases} a_{11}x_1 + a_{12}x_2 = b_1 \\ a_{21}x_1 + a_{22}x_2 = b_2 \end{cases} \tag{8.22}$$

의 근을 구하기 위하여, 윗 식에 a_{22}를 아래 식에 $-a_{12}$를 곱하여서 더하면

$$(a_{11}a_{22} - a_{21}a_{12})x_1 = b_1 a_{22} - b_2 a_{12} \tag{8.23}$$

을 얻게 된다.

여기서 식 $a_{11}a_{22} - a_{21}a_{12}$을 다음과 같은 기호로 표시하자.

$$\begin{vmatrix} a_{11} & a_{12} \\ a_{21} & a_{22} \end{vmatrix} = a_{11}a_{22} - a_{21}a_{12} \tag{8.24}$$

이 기호를 2차 행렬식이라고 부른다.

행렬식 형태로 미지수 x_1과 x_2를 나타내면 다음과 같다.

$$x_1 = \frac{\begin{vmatrix} b_1 & a_{12} \\ b_2 & a_{22} \end{vmatrix}}{\begin{vmatrix} a_{11} & a_{12} \\ a_{21} & a_{22} \end{vmatrix}}, \quad x_2 = \frac{\begin{vmatrix} a_{11} & b_1 \\ a_{21} & b_2 \end{vmatrix}}{\begin{vmatrix} a_{11} & a_{12} \\ a_{21} & a_{22} \end{vmatrix}} \tag{8.25}$$

단, $\begin{vmatrix} a_{11} & a_{12} \\ a_{21} & a_{22} \end{vmatrix} \neq 0$ 인 조건을 만족할 때 가능하다.

정 의 1) 2×2 행렬의 행렬식

$A = \begin{bmatrix} a_{11} & a_{12} \\ a_{21} & a_{22} \end{bmatrix}$의 행렬식은 다음과 같다.

$$\det A = \begin{vmatrix} a_{11} & a_{12} \\ a_{21} & a_{22} \end{vmatrix} = a_{11}a_{22} - a_{21}a_{12} \tag{8.26}$$

정 의 2) 3×3 행렬의 행렬식

$A = \begin{bmatrix} a_{11} & a_{12} & a_{13} \\ a_{21} & a_{22} & a_{23} \\ a_{31} & a_{32} & a_{33} \end{bmatrix}$의 행렬식은

$$\det A = \begin{vmatrix} a_{11} & a_{12} & a_{13} \\ a_{21} & a_{22} & a_{23} \\ a_{31} & a_{32} & a_{33} \end{vmatrix}$$

$$= a_{11}\begin{vmatrix} a_{22} & a_{23} \\ a_{32} & a_{33} \end{vmatrix} - a_{12}\begin{vmatrix} a_{21} & a_{23} \\ a_{31} & a_{33} \end{vmatrix} + a_{13}\begin{vmatrix} a_{21} & a_{22} \\ a_{31} & a_{32} \end{vmatrix}$$

$$C_{11} = \begin{vmatrix} a_{22} & a_{23} \\ a_{32} & a_{33} \end{vmatrix} \tag{8.27}$$

$$C_{12} = -\begin{vmatrix} a_{21} & a_{23} \\ a_{31} & a_{33} \end{vmatrix}$$

$$C_{13} = \begin{vmatrix} a_{21} & a_{22} \\ a_{31} & a_{32} \end{vmatrix}$$

이다. 따라서,

$$\det A = a_{11}C_{11} + a_{12}C_{12} + a_{13}C_{13} \tag{8.28}$$

이다.

일반적으로, a_{ij}의 여인수(cofactor)는 행렬식은

$$C_{ij} = (-1)^{i+j}M_{ij} \tag{8.29}$$

이다.

M_{ij}는 행렬 A의 i번째 행과 j번째 열을 삭제함으로써 만들어지며, M_{ij}를 소행렬식(minor determinant)이라고 부른다. 여인수는 부호가 있는 소행렬식(signed minor determinant) 이다.

예제 5

$\det A = \begin{vmatrix} 2 & 4 & 7 \\ 6 & 0 & 1 \\ 1 & 2 & 4 \end{vmatrix}$ 의 값을 구하시오.

$$\det A = \begin{vmatrix} 2 & 4 & 7 \\ 6 & 0 & 1 \\ 1 & 2 & 4 \end{vmatrix} = 2C_{11} + 4C_{12} + 7C_{13}\, C_{11}$$

$$C_{11} = (-1)^{1+1}\begin{vmatrix} 0 & 1 \\ 2 & 4 \end{vmatrix} = -2$$

$$C_{12} = (-1)^{1+2}\begin{vmatrix} 6 & 1 \\ 1 & 4 \end{vmatrix} = -22$$

$$C_{13} = (-1)^{1+3}\begin{vmatrix} 6 & 0 \\ 1 & 2 \end{vmatrix} = 12$$

$$\det A = 2(-2) + 4(-22) + 7(12) = -8$$

〈 정 리 3 〉

$A = [a_{ij}]_{n \times n}$이 $n \times n$행렬일 때, $1 \leqq i \leqq n$에 대하여 i번째 행에 관한 여인수 전개는

$$\det A = a_{i1}C_{i1} + a_{i2}C_{i2} + \cdots + a_{in}C_{in} \tag{8.30}$$

이 되고, $1 \leqq j \leqq n$에 대하여 j번째 열에 관한 여인수 전개는

$$\det A = a_{1j}C_{1j} + a_{2j}C_{2j} + \cdots + a_{nj}C_{nj} \tag{8.31}$$

가 된다.

예제 6

$$A = \begin{bmatrix} 5\,1\,3\,3 \\ 1\,0\,2\,3 \\ 2\,0\,5\,2 \\ 1\,0\,0\,0 \end{bmatrix}$$ 의 행렬식의 값을 구하시오.

$$\det A = 1 \cdot C_{41} + 0 \cdot C_{42} + 0 \cdot C_{43} + 0 \cdot C_{44}$$

$$C_{41} = (-1)^{4+1} \begin{vmatrix} 1 & 3 & 3 \\ 0 & 2 & 3 \\ 0 & 5 & 2 \end{vmatrix} = (-1)^{4+1}\left(1 \times \begin{vmatrix} 2 & 3 \\ 5 & 2 \end{vmatrix}\right) = 11$$

$$\therefore\ \det A = 1 \cdot C_{41} = 11$$

〈 정 리 4 〉

$n \times n$행렬 A에서 특정한 행(또는 열)에 0이 아닌 실수 k를 곱함으로써 얻는 행렬을 B라고 가정하면 식 (8.32)과 같다.

$$\det B = k \det A \tag{8.32}$$

예제 7

정리4)로부터 다음 행력의 행렬식을 구하시오.

$$\begin{vmatrix} 4\,2\,1 \\ -3\,2\,1 \\ 4\,4\,2 \end{vmatrix}$$

$$\begin{vmatrix} 4\,2\,1 \\ -3\,2\,1 \\ 4\,4\,2 \end{vmatrix} = 2 \begin{vmatrix} 4\,1\,1 \\ -3\,1\,1 \\ 4\,2\,2 \end{vmatrix} = 2 \cdot 2 \begin{vmatrix} 4\,1\,1 \\ -3\,1\,1 \\ 2\,1\,1 \end{vmatrix} = 0$$

〈 정 리 5 〉

A가 $n \times n$행렬이라 가정하자. $\det A \neq 0$이면, 행렬 A는 비정칙(nonsingular) 행렬이다.

예제 8

다음 행렬은 정칙인가?

$A = \begin{bmatrix} 1 & 1 \\ 2 & 2 \end{bmatrix}$

$\det A = 0$이므로 , 행렬 A는 정칙(singular) 행렬이다.

4) 역행렬(inverse matrix)

정 의 1) 역행렬(inverse matrix)

$A = [a_{ij}]_{n \times n}$가 $n \times n$행렬이라고 가정하자.

만일,

$$AB = BA = I \tag{8.33}$$

가 성립하는 $n \times n$행렬 B가 존재하면, 행렬A는 비정칙(nonsingular)이라고 하고 행렬 B를 A의 역행렬(Inverse)이라고 정의한다.

정 의 2) 수반행렬(Adjoint Matrix)

$A = [a_{ij}]_{n \times n}$가 $n \times n$행렬이라고 가정할 때, A의 원소들에 대응하는 여인수들의 행렬 $[C_{ij}]_{n \times n}$의 전치행렬을 행렬 A의 수반행렬이라고 정의하고 $adj\ A$로 표시한다.

$$adj\ A = \begin{bmatrix} C_{11} & C_{12} & \cdots & C_{1n} \\ C_{21} & C_{22} & \cdots & C_{2n} \\ \vdots & \vdots & & \vdots \\ C_{n1} & C_{n2} & \cdots & C_{nn} \end{bmatrix}^T = \begin{bmatrix} C_{11} & C_{21} & \cdots & C_{n1} \\ C_{12} & C_{22} & \cdots & C_{n2} \\ \vdots & \vdots & & \vdots \\ C_{1n} & C_{2n} & \cdots & C_{nn} \end{bmatrix} \tag{8.34}$$

〈 정 리 6 〉 역행렬(Inverse) 구하기

$A = [a_{ij}]_{n\times n}$가 $n \times n$행렬이라고 가정하자. 만약, $\det A \neq 0$을 만족하면, 역행렬 A^{-1}는 다음과 같다.

$$A^{-1} = \left(\frac{1}{\det A}\right) adj\, A \tag{8.35}$$

예제 9

$A = \begin{bmatrix} 2 & 4 & 7 \\ 6 & 0 & 1 \\ 1 & 2 & 4 \end{bmatrix}$의 역행렬을 구하시오.

$$C_{11} = (-1)^{1+1}\begin{vmatrix} 0 & 1 \\ 2 & 4 \end{vmatrix} = -2,\ C_{12} = (-1)^{1+2}\begin{vmatrix} 6 & 1 \\ 1 & 4 \end{vmatrix} = -23$$

$$C_{13} = (-1)^{1+3}\begin{vmatrix} 6 & 0 \\ 1 & 2 \end{vmatrix} = 12,\quad C_{21} = (-1)^{2+1}\begin{vmatrix} 4 & 7 \\ 2 & 4 \end{vmatrix} = -2$$

$$C_{22} = (-1)^{2+2}\begin{vmatrix} 2 & 7 \\ 1 & 4 \end{vmatrix} = 1,\quad C_{23} = (-1)^{2+3}\begin{vmatrix} 2 & 4 \\ 1 & 2 \end{vmatrix} = 0$$

$$C_{31} = (-1)^{3+1}\begin{vmatrix} 4 & 7 \\ 0 & 1 \end{vmatrix} = 4,\quad C_{32} = (-1)^{3+2}\begin{vmatrix} 2 & 7 \\ 6 & 1 \end{vmatrix} = 40$$

$$C_{33} = (-1)^{3+3}\begin{vmatrix} 2 & 4 \\ 6 & 0 \end{vmatrix} = -24$$

$$\det A = 2(-2) + 4(-23) + 7(12) = -12$$

$$A^{-1} = \left(\frac{1}{-12}\right)\begin{bmatrix} -2 & -23 & 12 \\ -2 & 1 & 0 \\ 4 & 40 & -24 \end{bmatrix}$$

$$= \begin{bmatrix} \frac{1}{6} & \frac{23}{12} & -1 \\ \frac{1}{6} & -\frac{1}{12} & 0 \\ -\frac{1}{3} & -\frac{10}{3} & 2 \end{bmatrix}$$

5) 역행렬을 사용한 시스템의 해법

A가 미지수가 n개이고 m개의 선형 방정식을 갖는 시스템의 계수 행렬이라고 하자.

$$\begin{aligned} a_{11}x_1 + a_{12}x_2 + \cdots + a_{1n}x_n &= b_1 \\ a_{21}x_1 + a_{22}x_2 + \cdots + a_{2n}x_n &= b_2 \\ \vdots \quad\quad \vdots \quad\quad \vdots \quad\quad \vdots & \\ a_{m1}x_1 + a_{m2}x_2 + \cdots + a_{mn}x_n &= b_m \end{aligned} \tag{8.36}$$

그러면, $AX = B$로 행렬방정식을 세울 수 있다.

$$A = \begin{bmatrix} a_{11} & a_{12} & \cdots & a_{1n} & a_{21} \\ a_{22} & \cdots & a_{2n} & \vdots & \vdots \\ \vdots & \vdots & & a_{m1} & a_{m2} \\ \cdots & a_{mn} & & & \end{bmatrix}$$

$$X = \begin{bmatrix} x_1 \\ x_2 \\ \vdots \\ x_n \end{bmatrix} \quad B = \begin{bmatrix} b_1 \\ b_1 \\ \vdots \\ b_m \end{bmatrix} \tag{8.37}$$

$m = n$일 경우에는 행렬 방정식의 양변에 A^{-1}을 곱하여 줌으로써 미지수를 구할 수 있다.

$$\begin{aligned} A^{-1}(AX) &= A^{-1}B \\ (A^{-1}A)X &= A^{-1}B \\ IX &= A^{-1}B \\ X &= A^{-1}B \end{aligned} \tag{8.38}$$

예제 10

역행렬을 이용하여 다음 시스템의 미지수를 구하시오.

$$\begin{cases} 2x_1 + 4x_2 + 7x_3 = 7 \\ 6x_1 \quad\quad + x_3 = 5 \\ x_1 + 2x_2 + 4x_3 = 1 \end{cases}$$

$$A = \begin{bmatrix} 2 & 4 & 7 \\ 6 & 0 & 1 \\ 1 & 2 & 4 \end{bmatrix}$$

$$X = \begin{bmatrix} x_1 \\ x_2 \\ x_3 \end{bmatrix} = \begin{bmatrix} 2 & 4 & 7 \\ 6 & 0 & 1 \\ 1 & 2 & 4 \end{bmatrix}^{-1} = \begin{bmatrix} 7 \\ 5 \\ 1 \end{bmatrix}$$

$$= \left(\frac{1}{-12}\right)\begin{bmatrix} -2 & -23 & 12 \\ -2 & 1 & 0 \\ 4 & 40 & -24 \end{bmatrix}\begin{bmatrix} 7 \\ 5 \\ 1 \end{bmatrix} = \begin{bmatrix} \frac{117}{12} \\ \frac{11}{12} \\ -17 \end{bmatrix}$$

$$= \begin{bmatrix} \frac{117}{12} \\ \frac{11}{12} \\ -17 \end{bmatrix}$$

〈참고 2〉 Cramer 정리

정 리) Cramer의 정리

$$a_{11}x_1 + a_{12}x_2 + \cdots + a_{1n}x_n = b_1 \tag{8.39}$$

$$a_{21}x_1 + a_{22}x_2 + \cdots + a_{2n}x_n = b_2$$

$$\vdots \qquad \vdots \qquad \vdots \qquad \vdots$$

$$a_{n1}x_1 + a_{n2}x_2 + \cdots + a_{nn}x_n = b_n$$

A가 미지수가 n개인 n개 선형 방정식을 갖는 시스템 식(위의 식)의 계수 행렬이라고 하자. 만약, $\det A \neq 0$이면, 그 시스템의 해는 식 (8.40)과 같이 주어진다.

$$x_1 = \frac{\det A_1}{\det A},\ x_2 = \frac{\det A_2}{\det A},\ \cdots,\ x_n = \frac{\det A_n}{\det A} \tag{8.40}$$

여기서 A_k, $k = 1, 2, \cdots, n$는 식 (8.41)와 같이 $n \times n$행렬로 정의하였다.

$$A_k = \begin{pmatrix} a_{11} & a_{12} & \cdots a_{1k-1} & b_1 & a_{1k+1} & \cdots & a_{1n} \\ a_{21} & a_{22} & \cdots a_{2k-1} & b_2 & a_{2k+1} & \cdots & a_{2n} \\ \vdots & \vdots & \vdots \quad \vdots & \vdots & \vdots & \vdots & \vdots \\ a_{n1} & a_{n2} & \cdots a_{nk-1} & b_n & a_{nk+1} & \cdots & a_{nn} \end{pmatrix} \tag{8.41}$$

증 명)

미지수가 n개인 n개 선형 방정식을 갖는 시스템 행렬을

$$AX = B \tag{8.42}$$

로 표시할 수 있다.

$$A = \begin{bmatrix} a_{11} & a_{12} & \cdots & a_{1n} & a_{21} \\ a_{22} & \cdots & a_{2n} & \vdots & \vdots \\ \vdots & \vdots & & a_{m1} & a_{m2} \\ \cdots & a_{mn} & & & \end{bmatrix}$$

$$X = \begin{bmatrix} x_1 \\ x_2 \\ \vdots \\ x_n \end{bmatrix}$$

$$B = \begin{bmatrix} b_1 \\ b_1 \\ \vdots \\ b_n \end{bmatrix} \tag{8.43}$$

$\det A \neq 0$ 을 가정하면,

$$X = A^{-1}B = \frac{1}{\det A}\begin{bmatrix} C_{11} & C_{21} & \cdots & C_{n1} & C_{12} \\ C_{22} & \cdots & C_{n2} & \vdots & \vdots \\ \vdots & \vdots & & C_{1n} & C_{2n} \\ \cdots & C_{nn} & \begin{bmatrix} b_1 \\ b_2 \\ \vdots \\ b_n \end{bmatrix} & & \end{bmatrix}$$

$$= \frac{1}{\det A}\begin{bmatrix} b_1 C_{11} & b_2 C_{21} & \cdots & b_n C_{n1} & b_1 C_{12} \\ b_2 C_{22} & \cdots & b_n C_{n2} & \vdots & \vdots \\ \vdots & \vdots & & b_1 C_{1n} & b_2 C_{2n} \\ \cdots & b_n C_{nn} & & & \end{bmatrix} \tag{8.44}$$

위 식의 k번째 행의 원소들은

$$x_k = \frac{b_1 C_{1k} + b_2 C_{2k} + \cdots + b_n C_{nk}}{\det A} \tag{8.45}$$

이다. 여기서,

$$b_1 C_{1k} + b_2 C_{2k} + \cdots + b_n C_{nk} \tag{8.46}$$

는 $\det A_k$의 여인수 전개이므로, $k = 1, 2, \cdots, n$에 대하여 식(8.47)을 얻는다.

$$x_k = \frac{\det A_k}{\det A} \tag{8.47}$$

예제 11

크래머 정리를 사용하여 아래 시스템의 해를 구하시오.

$$\begin{cases} 2x_1 + 3x_2 + 3x_3 = 7 \\ x_1 + 3x_2 + 2x_3 = 5 \\ x_1 + 2x_2 + 6x_3 = 1 \end{cases}$$

$$\det A = \begin{vmatrix} 2 & 3 & 3 \\ 1 & 3 & 2 \\ 1 & 2 & 6 \end{vmatrix} = 13, \quad \det A_1 = \begin{vmatrix} 7 & 3 & 3 \\ 5 & 3 & 2 \\ 1 & 2 & 6 \end{vmatrix} = 35 \quad ,$$

$$\det A_2 = \begin{vmatrix} 2 & 7 & 3 \\ 1 & 5 & 2 \\ 1 & 1 & 6 \end{vmatrix} = 16, \quad \det A_3 = \begin{vmatrix} 2 & 3 & 7 \\ 1 & 3 & 5 \\ 1 & 2 & 1 \end{vmatrix} = -9$$

따라서,

$$x_1 = \frac{\det A_1}{\det A} = \frac{35}{13}$$

$$x_2 = \frac{\det A_1}{\det A} = \frac{16}{13}$$

$$x_3 = \frac{\det A_1}{\det A} = -\frac{9}{13}$$

Chapter 8. 연습문제

문제 1. 아래 회로에서 망전류 I_1, I_2를 구하시오.

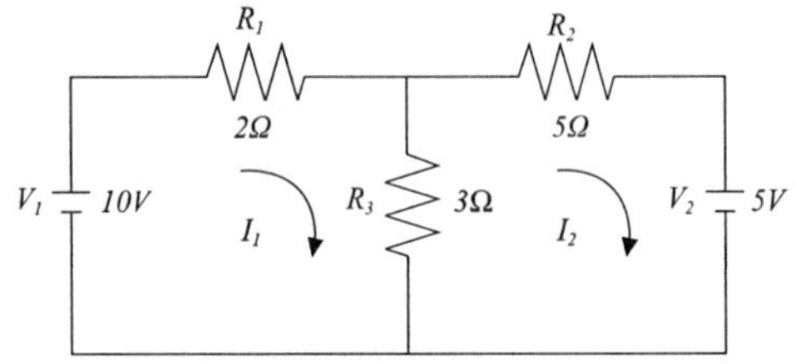

문제 2. 다음과 같은 회로에서 $5(\Omega)$의 저항에 흐르는 전류 I를 망전류법에 의하여 구하시오.

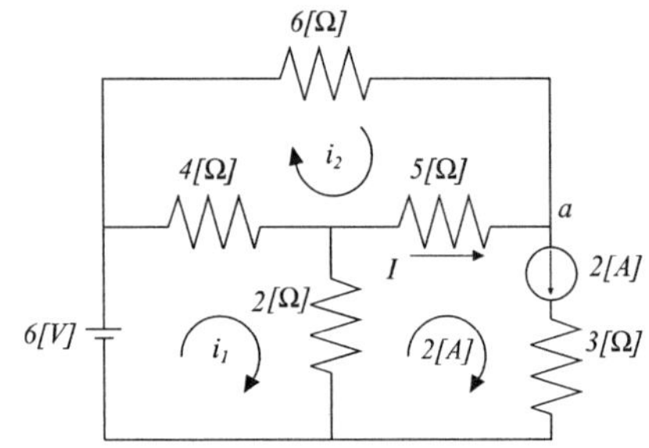

문제 3. 다음과 같은 회로에서 접속점 a의 절점 전위 V_a와 저항 $20(\Omega)$에 흐르는 전류를 각각 구하시오.

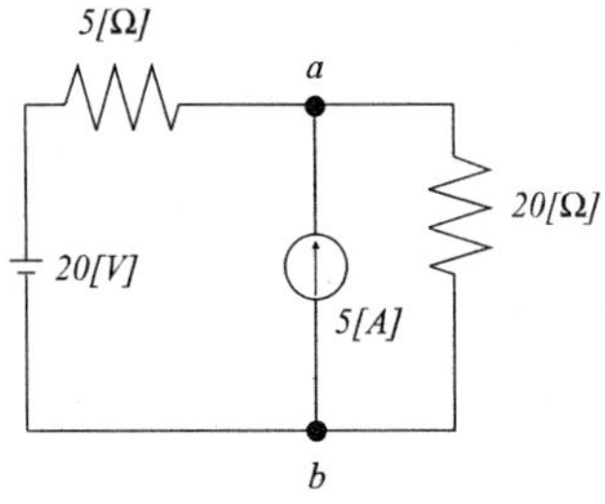

문제 4. 다음 회로에서 절점 해석법에 의해 전류 I를 구하시오.

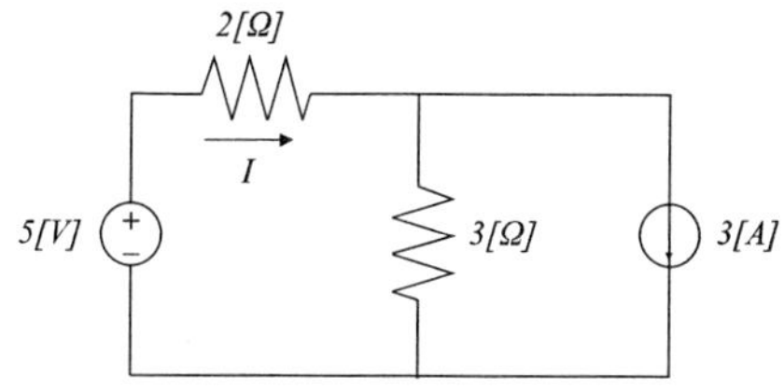

문제 5. 다음 회로에서 V_{ab}를 구하시오.

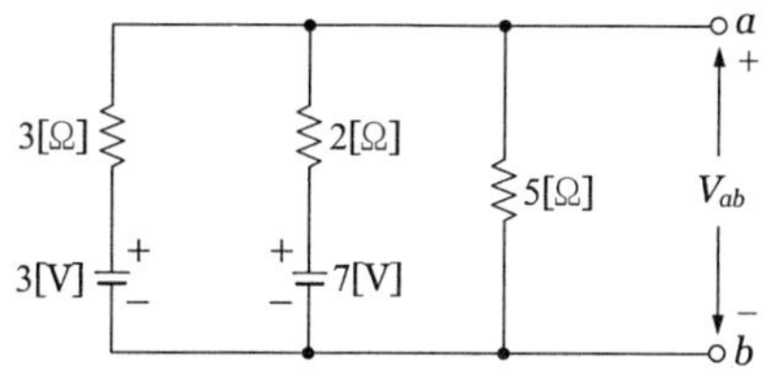

Chapter 9. 회로망 제정리

1. 중첩의 정리(Principle of superposition)
2. 가역 정리(Reciprocity theorem)
3. 테브난 정리 (Thevenin's theorem)
4. 노턴의 정리(Norton's theorem)
5. 밀만의 정리(Millman's theorem)

※ 연습문제

1. 중첩의 정리(Principle of superposition)

중첩의 정리는 다음과 같이 정리할 수 있다. "여러 개의 전압원이나 전류원이 포함된 선형회로에서 어떤 소자에 흐르는 전류(혹은 전압)는 이들 전압원이나 전류원이 개별적으로 동작하여 그 소자에 흐르는 전류(혹은 전압)를 합한 것과 같다" 중첩의 정리를 이용하여 회로를 해석하기 위해서는 전압원 또는 전류원을 개별적으로 해석해야 한다. 즉 해석에 사용하는 해당 전원 외의 전압전원은 단락하고, 전류전원은 개방해야 한다.

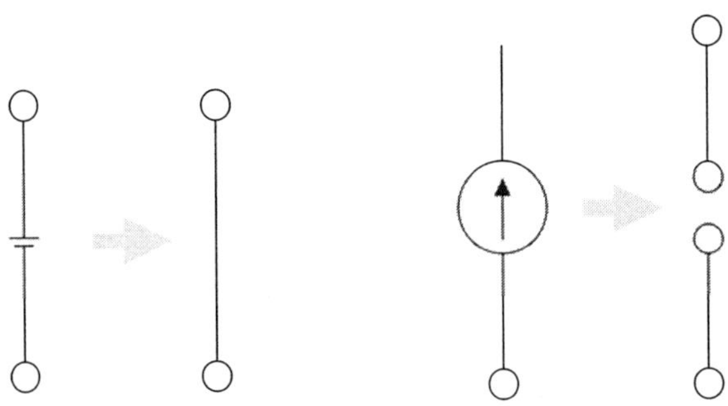

(a) 전압원　　　　(b) 전류원

그림 3.1 중첩의 정리를 적용할 때의 전압원 및 전류원

※ 중첩의 정리를 회로에 적용시키는 순서는 다음과 같다.

(1) 한번에 한 개의 전원만 살려두고, 나머지는 다 없앤다. 즉, 전압원이 있던 자리는 전압원을 제거하고, 그 두선 사이를 연결해 주고, 전류원의 경우는 전류원을 제거하고 도선 사이를 끊어진 상태로 개방시킨다.

(2) 이 상태에서 회로를 해석하여, 전압과 전류를 구한다.

(3) 모든 전원에 대하여 (1)번과 (2)번을 반복하여 실시한다.

(4) 이렇게 구한 각각의 전류 및 전압을 더 한다. 이 때 방향을 고려하여 같은 방향이면(+),

다른 방향이면(-)를 붙인다.

예제 1

그림 9.2(a) 회로에서 중첩의 정리를 이용하여 저항 6[Ω]에 흐르는 전류 I를 구하라. 저항 6[Ω]에서의 소비전력을 구하고, 전력의 경우에도 중첩의 정리가 성립되는지 여부를 확인하라.

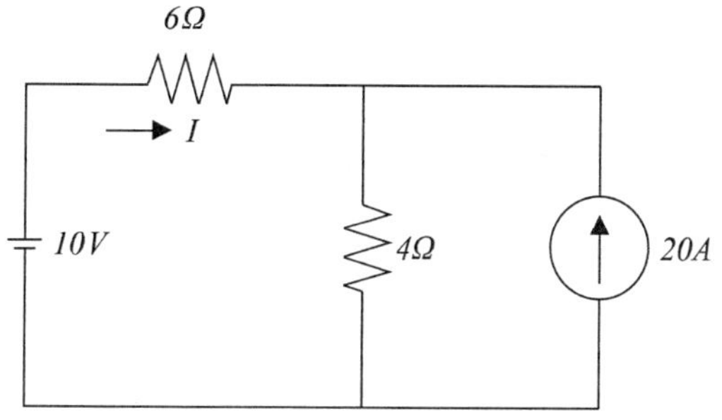

(a) 중첩의 정리 예제

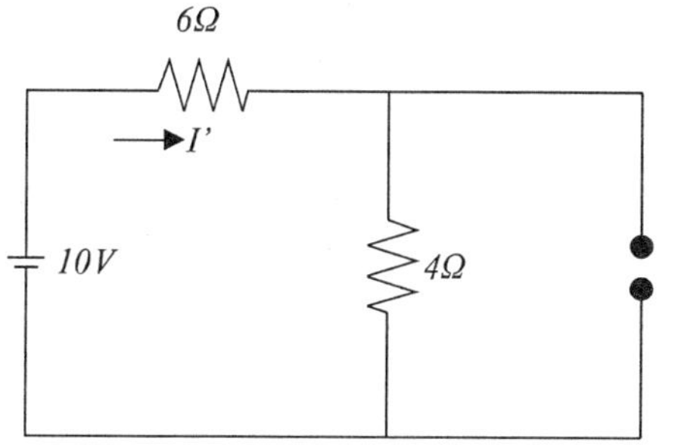

(b) 전류원을 개방한 회로

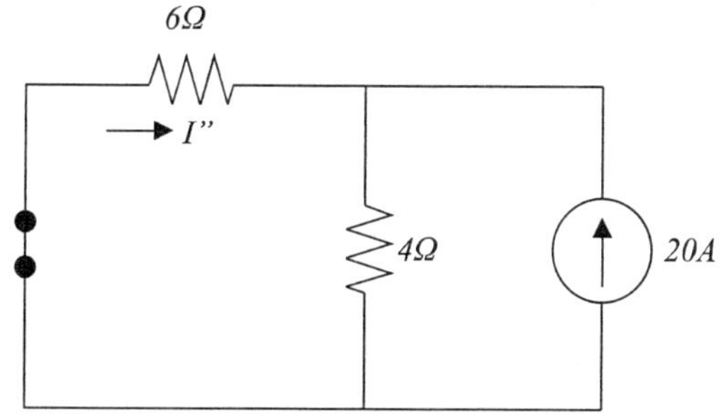

(c) 전압원을 단락한 회로

그림 9.2 (예제 1)의 회로

전류 I는 중첩의 정리에 의하여 그림 9.2(b)에서 전압원만에 의해 흐르는 저류 I'와 그림 9.2(c)에서 전류원만에 의해 흐르는 전류 I''와의 합이 된다.

(1) 전압원만에 의한 전류 I'

$$I' = \frac{10}{6+4} = 1[A]$$

(2) 전류원만에 의한 전류 I''

$$I'' = -\frac{4}{6+4} \times 20 = -8[A]$$

($\because$ I''와 전류원의 방향이 반대이므로 $-$ 를 붙인다.)

$$\therefore I = I' + I'' = 1 - 8 = -7[A]$$

(3) 저항 $6[\Omega]$ 에서의 소비전력

$$P_{6\Omega} = I^2 R = (I' + I'')^2 \cdot R = (-7)^2 \cdot 6 = 29.4[W]$$

$RI^2 = R(I' + I'')^2 \neq RI'^2 + RI''^2$ 이기 때문에 전력계산에는 중첩의 정리가 성립되지 않는다.

예제 2

중첩의 정리를 이용하여 그림 9.3의 R_2 저항을 통하여 흐르는 I_2의 전류를 구하여라.
단, $R_1 = 4[K\Omega]$, $R_2 = 8[K\Omega]$, $R_3 = 14[K\Omega]$, $R_4 = 35[K\Omega]$이다.

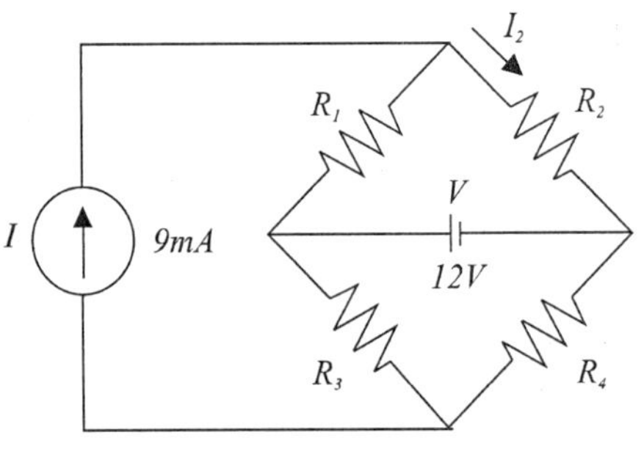

그림 9.3 (예제 2)의 회로

(1) 전류원만에 의한 I'_2

전압원을 단락하고 $9[mA]$ 전류원의 영향을 고려하던 KCL에 의하여

$$I'_2 = \frac{R_1 I}{R_1 + R_2} = \frac{4[k\Omega] \times 9[mA]}{4[k\Omega] + 8[k\Omega]} = 3[mA]$$

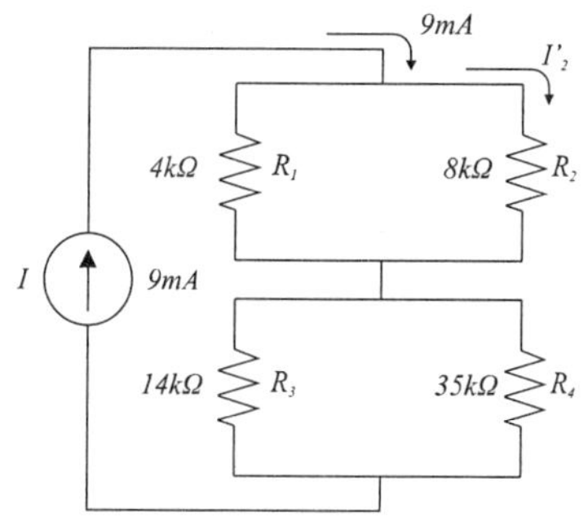

그림 9.4

(2) 전압원만에 의한 전류 I_2''

그림 9.5

$V = 12[V]$ 전압원만을 고려할 때는 전류원을 개방하면 되므로 그림 9.5와 같다.

$$I''_2 = \frac{V}{R_1 + R_2} = \frac{12[V]}{4[k\Omega] + 8[k\Omega]} = 1[mA]$$

I'_2와 I''_2는 R_2에 흐르는 전류의 방향과 같은 방향이므로 구하는 전류는 두 전류의 합이 된다.

$$I_2 = I'_2 + I''_2 = 3[mA] + 1[mA] = 4[mA]$$

2. 가역 정리(Reciprocity theorem)

임의의 선형 수동 회로망에 i 지로에 전압원 V_1을 인가시 j 지로에 흐르는 전류가 I_2라 하고, j 지로에 전압원 V_2을 인가시 i 지로에 흐르는 전류가 I_1이라 할 때, $V_1 I_1 = V_2 I_2$이 성립한다.

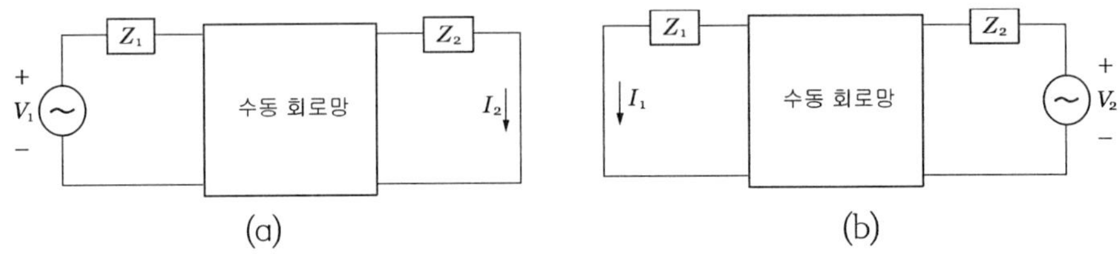

그림 9.6 가역정리

또한, 임의의 그림 9.7에서 임의의 선형 수동 회로망에 절점 a, a'사이에 전류원 I_1을 인가시 절점 b, b'에 전압이 V_2이라 하고, 절점 b, b' 사이에 전류원 I_2을 인가시 절점 a, a'에 전압이 V_1이라 하면, $V_1 I_1 = V_2 I_2$이 역시 성립한다.

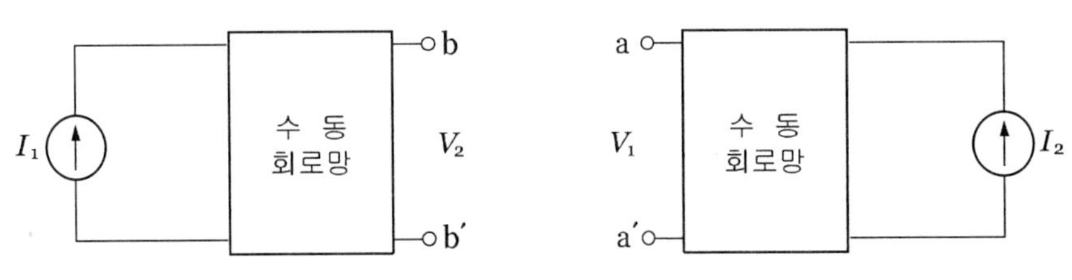

그림 9.7 가역정리

예제 3

다음 회로망에서 각각의 전원에 의한 전류를 구하고 가역정리를 확인하시오.

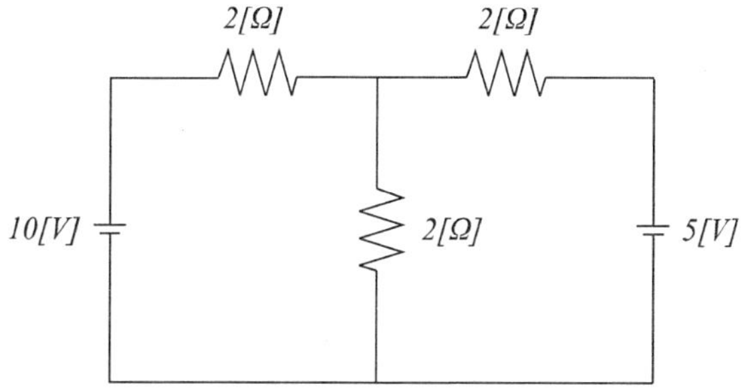

$$I_2 = \frac{10}{2+\frac{2\times 2}{2+2}} \times \frac{2}{2+2} = \frac{5}{3}$$

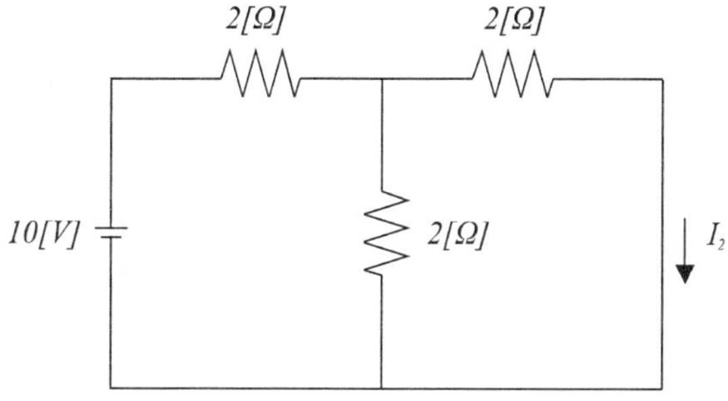

$$I_1 = \frac{5}{2+\frac{2\times 2}{2+2}} \times \frac{2}{2+2} = \frac{5}{6}, \quad V_1 I_1 = 10 \times \frac{5}{6} = \frac{25}{3}, \quad V_2 I_2 = 5 \times \frac{5}{3} = \frac{25}{3}$$

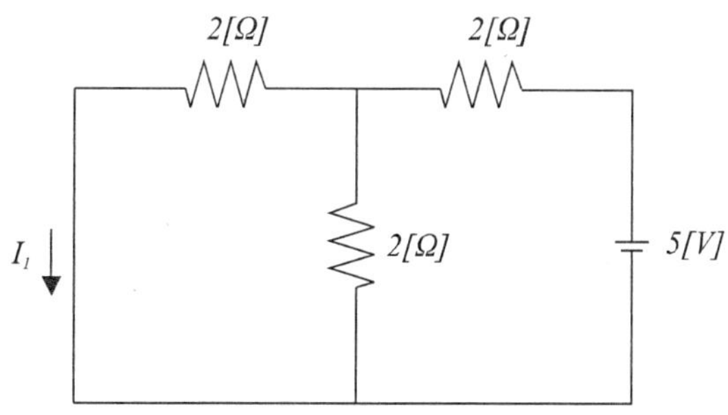

따라서, $V_1 I_1 = V_2 I_2$ 이 성립하므로 가역정리가 성립한다.

예제 4

다음 회로망에서 절점 a, a' 및 b, b'에 각각 $5[A]$를 흘려줄 때, 가역정리가 성립하는가를 확인하시오.

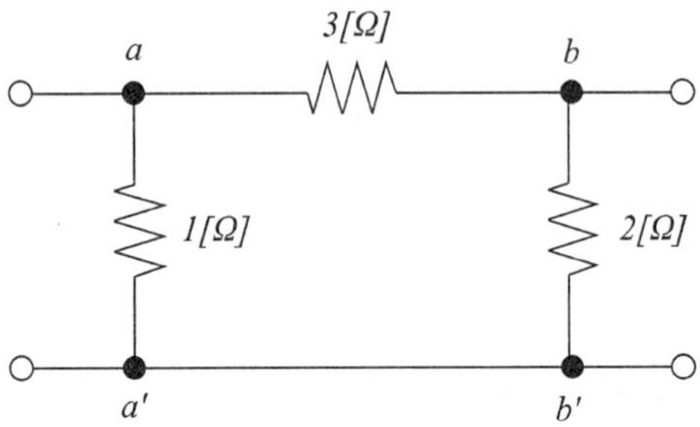

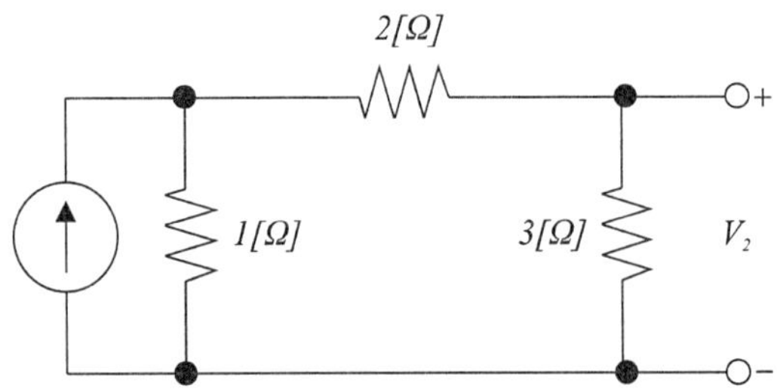

$$V_2 = 5 \times \frac{1}{1+5} \times 3 = 2.5$$

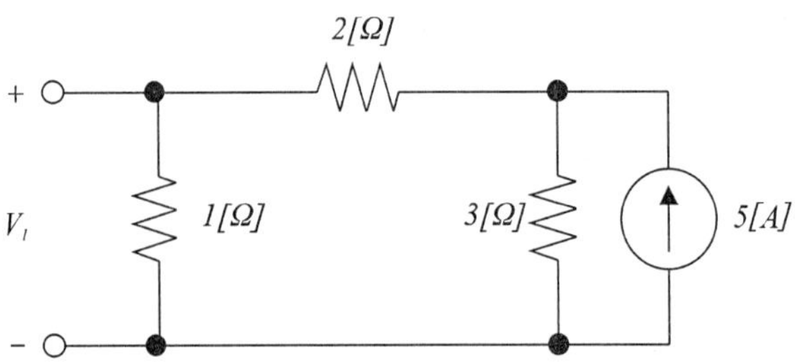

$$V_1 = 5 \times \frac{3}{3+3} \times 1 = 2.5$$

따라서, $V_1 I_1 = V_2 I_2 = 22.5$가 되므로 가역정리가 성립한다.

3. 테브난 정리(Thevenin's theorem)

선형 능동 회로망은 독립된(independent) 등가 개방전압과, 등가 저항의 직렬 연결로 대치할 수 있다.

선형 능동 회로망에서 독립된(independent) 등가 개방전압(open-circuit voltage)은 단자 a, b를 개방(open)하였을 때, 단자 a, b 사이의 전압으로 정의한다. 또한 등가 저항은 회로망 내부의 모든 독립전압원을 단락시키고, 독립전류원을 개방시킨후, 단자 a, b에서 능동 회로망 내부에 대해 구한 합성 저항을 말한다. 이를 테브난의 정리라고 한다.

회로로 표시하면, 그림 9.10과 같다.

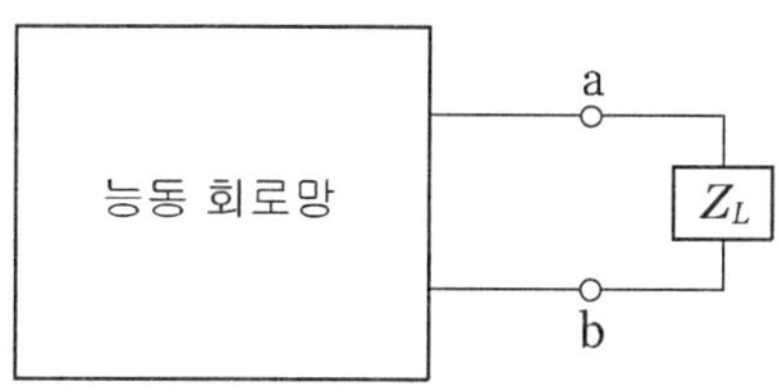

그림 9.9 선형 능동 회로망

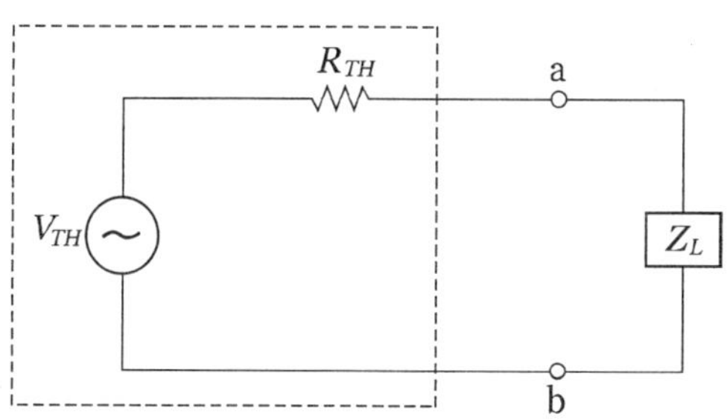

그림 9.10 테브난의 등가회로

여기서 V_{TH}와 R_{TH}를 구하기 위해서는 다음과 같다.

(1) 테브난의 등가전압 V_{oc}는 부하저항을 개방한 상태에서 부하 양단에 걸리는 전압이다.

(2) 테브난의 등가저항 R_{TH}는 회로에서 전압원을 단락 시키고 (전류원인 경우에는 개방), 부하 쪽에서 회로 쪽을 본 저항이다.

예제 5

아래 그림 9.8(a)의 회로를 그림 (b)와 같은 테브난의 등가회로로 구성하고자 한다. 이때 V_{TH}와 R_{TH} 값을 구하시오.

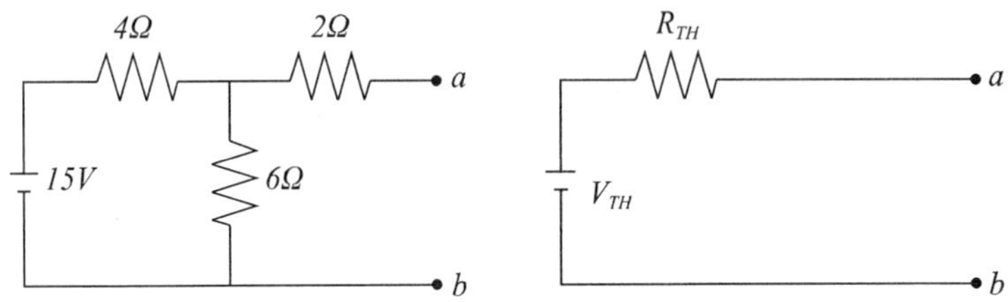

그림 9.8(예제 5)의 회로

테브난의 정리를 이용하여 그림 9.8(a)에서 개방 단자전압 V는 $V_{TH}=\frac{6}{4+6}\times 15=9(V)$

다음에 전압원을 단락시키고, 단자 a, b에서 본 저항 R은

$$R_{TH}=2+\frac{6\times 4}{6+4}=2+2.4=4.4(\Omega)$$

4. 노턴의 정리(Norton's theorem)

선형 능동 회로망은 독립된(independent) 등가 단락 전류(short-circuit current)와 등가 저항의 병렬연결로 대치할 수 있다. 독립된(independent) 등가 단락 전류(short-circuit current)는 단자 a, b를 단락(short)시켰을 때, 단자 a, b 사이에 흐르는 전류로 정의한다. 또한, 등가저항은 회로망내부의 모든 독립 전압원을 단락시키고, 독립 전류원을 개방시킨 후, 단자 a, b 에서 능동회로망 내부에 대해 구한 합성 저항을 말한다. 이를 노턴의 정리(Norton's theorem)라고 한다.

등가 회로로 표시하면, 그림 9.11과 같다

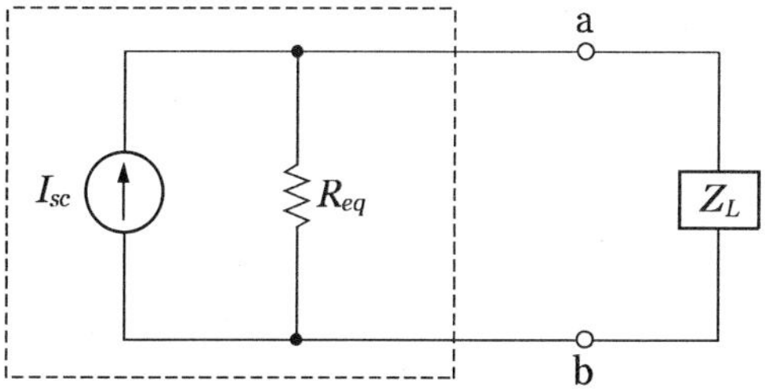

그림 9.11 노턴의 등가회로

전원 등가 변형에 의해, $V_{oc} = I_{sc} R_{eq}$ 가 성립한다.

그림 9.12의 회로로부터 테브난의 정리를 증명하여 보자.

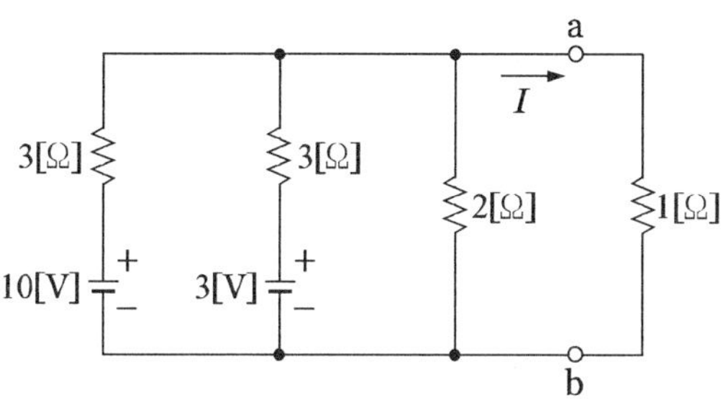

그림 9.12 노턴의 등가회로

부하 전류를 구하기 위하여 먼저, 절점 방정식

$$\frac{10 - v_a}{3} + \frac{3 - v_a}{3} = \frac{v_a}{2} + v_a \tag{9.1}$$

으로부터 $v_a = 2\,[\mathrm{V}]$ 를 구한다. 따라서, 부하전류 I 는 $2\,[\mathrm{A}]$ 이다.

다음으로 테브난의 정리를 이용하여 보자.

먼저 부하 $1\,[\Omega]$ 을 제거하고 v_{ab} 를 구하기 위하여 KVL을 적용한다.

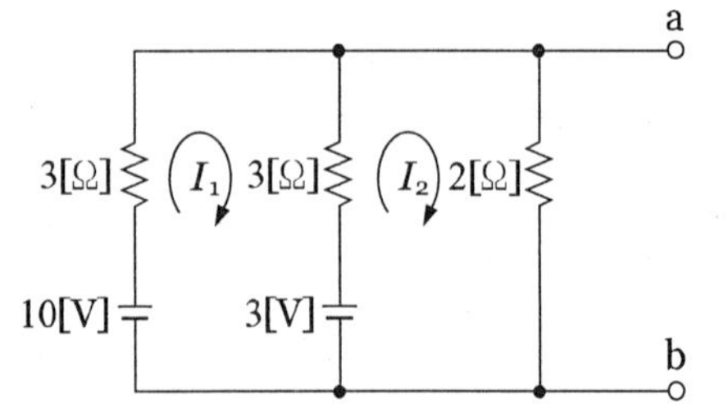

$$10 = 6I_1 - 3I_2 + 3$$

$$3 = 5I_2 - 3I_1$$

$$I_2 = \frac{\begin{vmatrix} 6 & 7 \\ -3 & 3 \end{vmatrix}}{\begin{vmatrix} 6 & -3 \\ -3 & 5 \end{vmatrix}} = \frac{13}{7} \tag{9.2}$$

따라서,

$$v_{0c} = v_{ab} = I_2 \times 2 = \frac{26}{7}\,[\mathrm{V}] \tag{9.3}$$

이다.

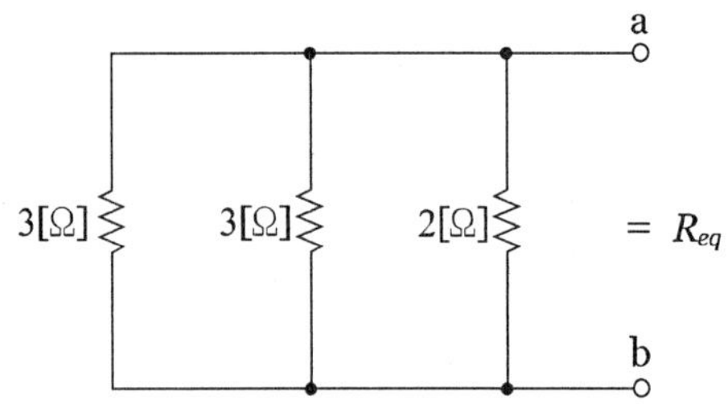

그림 9.13

등가 합성 저항 R_{eq}는

$$R_{eq} = \frac{(3//3) \times 2}{(3//3) + 2} = \frac{6}{7}\,[\Omega] \tag{9.4}$$

이다. 이로부터 등가회로를 그리면 그림 9.14와 같다.

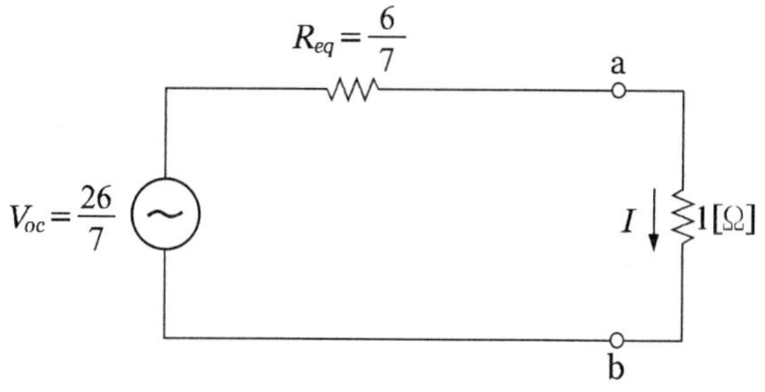

그림 9.14

따라서, 등가 회로로부터 부하 전류는

$$I = \frac{\frac{26}{7}}{\frac{6}{7} + 1} = 2\,[\mathrm{A}] \tag{9.5}$$

이다.

절점방정식 KCL을 적용한 결과와 테브난 정리를 적용한 결과가 일치함으로 테브난 정리가 성립함을 알 수 있다.

예제 6

다음 브리지 회로에 대하여 테브난 정리를 이용하여 전류를 구하시오.

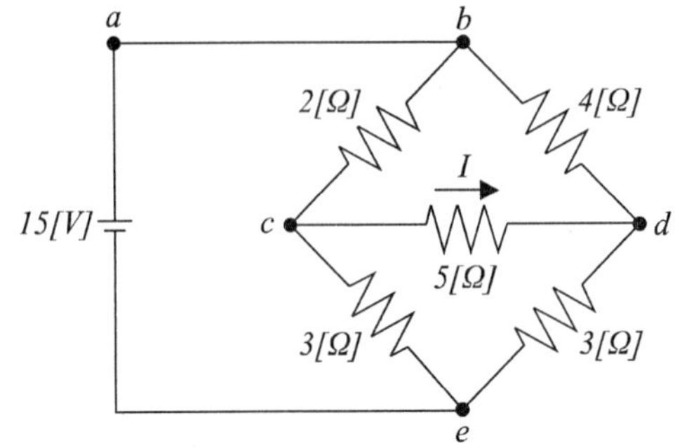

부하를 개방한 후, cd간 등가 저항은

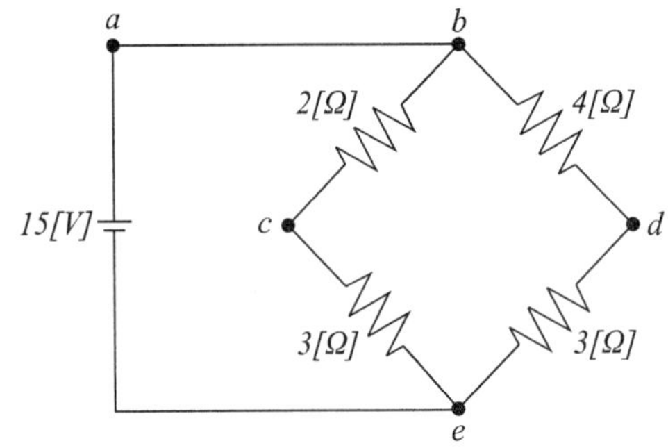

$$R_{cd} = \frac{2 \times 3}{2+3} + \frac{4 \times 3}{4+3} = \frac{102}{35}$$ 이고,

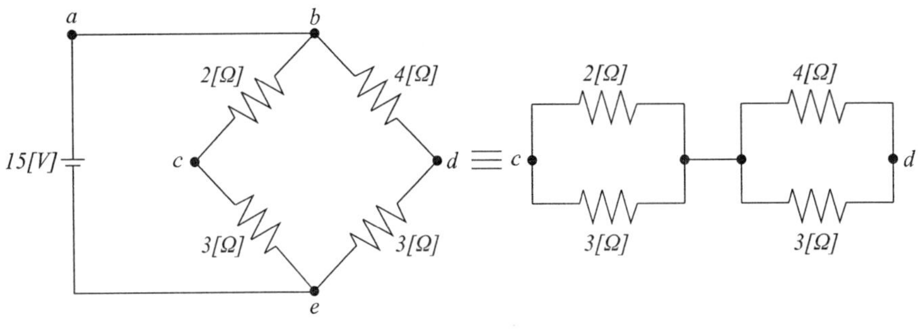

등가전압 V_{cd}는 $V_{cd} = V_c - V_d = 15\left(\frac{3}{2+3} - \frac{3}{4+3}\right) = \frac{18}{7}$ 이다.

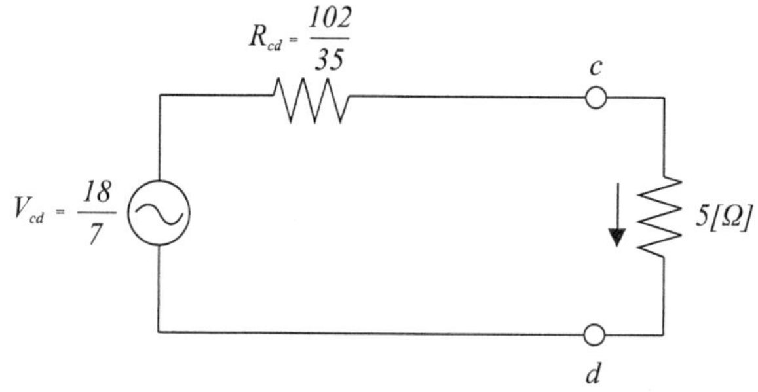

따라서, 단자 cd 간 흐르는 전류는 $I = \dfrac{\frac{18}{7}}{\frac{102}{35} + 5} = \dfrac{90}{277}$ 이다.

5. 밀만의 정리(Millman's theorem)

내부저항을 가지는 두 개 이상의 전압원이 병렬로 접속되어 있을 때, 단자전압은 각각의 전압원을 내부저항으로 나눈 값의 합을 총 어드미턴스로 다시 나눈 것과 같다.

$$I_1 = \frac{V_1}{Z_1},\ I_2 = \frac{V_2}{Z_2},\quad I_n = \frac{V_n}{Z_n} \tag{9.6}$$

그림 9.15(b)는 전원 변환 정리에 의해 구하며, (a)와 등가회로이다.

따라서, 단자전압 V_{ab}는

$$V_{ab} = \frac{\frac{V_1}{Z_1} + \frac{V_2}{Z_2} + \cdots + \frac{V_n}{Z_n}}{\frac{1}{Z_1} + \frac{1}{Z_2} + \cdots + \frac{1}{Z_n}} = \frac{I_1 + I_2 + \cdots + I_n}{Y_1 + Y_2 + \cdots + Y_n} \tag{9.7}$$

이다.

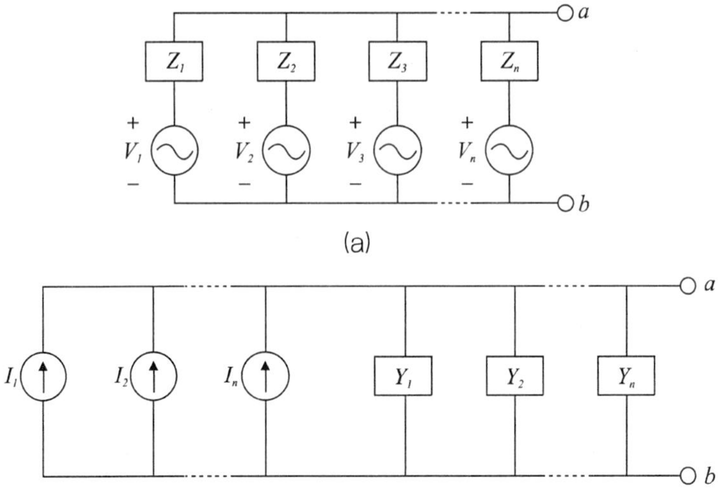

(a)

(b)

그림 9.15

예제 7

다음 회로에서 단자 전압 V_{ab}을 구하시오.

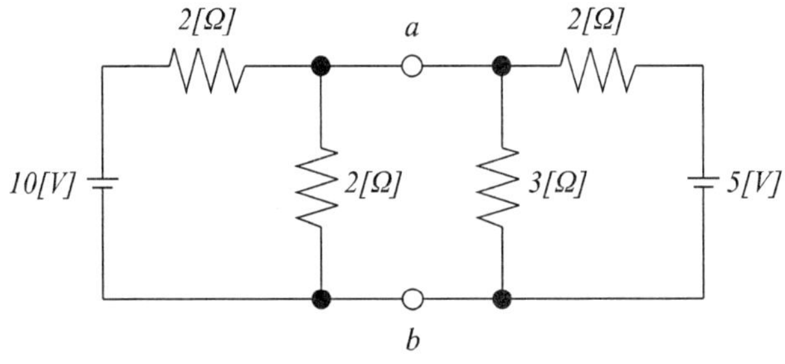

$$V_{ab} = \frac{\frac{10}{2} + 0 + 0 + \frac{5}{2}}{\frac{1}{2} + \frac{1}{2} + \frac{1}{3} + \frac{1}{2}} = \frac{45}{11}$$

Chapter 9. 연습문제

문제 1. 다음 회로에서 중첩의 정리를 적용하여 I 를 구하시오.

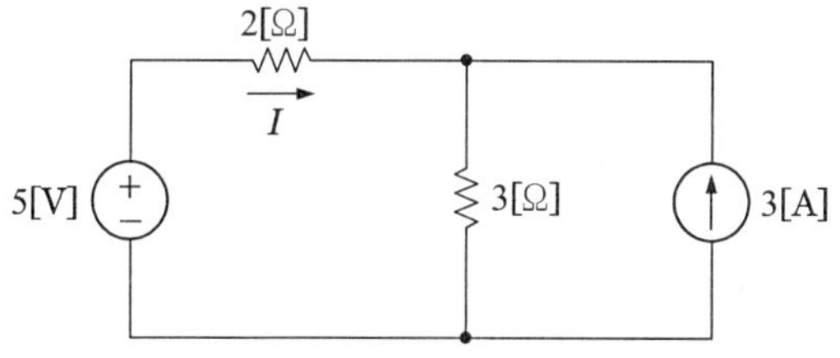

문제 2. 다음 회로에서 밀만의 정리를 적용하여 V_{ab} 를 구하시오.

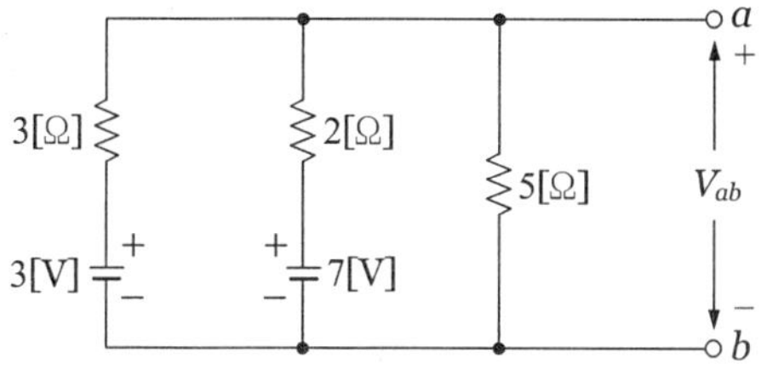

문제 3. 다음 회로에서 테브난 정리를 사용하여 V_{ab} 를 구하시오.

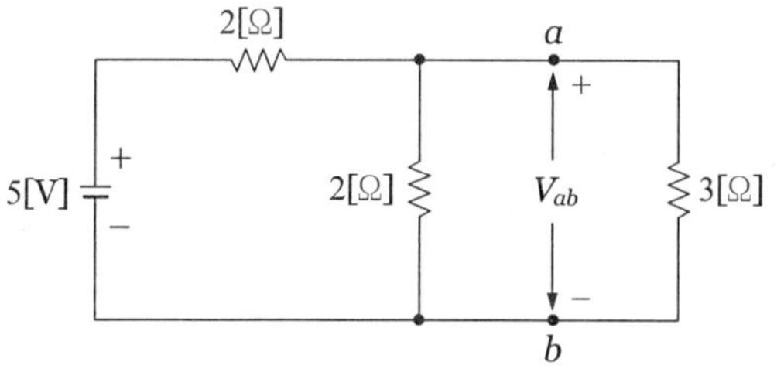

문제 4. 다음 회로에서 $1[\Omega]$ 에 흐르는 전류를 구하시오.

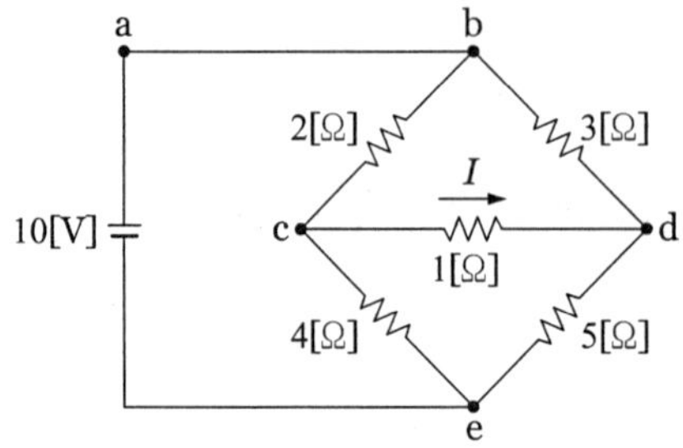

문제 5. 다음 회로에서 $v_1,\ v_2$ 를 구하시오.

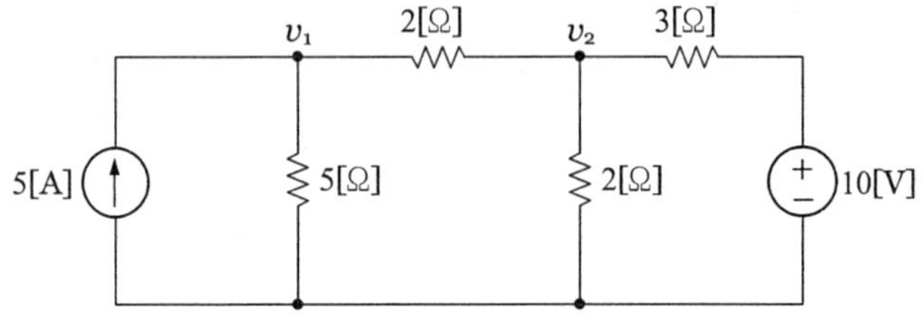

문제 6. 다음 회로에서 i_x 를 구하시오.

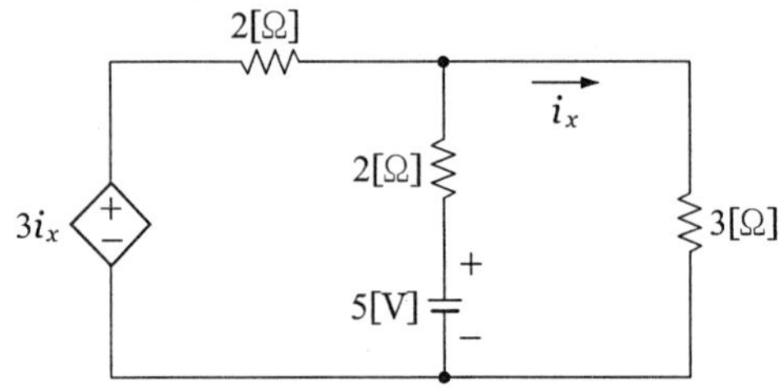

문제 7. 테브난 정리를 이용하여 I 를 구하시오.

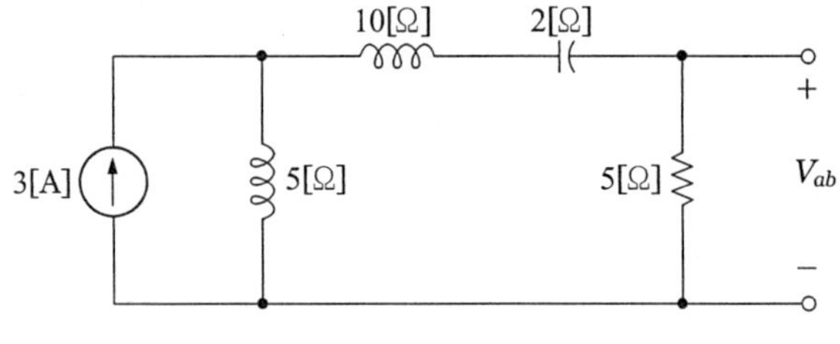

Chapter 10. 비정현파

1. 비정현주기파

비정현파가 주기파인 경우에는 Fourier급수로 전개하여 정현파로 분해할 수 있다. 즉, 주파수가 다른 여러 정현파의 합으로 취급할 수 있다. 아래 그림 10.1과 같이 두 정현파 $f_1(t)=a_1\sin\omega t$, $f_3(t)=a_3\sin\omega t$의 합을 합성파 $f(t)$로 나타내었다.

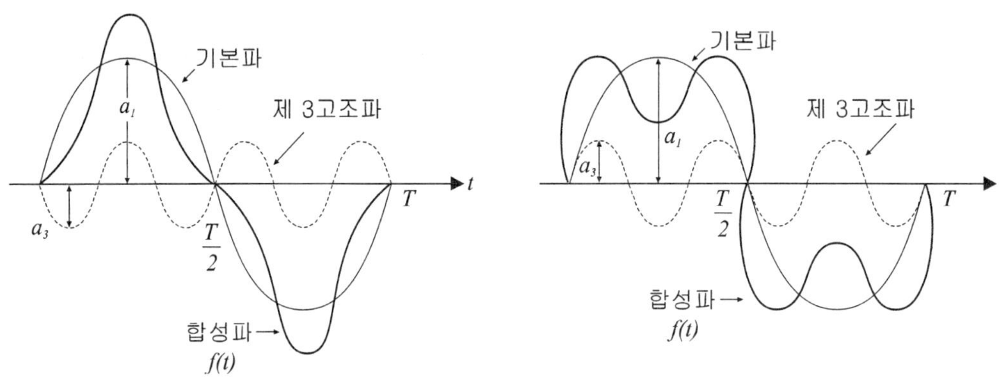

$f(t)=a_1\sin\omega t+a_3\sin 3\omega t$

그림 10.1 주파수가 다른 정현파의 합성

그림에 의하면 정현파 $f_1(t)$와 $f_3(t)$의 합성함수인 $f(t)$는 주기가 $f_1(t)$의 주기와 같은 비정현주기파임을 알 수 있다. 이때의 $f_1(t)$를 기본파(fundamental wave), $f_3(t)$는 기본파 주파수의 3배수로 제3 고조파(third harmonics)라 한다.

이와 같이 여러 가지 진폭, 위상관계를 가지는 많은 고조파를 합함으로서 여러 가지 비정현주기파(비정현파)를 얻을 수 있다. 반대로, 임의의 비정현파 $f(t)$는 이 $f(t)$와 같은 주기의 기본파와 그 정수배의 주파수를 가지는 고조파들로 분해할 수 있다. 비선형전자소자인 다이오드, 트랜지스터 또는 철심변압기 등에 정현파를 인가하면 비정현파가 생기고, 함수발생기를 통하여 여러 가지 비정현파를 얻을 수 있다.

2. 푸리에급수

$f(x)$가 모든 x에 대하여, $f(x+T)=f(x)$를 만족할 때, $f(x)$를 T를 주기로 하는 주기함수라고 한다. 또한, $f(x)$를 직류성분, 기본파(fundamental wave) 및 고조파(harmonic wave)로 구성되는 삼각급수(trigonometric series)로 전개할 수 있는 함수로 표시할 수 있다. 즉,

$$f(x)=a_0+\sum_{n=1}^{\infty}(a_n\cos nx+b_n\cos nx) \tag{10.1}$$

이제, 식 (10.1)의 계수 a_0, a_n, b_n을 차례대로 구해 보자.

① 직류성분 a_0를 구하기 위하여, 한 주기(period)에 대하여 적분하면

$$\int_{-\pi}^{\pi}f(x)dx=\int_{-\pi}^{\pi}\left[a_0+\sum_{n=1}^{\infty}(a_n\cos nx+b_n\cos nx)\right]dx$$

$$=a_0\int_{-\pi}^{\pi}dx+\sum_{n=1}^{\infty}\left(a_n\int_{-\pi}^{\pi}\cos nx\,dx+b_n\int_{-\pi}^{\pi}\sin nx\,dx\right) \tag{10.2}$$

식 (10.2)의 우변의 첫항은 $2\pi a_0$이고, 나머지 항들의 적분은 0이므로,

$$a_0=\frac{1}{2\pi}\int_{-\pi}^{\pi}f(x)dx \tag{10.3}$$

를 얻게 된다.

② a_n을 구하기 위하여 양변에 $\cos mx$를 곱하고, 한 주기에 대해 적분하면

$$\int_{-\pi}^{\pi}f(x)\cos mx\,dx=\int_{-\pi}^{\pi}\left[a_0+\sum_{n=1}^{\infty}(a_n\cos nx+b_n\sin nx)\right]\cos mx\,dx \tag{10.4}$$

식 (10.4)를 항별로 적분하면, 우변은

$$a_0\int_{-\pi}^{\pi}\cos m x dx + \sum_{n=1}^{\infty}\left[a_n\int_{-\pi}^{\pi}\cos n x \cos m x dx + b_n\int_{-\pi}^{\pi}\sin n x \cos m x dx\right] \tag{10.5}$$

로 부터

$$a_0\int_{-\pi}^{\pi}\cos m x dx = 0 \tag{10.6}$$

이며,

$$\int_{-\pi}^{\pi}\cos n x cos m x dx = \frac{1}{2}\int_{-\pi}^{\pi}\cos(n+m)x dx + \frac{1}{2}\int_{-\pi}^{\pi}\cos(n-m)x dx$$

$$=\begin{cases}0, & n\neq m\\ \pi, & n=m\end{cases} \tag{10.7}$$

$$\int_{-\pi}^{\pi}\sin n x cos m x dx = \frac{1}{2}\int_{-\pi}^{\pi}\sin(n+m)x dx + \frac{1}{2}\int_{-\pi}^{\pi}\sin(n-m)x dx$$

$$= 0 \tag{10.8}$$

이므로

$$a_n = \frac{1}{\pi}\int_{-\pi}^{\pi}f(x)\cos n x dx \qquad n=1,\ 2,\ \cdots \tag{10.9}$$

을 얻게 된다.

③ b_n 을 구하기 위하여, 양변에 $\sin m x$ 를 곱하고 한주기 적분하면

$$\int_{-\pi}^{\pi} f(x)\sin mx dx = \int_{-\pi}^{\pi} \left[a_0 + \sum_{n=1}^{\infty} (a_n \cos nx + b_n \sin nx) \right] \sin mx dx \tag{10.10}$$

식 (10.10)을 항별로 적분하면, 우변은

$$a_0 \int_{-\pi}^{\pi} \sin mx dx + \sum_{n=1}^{\infty} \left[a_n \int_{-\pi}^{\pi} \cos nx \sin mx dx + b_n \int_{-\pi}^{\pi} \sin nx \sin mx dx \right] \tag{10.11}$$

로부터

$$a_0 \int_{-\pi}^{\pi} \sin mx dx = 0 \tag{10.12}$$

$$\int_{-\pi}^{\pi} \cos nx \sin mx dx = \frac{1}{2} \int_{-\pi}^{\pi} \sin(m+n)x dx + \frac{1}{2} \int_{-\pi}^{\pi} \sin(m-n)x dx$$

$$= 0 \tag{10.13}$$

$$\int_{-\pi}^{\pi} \sin nx \sin mx dx = \frac{1}{2} \int_{-\pi}^{\pi} \cos(n-m)x dx - \frac{1}{2} \int_{-\pi}^{\pi} \cos(n+m)x dx$$

$$= \begin{cases} 0, & n \neq m \\ \pi. & n = m \end{cases} \tag{10.14}$$

이다.

따라서

$$b_n = \frac{1}{\pi} \int_{-\pi}^{\pi} f(x) \sin nx dx \qquad n = 1, 2, \cdots \tag{10.15}$$

을 얻게 된다.

예제 1

주기가 2π인 다음 펄스 열(train)의 퓨리어 급수식 및 진폭스펙트럼을 구하시오.

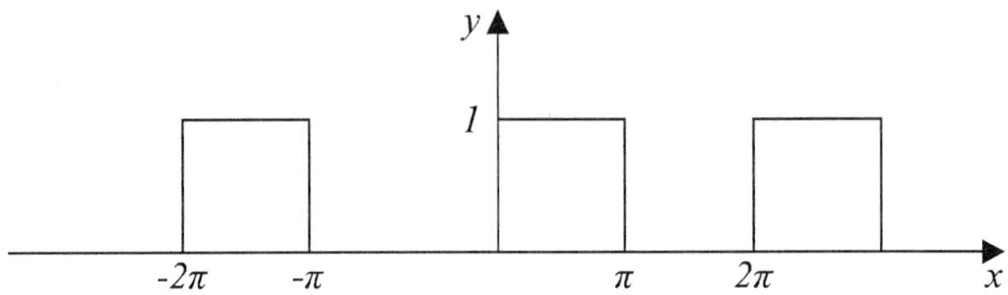

$$a_0 = \frac{1}{2\pi}\int_{-\pi}^{\pi} f(x)dx = \frac{1}{2\pi}\int_{0}^{\pi} 1dx = \frac{1}{2}$$

$$a_n = \frac{1}{\pi}\int_{-\pi}^{\pi} f(x)\cos nx dx = \frac{1}{\pi}\int_{0}^{\pi} \cos nx dx = 0$$

$$b_n = \frac{1}{\pi}\int_{-\pi}^{\pi} f(x)\sin nx dx = \frac{1}{\pi}\int_{0}^{\pi} \sin nx dx = \frac{1-\cos n\pi}{n\pi}$$

$$\therefore\ f(x) = \frac{1}{2} + \sum_{n=1}^{\infty}\left(\frac{1-\cos n\pi}{n\pi} cos nx\right)$$

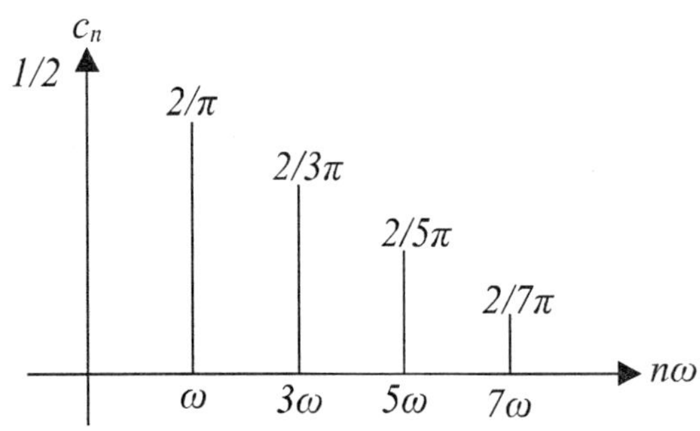

진폭 스펙트럼

3. 복소 푸리에급수와 주파수 스펙트럼

f가 주기가 T인 주기함수일 때, 그 삼각함수 표현식은

$$f(t) = a_0 + \sum_{n=1}^{\infty}(a_n \cos n\omega_0 t + b_n \cos n\omega_0 t) \tag{10.16}$$

이다. 단,

$$\omega_0 = \frac{2\pi}{T} \tag{10.17}$$

식 (10.13)에

$$\cos(n\omega_0 t) = \frac{e^{jn\omega_0 t} + e^{-jn\omega_0 t}}{2}$$

$$\sin(n\omega_0 t) = \frac{e^{jn\omega_0 t} - e^{-jn\omega_0 t}}{2j} \tag{10.18}$$

를 대입하면 $f(t)$는

$$f(t) = a_0 + \sum_{n=1}^{\infty}(a_n \cos n\omega_0 t + b_n \cos n\omega_0 t)$$

$$= a_0 + \sum_{n=1}^{\infty}\left[a_n\left(\frac{e^{jn\omega_0 t} + e^{-jn\omega_0 t}}{2}\right) + b_n\left(\frac{e^{jn\omega_0 t} - e^{-jn\omega_0 t}}{2j}\right)\right]$$

$$= a_0 + \sum_{n=1}^{\infty} \left[\frac{1}{2}(a_n - jb_n) e^{jn\omega_0 t} + \frac{1}{2}(a_n + jb_n) e^{-jn\omega_0 t} \right] \tag{10.19}$$

가 된다. 이때, $c_0 = a_0$로 두자.

또한, $n = 1, 2, 3, \ldots$ 에 대하여,

$$c_n = \frac{1}{2}(a_n - jb_n) \tag{10.20}$$

로 두면,

$$\overline{c_n} = \frac{1}{2}(a_n + jb_n) \tag{10.21}$$

가 된다. 따라서, $f(t)$의 Fourier 급수는 다음과 같이 쓰여질 수 있다.

$$f(t) = c_0 + \sum_{n=1}^{\infty} \left[c_n e^{jn\omega_0 t} + \overline{c_n}\, e^{-jn\omega_0 t} \right] \tag{10.22}$$

식 (10.22)의 계수(coefficient)들을 구하면,

$$c_0 = a_0 = \frac{1}{T} \int_{-T/2}^{T/2} f(t)dt \tag{10.23}$$

$$c_n = \frac{1}{2}(a_n - jb_n)$$

$$= \frac{1}{2}\frac{2}{T}\int_{-T/2}^{T/2} f(t)\cos(n\omega_0 t)dt$$

$$- \frac{j}{2}\frac{2}{T}\int_{-T/2}^{T/2} f(t)\sin(n\omega_0 t)dt$$

$$= \frac{1}{T}\int_{-T/2}^{T/2} f(t)e^{-jn\omega_0 t}dt \tag{10.24}$$

이다. c_n의 공액 복소수를 취하면,

$$\overline{c_n} = \frac{1}{T}\int_{-T/2}^{T/2} f(t)e^{jn\omega_0 t}dt = c_{-n} \tag{10.25}$$

이 결과들을 식 (10.22)에 대입하면

$$c_0 + \sum_{n=1}^{\infty}\left[c_n e^{jn\omega_0 t} + \overline{c_n}e^{-jn\omega_0 t}\right]$$

$$= c_0 + \sum_{n=1}^{\infty}\left[c_n e^{jn\omega_0 t} + c_{-n}e^{-jn\omega_0 t}\right] = \sum_{n=-\infty}^{\infty} c_n e^{jn\omega_0 t} \tag{10.26}$$

가 된다.

결과식들을 정리하면

$$f(t) = \sum_{n=-\infty}^{\infty} c_n e^{jn\omega_0 t} \tag{10.27}$$

$$c_n = \frac{1}{T}\int_{-T/2}^{T/2} f(t)e^{-jn\omega_0 t}dt \qquad n = 0, \pm 1, \pm 2, \pm 3, \ldots \tag{10.28}$$

로 요약할 수 있다. 계수는 일반적으로 복소수이다. 따라서,

$$c_n = |c_n| e^{j\theta_n} \tag{10.29}$$

이고, $f(t)$가 실함수이면, 식(10.29)로부터 $c_{-n} = c_n^*$ 이 된다. 따라서,

$$c_{-n} = |c_n| e^{-j\theta_n} \tag{10.30}$$

이 되고, $f(t)$는

$$\begin{aligned}\sum_{n=-\infty}^{\infty} c_n e^{jn\omega_0 t} &= c_0 + \sum_{n=1}^{\infty}\left[c_n e^{jn\omega_0 t} + c_{-n} e^{-jn\omega_0 t}\right] \\ &= c_0 + \sum_{n=1}^{\infty} |c_n| \left[e^{j\theta_n} e^{jn\omega_0 t} + e^{-j\theta_n} e^{-jn\omega_0 t}\right] \\ &= c_0 + 2\sum_{n=1}^{\infty} |c_n| \cos(n\omega_0 t + \theta_n)\end{aligned} \tag{10.31}$$

가 됨을 알 수 있다.

4. Fourier 변환(Fourier transform)

복소 퓨리어 급수형태는 식 (10.32)와 같다.

$$f(t) = \sum_{n=-\infty}^{\infty} c_n e^{jn\omega_0 t} \tag{10.32}$$

$$c_n = \frac{1}{T}\int_{-T/2}^{T/2} f(t) e^{-jn\omega_0 t} dt \quad n = 0, \pm 1, \pm 2, \pm 3, \ldots \tag{10.33}$$

식 (10.32)로부터, $T \to \infty$ 일 때, $\frac{1}{T} = \frac{\omega_0}{2\pi} \to \frac{d\omega}{2\pi}$, $n\omega_0 \to \omega$ 로 나타낼수 있다.

또한, $c_n T \to \int_{-\infty}^{\infty} f(t) e^{-j\omega t} dt$ 이 된다. 이는 ω 의 함수이므로, $F(\omega)$ 로 표시한다.

$$F(\omega) = \int_{-\infty}^{\infty} f(t) e^{-j\omega t} dt \tag{10.34}$$

식 (10.32)를 (10.34)에 대입하면,

$$f(t) = \frac{1}{2\pi} \int_{-\infty}^{\infty} F(\omega) e^{j\omega t} d\omega \tag{10.35}$$

가 된다.

f 가 유한(finite) 구간 $[-a, a]$ 에서 유한개의 점을 제외하고 연속인 함수이고, $\int_{-\infty}^{\infty} |f(t)| dt < \infty$ 가 존재한다고 가정할 때, $f(t)$ 의 퓨리어 변환을

$$\mathcal{F}[f(t)] = \int_{-\infty}^{\infty} f(t) e^{-i\omega t} dt \tag{10.36}$$

와 같이 정의한다. 여기서, $\mathcal{F}[f(t)]$ 가 ω 의 함수이므로,

$$\mathcal{F}[f(t)] = F(\omega) \tag{10.37}$$

로 나타낸다.

$f(t)$ 를 $\mathcal{F}[f(t)]$ 의 Fourier 역변환(Inverse Fourier transfo rm)이라 하고, $\mathcal{F}$ −1$[f(t)]$ = $f(t)$ 로 정의한다.

예제 2

다음 구형파의 주파수 스펙트럼을 구하시오.

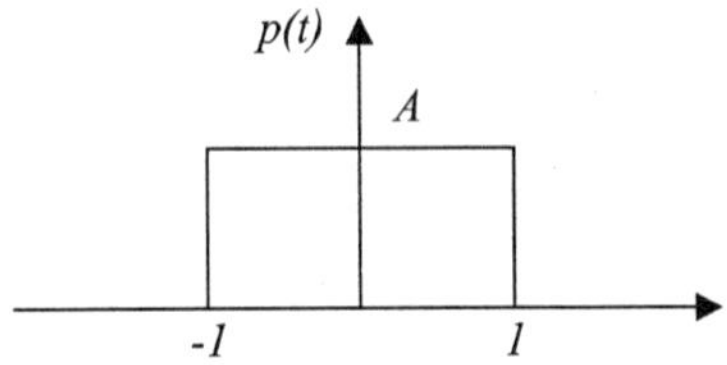

$$\mathcal{F}\{f(t)\}=\int_{-\infty}^{\infty} f(t)e^{-i\omega t}dt = \int_{-1}^{1} Ae^{-j\omega t}dt$$

$$= A\frac{e^{-j\omega t}\Big|_{-1}^{1}}{-j\omega} = 2A\frac{\sin\omega}{\omega}$$

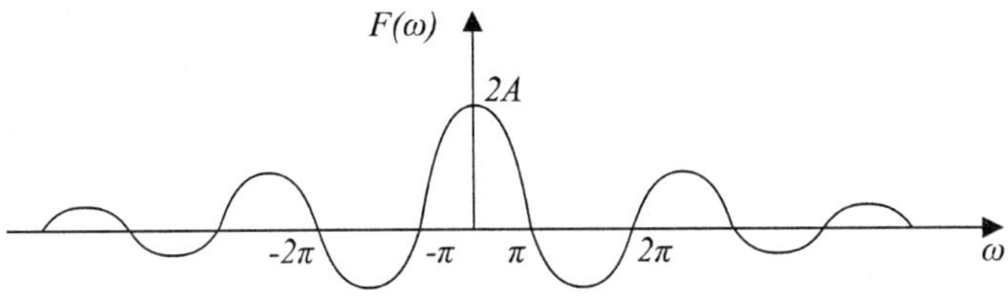

5. 비정편파의 대칭성

비정현파를 푸리에급수로 전개할 때 a_0, a_n, b_n의 푸리에계수를 구해야 한다. 이 때 파형이 대칭성을 가질 때에는 어떤 계수는 0이 되어 구할 필요가 없게 되는 경우가 있다. 파형대칭의 예와 특성을 살펴보면 다음과 같다.

1) 우함수(여현대칭, even symmetry)

우함수의 정의는 다음과 같다.

$$f(t) = f(-t) \tag{10.38}$$

cosine 파형이 대표적 우함수이며, 수직축에 대칭이다. 우함수의 파형은 sine파 성분을 포함하지 않으므로, bn을 구할 필요가 없다. 그림 10.2의 파형들은 우함수를 나타낸다.

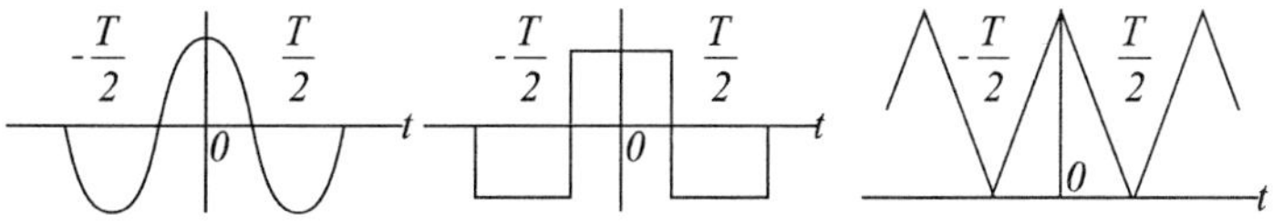

그림 10.2 우함수

· 우함수 푸리에계수 : $a_0 \neq 0$, $a_n \neq 0$, $b_n = 0$ (n=1,2,3⋯)

2) 기함수(정현대칭, odd symmetry)

기함수의 정의는 다음과 같다.

$$f(t) = -f(-t) \tag{10.39}$$

sine 파형이 대표적 기함수이며, 원점에 대하여 대칭이다. 기함수의 파형은 cosine파 성분을 포함하지 않으므로, a_n을 구할 필요가 없다. 그림 10.3의 파형들은 기함수를 나타낸다.

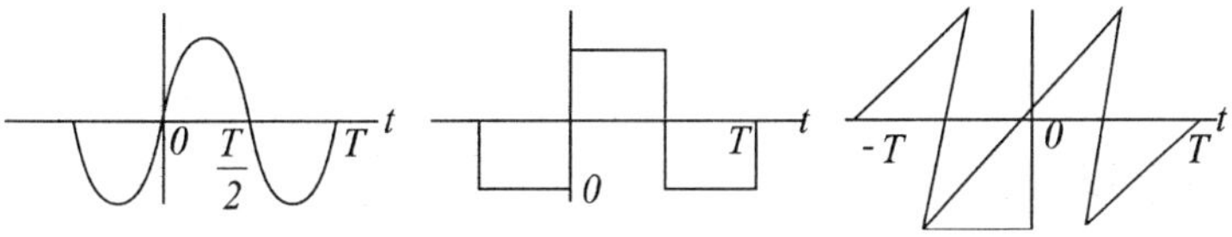

그림 10.3 기함수

· 기함수 푸리에계수 : $a_0 = 0$, $a_n = 0$, $b_n \neq 0$ (n=1,2,3, ⋯)

6. 반파대칭함수(Half-wave symmetry)

반파대칭함수의 정의 다음과 같다.

$$f(t) = -f(t \pm \frac{\pi}{2})$$

반파대칭함수는 반 주기후의 파형에 음의 부호를 붙임 것이다. 따라서 sine파형은 기함수이면서 반파대칭함수이다. 반파대칭함수는 짝수 고조파성분을 갖지 않는다. 그림 10.4의 파형들은 반파대칭함수를 나타낸다.

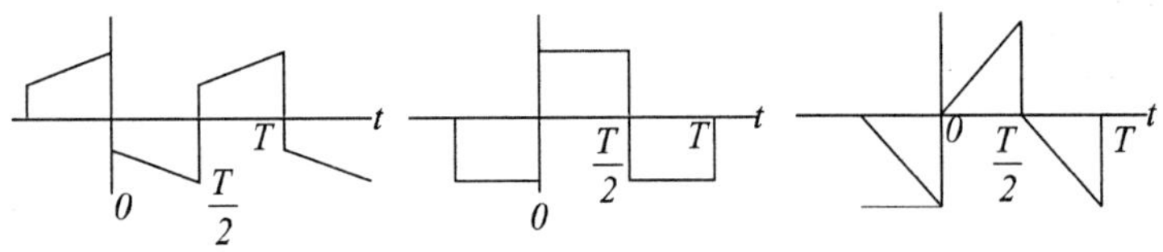

그림 10.4 반파대칭함수

· 반파대칭 함수 푸리에계수 : $a_0 = 0$, $a_n = 0$, $b_n \neq 0$ (n=1, 3, 5, 7, ⋯)

7. 푸리에급수의 예

대표적인 비정현파의 푸리에급수 전개식, 진폭스펙트럼, 대칭성 및 푸리에계수 등을 살펴보면 다음과 같다.

1) 구형파

$$f(t) = \frac{44}{\pi}(\sin\omega t + \frac{1}{3}\sin 3\omega t + \frac{1}{5}\sin 5\omega t + \cdots)$$

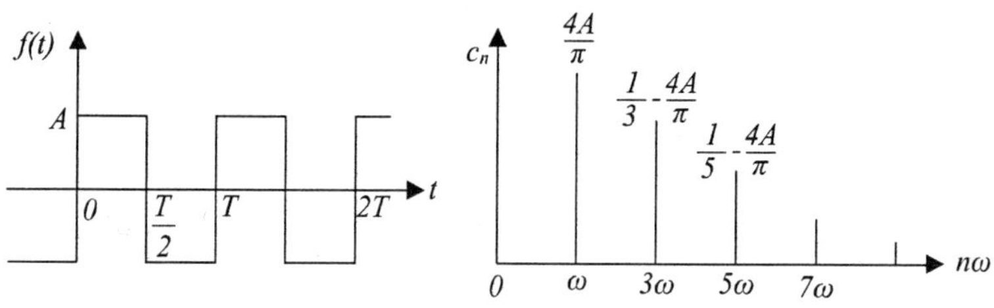

그림 10.5 구형파

· 기함수 및 반파대칭 함수

· 푸리에계수 : $a_0 = 0$, $a_n = 0$, $b_n \neq 0$ (n= 1, 3, 5, 7, ⋯)

2) 톱니파

$$f(t) = \frac{24}{\pi}(\sin\omega t - \frac{1}{2}sin2\omega t + \frac{1}{3}sin3\omega t - \cdots)$$

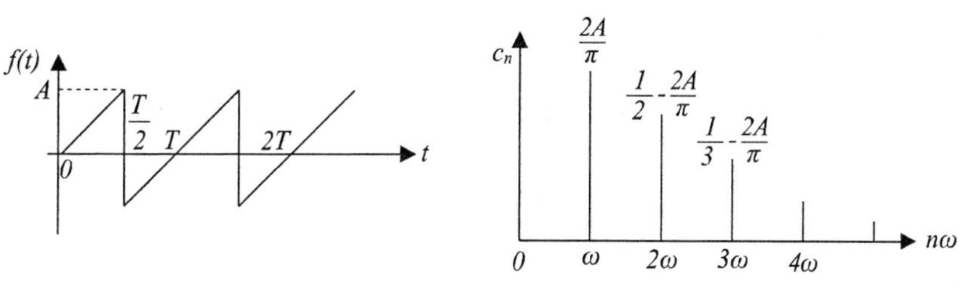

그림 10.6 톱니파

· 기함수

· 푸리에계수 : $a_0 = 0$, $a_n = 0$, $b_n \neq 0$ (n= 1, 2, 3, ⋯)

3) 삼각형파

$$f(t) = \frac{8A}{\pi^2}(\sin\omega t - \frac{1}{3^2}sin3\omega t + \frac{1}{5^2}sin5\omega t - \cdots)$$

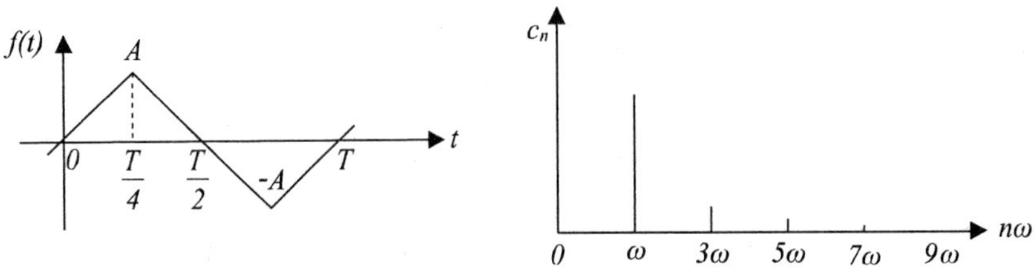

그림 10.7 삼각형파

· 기함수 및 반파대칭 함수

· 푸리에계수 : $a_0 = 0$, $a_n = 0$, $b_n \neq 0$ (n= 1, 3, 5, 7, ⋯)

4) 반파정류파

$$f(t) = \frac{A}{\pi} + \frac{A}{2}cos\,\omega t + \frac{2A}{\pi}(\frac{1}{3}cos2\omega t - \frac{1}{3 \cdot 5}cos\,4\omega t + \frac{1}{5 \cdot 7}cos\,6\omega t - \cdots)$$

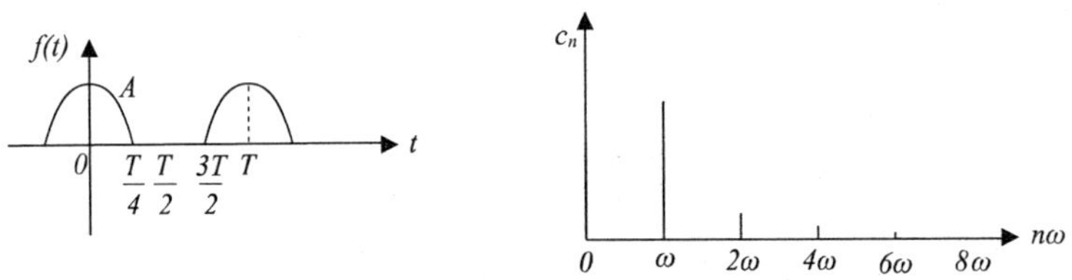

그림 10.8 반파정류파

· 우함수

· 푸리에계수 : $a_0 \neq 0$, $a_n \neq 0$, $b_n = 0$ (n= 1, 2, 3, ⋯)

5) 전파정류파

$$f(t) = \frac{2A}{\pi} + \frac{4A}{\pi}\left(\frac{1}{3}cos2\omega t - \frac{1}{3 \cdot 5}cos\,4\omega t + \frac{1}{5 \cdot 7}cos\,6\omega t - \cdots\right)$$

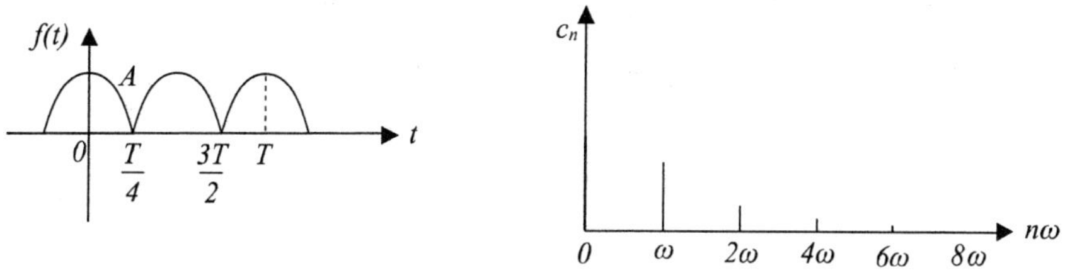

그림 10.9 전파정류파

· 우함수

· 푸리에계수 : $a_0 \neq 0$, $a_n \neq 0$, $b_n = 0$ (n= 1, 2, 3, ⋯)

Chapter 10. 연습문제

문제 1. 다음 중 비정현파를 옳게 표현한 것은?

(1) 직류분 + 기본파 + 교류분 (2) 직류분 + 기본파

(3) 직류분 + 기본파 + 고조파 (4) 직류분 + 고조파

문제 2. 다음 비정현파 중에서 고조파의 감쇠율이 가장 적은 것은?

(1) 반파정류파 (2) 구형파

(3) 전파정류파 (4) 삼각파

문제 3. t의 함수 $f_{(t)}$ 가 $f_{(t)}=f(-t)$의 조건을 만족할 때, $f_{(t)}$ 는?

(1) 우함수 (2) 기함수

(3) 반파대칭 (4) 우함수 및 기함수

문제 4. $f_{(t)}=-f(-t)$의 조건을 만족하는 함수는 ?

(1) 우함수 (2) 기함수

(3) 반파대칭 (4) 우함수 및 기함수

문제 5. 다음 중 옳지 못한 것은?

(1) 우함수+우함수 = 우함수 (2) 기함수 × 기함수 = 우함수

(3) 우함수 × 우함수 = 기함수 (4) 우함수 × 기함수 = 기함수

문제 6. 다음 중 옳지 못한 것은?

(1) 기함수를 푸리에급수로 전개하면 상수항을 포함하지 않는다.

(2) 기함수를 푸리에급수로 전개하면 cod항을 포함하지 않는다.

(3) 기함수는 원점에 대하여 대칭이다.

(4) $f_{(t)} = -f(-t)$는 우함수이다.

문제 7. 아래 그림과 같은 구형파를 푸리에 급수로 전개하시오.

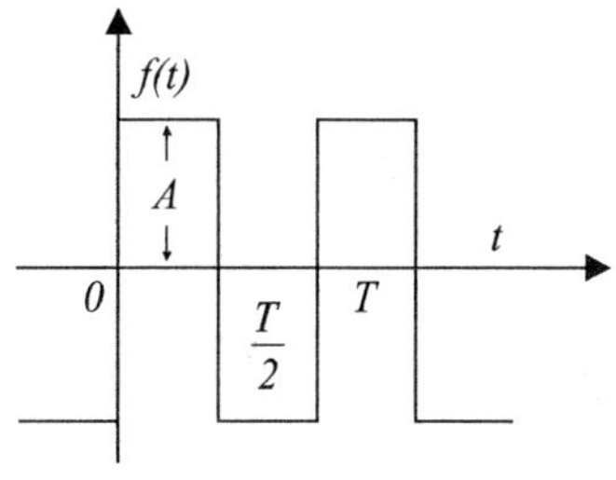

문제 8. 아래 그림과 같은 삼각파를 푸리에 급수로 전개하고, 진폭 스펙트럼을 그려보시오.

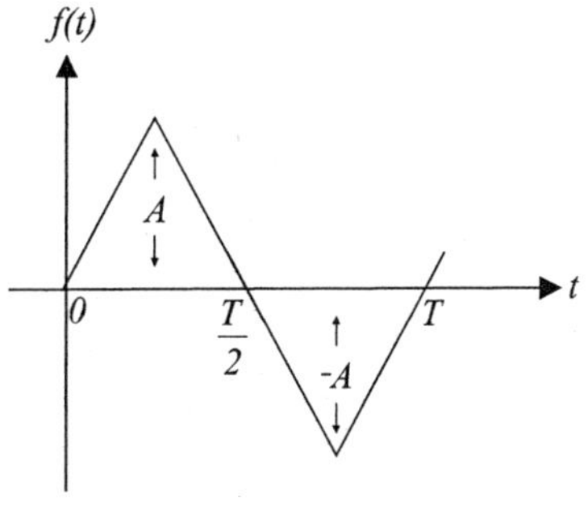

문제 9. 아래 그림과 같은 반파정류파를 푸리에 급수로 전개하시오.

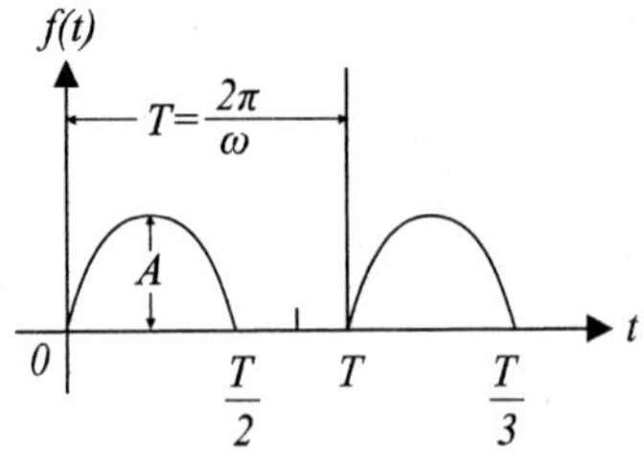

문제 10. 아래 그림과 같은 전파정류파를 푸리에 급수로 전개하시오.

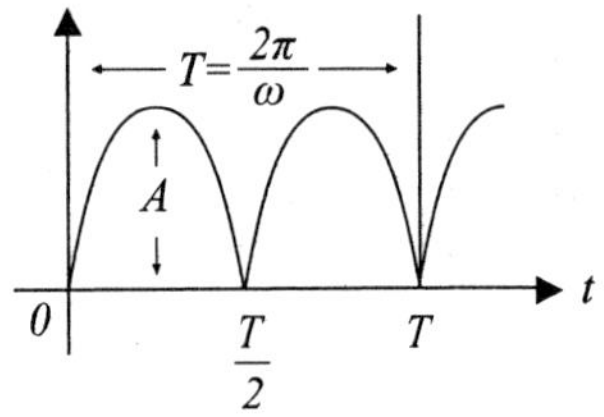

▣ 부록

※ 연습문제 해답

※ 부록

Chapter 1. 연습문제 해답

문제 3.

$11(A)$

문제 4.

유입되는 전류를 "+", 유출되는 전류를 "−" 로 식을 작성하면

$i_1 - i_2 + i_3 - i_4 - i_5 - i_6 = 0,\ 50 - 20 = i_3 - 40 - 10 - 15 = 0$

$\therefore i_3 = 85 - 50 = 35(A)$

문제 5. 접속점 a에서의 KCL 방정식 수립

$I_1 + I_2 = I_3 \cdots\cdots\cdots\cdots\cdots\cdots ①$

두 폐회로에서 그림과 같이 순환전류 $i_1,\ i_2$를 가정하여 KVL 방정식 수립

$3I_1 + 5I_3 = 8 \cdots\cdots\cdots\cdots\cdots ②$

$-5I_3 - 4I_2 = -10 \cdots\cdots\cdots\cdots ③$

식 ①, ②, ③을 연립방정식으로로 풀어 지로 전류 $I_1,\ I_2,\ I_3$를 구하면

$I_1 = 22/47(A),\ I_2 = 40/47(A),\ I_3 = 62/47(A)$

문제 8.

가) 주황 주황 갈색 무색 나) 회색 적색 금색 은색

다) 노랑 보라 녹색 금색　　라) 녹색 파랑 갈색 무색

마) 적색 적색 노랑 은색　　바) 녹색 흑색 은색 금색

Chapter 2. 연습문제 해답

문제 1.

$$R=\rho\frac{l}{s}=1.69\times10^{-8}\times\frac{1000}{2^2}\times\pi\times10^{-8}=1.35(\Omega)$$

문제 2.

$$R_o=R_1+R_2=100+200=300(\Omega),\ I=\frac{E}{R_o}=\frac{3}{300}=10(mA)$$

문제 3.

$$P=QV/t=360\times200/3,600=20(W)$$

문제 4.

가) $11.2(\Omega)$　　나) $75(\Omega)$　　다) $11(\Omega)$

문제 5.

$$W=Pt=100\times2.5\times5\times30=37,500(Wh)=37.5(kWh)$$

문제 6.

$$R = V/I = 100/5 = 20(\Omega),\ \ W = I^2Rt = 5^2 \times 20 \times 60 = 30{,}000(J)$$

$$H = 0.24I^2Rt = 0.24 \times 30{,}000 = 7{,}2000(cal)$$

문제 7.

$$1(kWh) = 0.24 \times 3{,}600 \times 1{,}000 = 864{,}000(cal) = 864(kcal)$$

Chapter 3. 연습문제 해답

문제 1.

$$e = 200\sqrt{2}\,sin\omega t(V),\ \ i = e/R = \frac{200\sqrt{2}}{50}sin\omega t = 4\sqrt{2}\,sin\omega t(A)$$

문제 2.

$$X_L = \omega_L = 377 \times 1/12\pi = 10(\Omega),$$

$$I = E/jX_L = 220\angle 60^\circ/10\angle 90^\circ = 22\angle -30^\circ(A)$$

$$\therefore i = 22\sqrt{2}\,sin(377t - 30^\circ)(A)$$

문제 3.

$$X_C = 1/\omega C = 1/2\pi fC = 1/2 \times 3.14 \times 60 \times 0.15 \times 10^{-6} = 17.7 \times 10^3(\Omega)$$

$I = E/X_C = 177/17.7 \times 10^3 = 10(mA)$

$\therefore i = 10\sqrt{2}\,sin(377t + \frac{\pi}{2})(mA)$

문제 4.

$X_L = \omega L = 377 \times 30 \times 10^{-3} = 11.31(\Omega)$,

$Z = \sqrt{R^2 + {X_L}^2} = \sqrt{10^2 + (11.31)^2} = 15.1(\Omega)$

$I = E/Z = 220/15.1 = 14.57(A)$

문제 5.

$X_C = 1/\omega_C = 1/5{,}000 \times 2 \times 10^{-6} = 100(\Omega)$

$Z = \sqrt{R_2 + {X_C}^2} = \sqrt{60^2 + 100^2} = 116.6(\Omega)$

$I = E/Z = 220/116.6 = 1.89(A)$

Chapter 4. 연습문제 해답

문제 1.

가) $Z = 36(\Omega)$ 나) $I = 6.1(A)$ 다) $V_R = 183(V)$, $V_L = 122(V)$

문제 2.

45 °

문제 3.

가) $Z = 10.35(k\Omega)$

나) $I = 21.3(mA)$

다) $V_R = 213(V)$, $V_C = 56.45(V)$

문제 4.

$Z = 10(\Omega), 20(A)$

문제 5.

$4.47(A)$

문제 6.

$22.36(A)$

Chapter 5. 연습문제 해답

문제 1.

$I = 2(A)$, $V_2 = 80(V)$

문제 2.

$X_L = 12.56(\Omega)$,

$I = 7.96(A)$ $i = \sqrt{2} \cdot 7.96\sin(100\pi t - \frac{\pi}{2})(A)$

문제 3.

$X_C = 53(\Omega)$, $I \fallingdotseq 1.89(A)$, $i = 1.89\sqrt{2}\,sin(377t + \frac{\pi}{2})(A)$

문제 4.

$X_C \fallingdotseq 2{,}653(\Omega)$

문제 5.

주파수 $f \fallingdotseq 600(Hz)$

문제 7.

$X_C \fallingdotseq 2{,}650(\Omega)$, $Z \fallingdotseq 10.35(k\Omega)$, $I \fallingdotseq 21.3(mA)$

Chapter 6. 연습문제 해답

문제 1.

가) $R_L = 55/3(\Omega)$ 나) $P_L(\max) = 1.36$

문제 2.

$S = 10.4$

문제 3.

$S = 5$

문제 4.

$\rho_e = 0.5$

문제 5.

$Z_L = 323(\Omega)$

문제 6.

특성 임피던스

$$Z_o = \sqrt{\frac{L}{C}} = \sqrt{\frac{0.1 \times 10^{-6}}{250 \times 10^{-2}}} = \frac{\sqrt{1 \times 10^4}}{25} = \frac{100}{50} = 20(\Omega)$$

Chapter 7. 연습문제 해답

문제 1.

가) $4.33 + j2.5$ 나) $5 - j8.66$ 다) $-0.67 + j11.16$

문제 2.

가) $10 \angle 53.1^\circ$　　　　나) $6.59 \angle 67.0^\circ$

문제 3.

$R = V/I = 20 \angle 53.1^\circ$ 또는 $12 + j16$

문제 4.

가) $25 \angle 90^\circ = 25e^{j90} = 0 + j25$

나) $1 \angle -16.2^\circ = 1e^{-j16.2} = 0.96 + j0.28$

문제 5.

$I = 3 \angle 30^\circ (A)$, $I(t) = 3\sqrt{2}\, sin(60t - 450)(A)$

문제 6.

$Z = 2 \angle 30^\circ = \sqrt{3} + j$

문제 7.

$I = 2 \angle 45^\circ (A)$, $i(t) = 2\sqrt{2}\, sin(60t - 45^\circ)(A)$

Chapter 8. 연습문제 해답

문제 1.

$I_1 = 2.1(A),\ I_2 = 0.16(A)$

문제 2.

망로 전류 $i_1,\ i_2$를 문제의 그림에서와 같이 정하여 KVL방정식을 세운다.

$4(i_1 - i_2) + 2i_1 - 2 \times 2 = 6$에서 $6i_1 - 4i_2 = 10$

$6i_2 + 5i_2 + 4(i_2 - i_1) - 5 \times 2 = 0$에서 $-4i_1 + 15i_2 = 10$

$$i_2 = \frac{\begin{vmatrix} 6 & 10 \\ -4 & 10 \end{vmatrix}}{\begin{vmatrix} 6 & -4 \\ -4 & 15 \end{vmatrix}} = \frac{100}{74} = 1.35(A)$$

접속점 a에서 KCL 방정식을 작성하면 $I + i - 2 = 0$

$\therefore I = 2 - i_2 = 0.65(A)$

문제 3.

절점 a의 전위를 V_a라 하고 절점 a에서 KVL로 V_a를 구하면

$$20 - \frac{V_a}{5} + 5 - \frac{V_a}{20} = 0$$

$\therefore V_a = 180/5 = 36(V)$

$20(\Omega)$에 흐르는 전류 $I = V_a/20 = 36/20 = 1.8(A)$

문제 4.

$$i=\frac{5-v}{2}=\frac{v}{3}-3$$

$$3(5-v)=2v-18$$

$$v=\frac{33}{5}$$

$$\therefore i=\frac{5-\frac{33}{5}}{2}=-\frac{4}{5}$$

문제 5.

$$V_{ab}=\frac{\frac{3}{3}+\frac{7}{2}+0}{\frac{1}{3}+\frac{1}{2}+\frac{1}{5}}=\frac{30+105}{10+15+6}=\frac{135}{31}=4.35$$

Chapter 9. 연습문제 해답

문제 1.

(1) 중첩의 원리를 적용하여 I 를 구하시오.

$$i_1=\frac{5}{2+3}=1$$

$$i_2=-3\times\frac{3}{2+3}=-\frac{9}{5}$$

$$\therefore\ i=i_1+i_2=1-\frac{9}{5}=-\frac{4}{5}$$

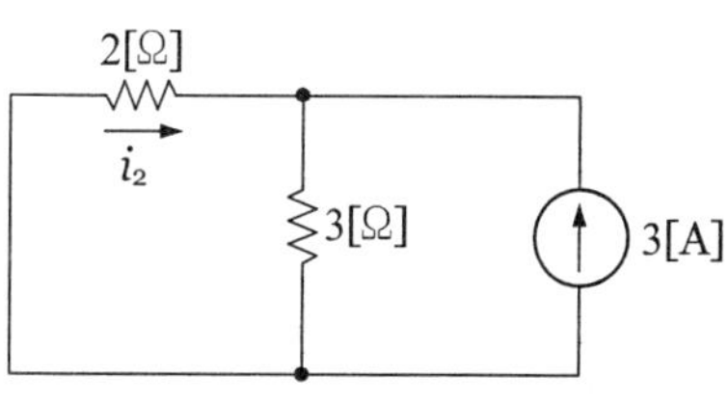

문제 2.

(1) 밀만의 정리를 적용하여 V_{ab} 를 구하시오.

$$V_{ab} = \frac{\frac{5}{2} + \frac{10}{8}}{\frac{1}{2} + \frac{1}{8}} = \frac{20 + 10}{4 + 1} = 6$$

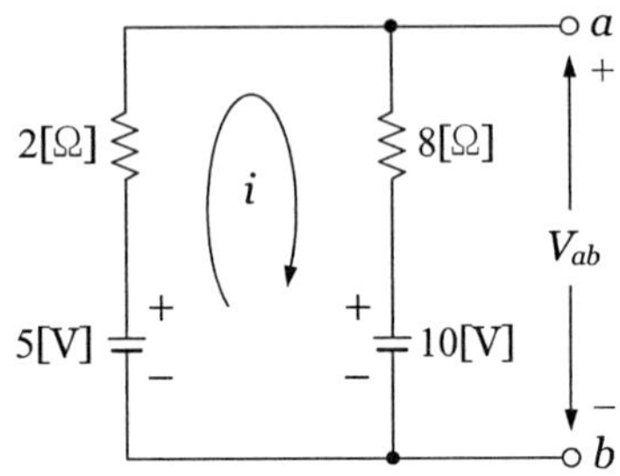

문제 3.

$$V_{ab} = \frac{5}{2} \times \frac{3}{1+3} = \frac{15}{8}$$

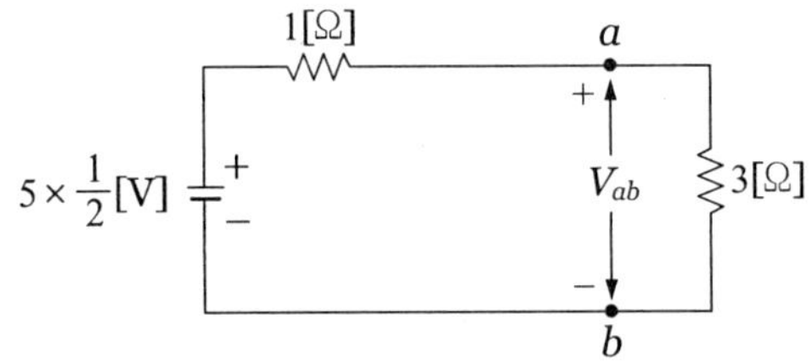

문제 4.

개방 임피던스 R_{cd} 를 구하면,

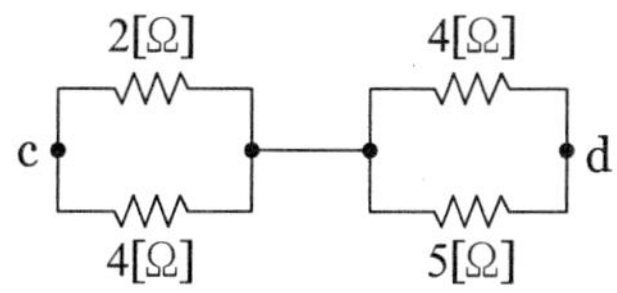

$$R_{cd} = \frac{2 \times 4}{2+4} + \frac{3 \times 5}{3+5} = \frac{77}{24}$$

테브난 등가전압 V_{cd} 는

$$V_{cd} = V_c - V_d = 15\left(\frac{4}{2+4} - \frac{5}{3+5}\right) = \frac{5}{12}$$

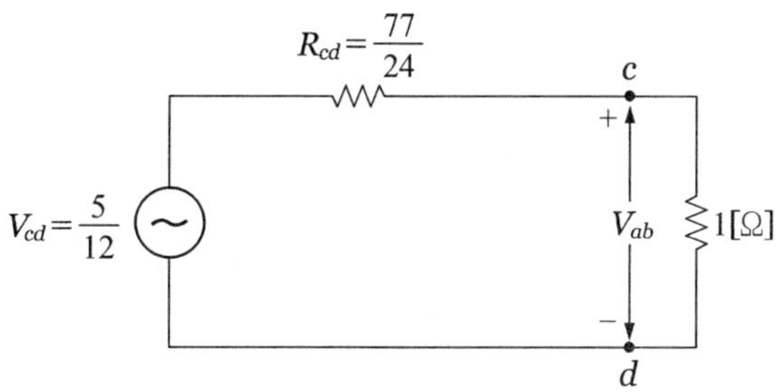

따라서, 단자 cd 간 흐르는 전류

$$I = \frac{\frac{5}{12}}{1 + \frac{77}{24}} = \frac{10}{101}[\mathrm{A}]$$

문제 5.

절점 방정식을 구하면,

$$5 = \frac{v_1 - v_2}{2} + \frac{v_1}{5}$$

$$\frac{10-v_2}{3}=\frac{v_2-v_1}{2}+\frac{v_2}{2}$$

행렬로 변환하면

$$\begin{bmatrix}\frac{1}{2}+\frac{1}{5} & -\frac{1}{2}\\ -\frac{1}{2} & \frac{4}{3}\end{bmatrix}\begin{bmatrix}v_1\\ v_2\end{bmatrix}=\begin{bmatrix}5\\ \frac{10}{3}\end{bmatrix}$$

행렬의 해를 구하면

$$v_1=\frac{\begin{vmatrix}5 & -\frac{1}{2}\\ \frac{10}{3} & \frac{4}{3}\end{vmatrix}}{\begin{vmatrix}\frac{7}{10} & -\frac{1}{2}\\ -\frac{1}{2} & \frac{4}{3}\end{vmatrix}}=\frac{\frac{20}{3}+\frac{10}{6}}{\frac{28}{30}-\frac{1}{4}}=\frac{500}{41}$$

$$v_2=\frac{\begin{vmatrix}\frac{7}{10} & 5\\ -\frac{1}{2} & \frac{10}{3}\end{vmatrix}}{\begin{vmatrix}\frac{7}{10} & -\frac{1}{2}\\ -\frac{1}{2} & \frac{4}{3}\end{vmatrix}}=\frac{\frac{70}{3}+\frac{5}{2}}{\frac{28}{30}-\frac{1}{4}}=\frac{290}{41}$$

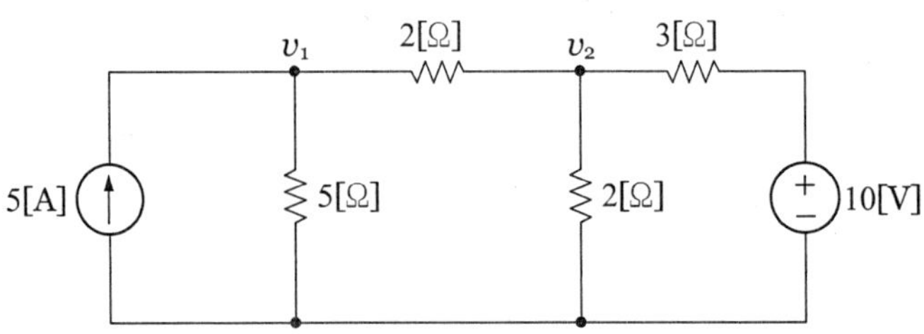

문제 6.

절점방정식을 세우면,

$$\frac{5i_x - v_1}{2} = \frac{v_1}{3} + \frac{v_1 - 5}{2}$$

$$v_1 = 3i_x$$

연립하여 풀면

$$\frac{5i_x - 3i_x}{2} = \frac{3i_x}{3} + \frac{3i_x - 5}{2}$$

$$i_x = \frac{5}{3}$$

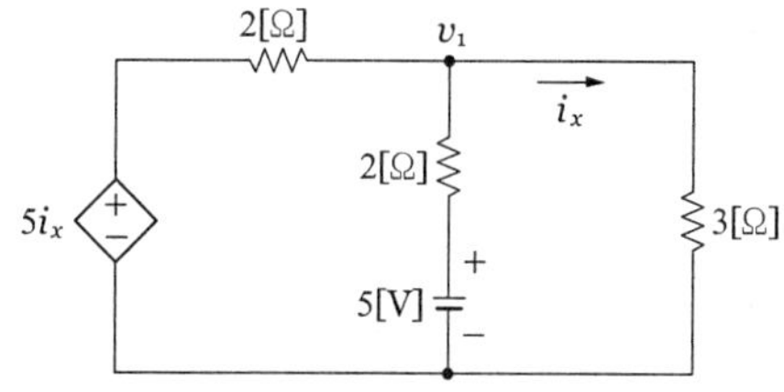

문제 7.

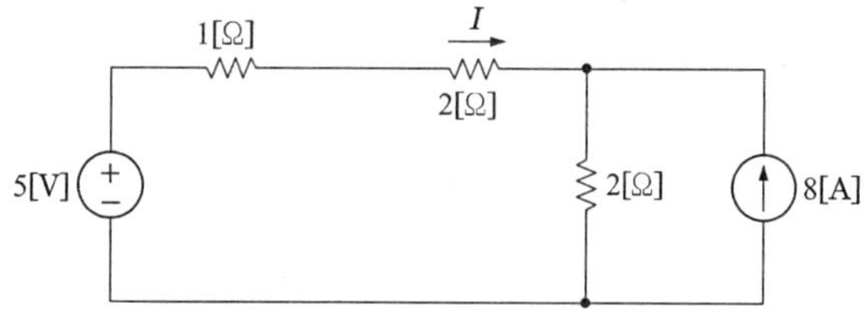

(a)

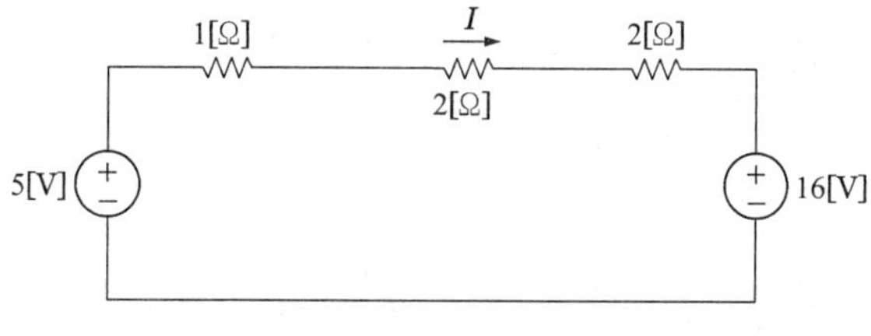

(b)

$$\therefore\ I = \frac{5-16}{1+2+2} = -\frac{11}{5}$$

Chapter 10. 연습문제 해답

문제 7.

주어진 파형의 대칭성을 관찰하면

$$f(t) = -f(t+\frac{\pi}{2}) = -f(-t)\text{(동시조건)}$$

이므로 반파 및 정현대칭이다.

$$c_0,\ a_n = 0$$

$$b_n = \frac{8}{T}\int_0^{\frac{T}{4}} f(t)\sin n\omega\, dt = \frac{8}{T}\int_0^{\frac{T}{4}} A\sin n\omega t\, dt$$

$$= \frac{8}{\omega T} \cdot \frac{A}{n}[-\cos n\omega t]_0^{\frac{\pi}{2}} = \frac{4A}{\pi} \cdot \frac{1}{n},\ (n = 1, 3, 5,\ \cdots)$$

$$\therefore f(t) = \frac{4A}{\pi}(\sin\omega t + \frac{1}{3}sin3\omega t + \frac{1}{5}sin5\omega t + \ \cdots\ )$$

문제 8.

이 주기파는 반파 및 정현대칭성을 가지므로

$a_0 = 0,\ a_n = 0$이고,

$$b_n = \frac{8}{T}\int_0^{\frac{T}{4}} f(t)\sin n\omega t dt,\ (n = 1, 3, 5,\ \cdots)$$

$f(t) = \frac{4A}{T}t,\ 0 \le t \le \frac{T}{4}$ 이므로

$$b_n = \frac{8}{T}\int_0^{T/4} f(t)\sin n\omega t\,dt$$

$$= \frac{32A}{T^2}\int_0^{T/4} t\sin n\omega t\,dt$$

$$= \frac{32A}{T^2}\left[\frac{1}{n^2\omega^2}sin\,n\omega t - \frac{1}{n\omega}t\cos n\omega t\right]_0^{T/4}$$

$$= \begin{cases} \frac{8A}{n^2\pi^2};\ \ n = 1, 5, 9, \cdots \\ -\frac{8A}{n^2\pi^2};\ \ n = 3, 7, 11, \cdots \end{cases}$$

$$\therefore f(t) = \frac{8A}{\pi^2}\left\{ \begin{array}{l} (\sin\omega t - \frac{1}{3^2}sin3\,\omega t + \frac{1}{5^2}sin5\,\omega t - \frac{1}{7^2}sin7\,\omega t + \cdots) \\ + \frac{(-1)^{n-1}}{(2n-1)^2}sin(2n-1)\omega t + \cdots \end{array} \right\}$$

진폭스펙트럼은 다음과 같다.

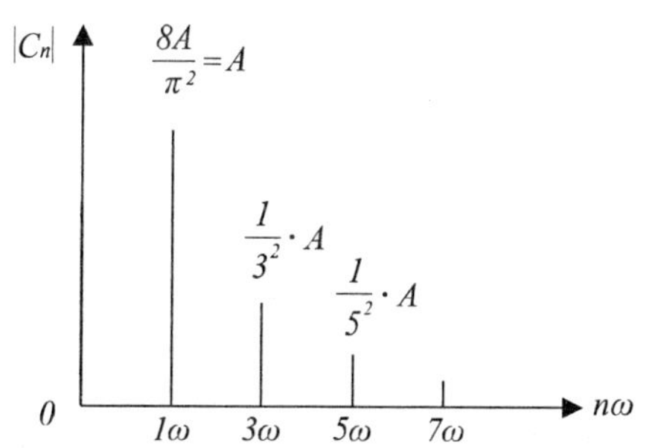

문제 9.

우함수이므로 cosine 항과 직류항만 존재하므로 $b_n = 0$이다.

$$f(t)=A\sin\omega t;\ 0\le t\le \frac{T}{2}\ \text{즉},0\sim\pi \quad \text{이므로}$$

$$f(t)=0;\ \frac{T}{2}\le t\le 0\ \text{즉},\pi\sim 2\pi$$

$$a_0=\frac{1}{\pi}\int_0^{\pi} f(t)d\omega t=\frac{1}{\pi}\int_0^{\pi/2} A\cos\omega t\, d\omega t=\frac{A}{\pi}[\sin\omega t]_0^{\pi/2}=\frac{A}{\pi} \tag{1}$$

$$a_n=\frac{1}{\pi}\int_0^{\pi} f(t)\cos n\omega t\, d\omega t=\frac{2}{\pi}\int_0^{\pi/2} A\cos\omega t\cos n\omega t\, d(\omega t)$$

이다.

이 적분은 $\int_0^{T/2} A\sin n\omega t\,dt=\begin{cases}0; & n\ne 1\\ \frac{T}{4}; & n=1\end{cases}$

따라서

$$a_1=\frac{A}{2},\ a_2=a_3=\ \cdots\ =a_n=0 \tag{2}$$

$$a_0=\frac{1}{\pi}\int_0^{\pi} f(t)\cos n\omega t\, d\omega t=\frac{2}{\pi}\int_0^{\pi/2} A\cos\omega t\ \cdot\ \cos n\omega t\, d(\omega t) d\omega t$$

$$=\frac{A}{\pi}\int_0^{\pi}\sin(n+1)\omega t-\sin(n-1)\omega t d\omega t$$

$$=\frac{A}{\pi}\left[\frac{-\cos\omega(n+1)t}{n+1}+\frac{\cos\omega(n-1)t}{n-1}\right]_0^{\pi}$$

$$=\frac{A}{2\pi}\left\{\frac{1-(-1)^{n+1}}{n+1}-\frac{1-(-1)^{n-1}}{n-1}\right\}$$

$$a_n=0;\ n=\text{기수} \tag{3}$$

$$a_n=\frac{A}{\pi}\left(\frac{1}{n+1}-\frac{1}{n-1}\right)=-\frac{2A}{(n-1)(n+1)\pi};\ n=\text{우수}$$

식 (1), (2), (3) 으로부터

$$f(t)=\frac{A}{2}sin\,\omega t+\frac{2A}{\pi}\left\{\frac{1}{2}-\frac{1}{1\cdot 3}cos\,2\,\omega t-\frac{1}{3\cdot 5}cos4\,\omega t\right.$$
$$\left.-\frac{1}{5\cdot 7}cos\,6\,\omega t-\cdots\right\}$$

문제 10.

여현대칭(우함수)이므로 sine항은 존재하지 않는다.

$$f(t)=a_0+\sum_{n=1}^{\infty}a_n\cos n\,\omega t\,dt$$

그런데 $f(t)=Asin\,\omega t;\ 0\le t\le T/2$ 이므로

$$f(t)=-Asin\,\omega t:\frac{T}{2}\le t\le T$$

$$a_0=\frac{2}{T}\int_0^{T/2}Asin\,\omega t\,dt=\frac{2}{\pi}[-\cos\omega t]_0^{\frac{\pi}{2}}=\frac{2}{\pi}A$$

$$a_n=\frac{4}{T}\int_0^{T/2}Asin\,\omega t\cdot\cos n\omega t\,dt$$

$$=\frac{2A}{T}\int_0^{T/2}\{\sin(n+1)\omega t-\sin(n-1)\omega t\}dt$$

$$=\frac{A}{T}\left\{\frac{1-(-1)^{n+1}}{n+1}-\frac{1-(-1)^{n-1}}{n-1}\right\}$$

$$=\begin{cases}0,\ n=\text{기수}\\ -\dfrac{4A}{(n-1)(n+1)\pi},\ \dfrac{A}{\pi}(\dfrac{2}{n+1}-\dfrac{2}{n-1})\ n=\text{우수}\end{cases}$$

$$\therefore f(t)=a_0+\sum_{n=1}^{\infty}a_n\cos n\,\omega t$$

$$=\frac{4A}{\pi}\left\{\frac{1}{2}-\frac{1}{1\cdot 3}cos2\omega t-\frac{1}{3\cdot 5}cos4\omega t-\frac{1}{5\cdot 7}cos6\omega t-\cdots\right\}$$

부록

1. 그리스 문자

회랍문자		호칭	대문자	소문자	발음
A	α	알파	N	ν	뉴우
B	β	베타	Ξ	ξ	크사이(크시)
Γ	γ	감마	O	o	오미크론
Δ	δ	델타	Π	π	파이
E	ε	엡실론	P	ρ	로
Z	ζ	지타	Σ	σ	시그마
H	η	에타	T	τ	타우
Θ	θ	시타	Υ	υ	입실론
I	ι	요타	Φ	$\Phi(\varphi)$	파이
K	κ	카파	X	χ	카이
Λ	λ	람다	Ψ	ψ	프사이
M	μ	뮤	Ω	ω	오메가

2. 보조단위(단위의 접두어)

단위에 곱해지는 배수	SI 접두어		단위에 곱해지는 배수	SI 접두어	
	명칭	배수		명칭	배수
10^{24}	요타	Y	10^{-24}	욕토	y
10^{12}	제타	Z	10^{-12}	젭토	Z
10^{18}	엑사	E	10^{-18}	아토	a
10^{15}	페타	P	10^{-15}	펨토	f
10^{12}	테라	T	10^{-12}	피코	p
10^{9}	기가	G	10^{-9}	나노	n
10^{6}	메가	M	10^{-6}	마이크로	μ
10^{3}	킬로	k	10^{-3}	밀리	m
10^{2}	헥토	h	10^{-2}	센티	c
10^{1}	데카	da	10^{-1}	데시	d

3. 거듭제곱근과 지수법칙

$$\sqrt[n]{a}\sqrt[n]{b} = \sqrt[n]{ab},\ \frac{\sqrt[n]{a}}{\sqrt[n]{b}} = \sqrt[n]{\frac{a}{b}},\ (\sqrt[n]{a})^m = \sqrt[n]{a^m}$$

$$\sqrt[m]{\sqrt[n]{a}} = \sqrt[mn]{a},\ a^m a^n = a^{m+1},\ (a^m)^n = a^{mn}$$

$$(ab)^n = a^n b^n,\ a^m \div a^n = a^{m-n},\ a^0 = 1,\ a^{-n} = \frac{1}{a^n}$$

4. 대수(log)의 성질

$$\log_a 1 = 0,\ \log_a a = 1,\ \log_a xy = \log_a x + \log_a y$$

$$\log_a \frac{x}{y} = \log_a x - \log_a y,\ \log_a x^n = nlog_a x$$

$$\log_a b = \frac{\log_c b}{\log_c a}(c \neq 1),\ \log_{a^m} b^n = \frac{n}{m} log_a b$$

5. 삼각함수

5.1

구분	0°	30°	45°	60°	90°
$\sin\theta$.	0	$\frac{1}{2}$	$\frac{1}{\sqrt{2}}$	$\frac{\sqrt{3}}{2}$	1
$\cos\theta$	1	$\frac{\sqrt{3}}{2}$	$\frac{1}{\sqrt{2}}$	$\frac{1}{2}$	0
$\tan\theta$	0	$\frac{1}{\sqrt{3}}$	1	$\sqrt{3}$	∞

5.2

$$\sin^2 a + \cos^2 a = 1$$

$$\sin(\alpha \pm \beta) = \sin\alpha\cos\beta \pm \cos\alpha\sin\beta$$

$$\cos(\alpha \pm \beta) = \cos\alpha\cos\beta \pm \sin\alpha\sin\beta$$

$$\tan(\alpha \pm \beta) = \frac{\tan\alpha \pm \tan\beta}{1 \mp \tan\alpha\tan\beta}$$

$$\cot(\alpha \pm \beta) = \frac{\cos t \cos t \mp 1}{\cos t \pm \cos\beta}$$

$$\sin\alpha \pm \sin\beta = 2\sin\frac{\alpha \pm \beta}{2}\cos\frac{\alpha \mp \beta}{2}$$

$$\cos\alpha + \cos\beta = 2\cos\frac{\alpha + \beta}{2}\cos\frac{\alpha - \beta}{2}$$

$$\cos\alpha - \cos\beta = -2\cos\frac{\alpha + \beta}{2}\cos\frac{\alpha - \beta}{2}$$

$$\sin 2\alpha = 2\sin\alpha\cos\alpha$$

$$\cos 2\alpha = \cos^2\alpha - \sin^2\alpha = 1 - 2\sin^2\alpha = 2\cos^2\alpha - 1$$

6. 복소수 계산

복소수 $z = a + bi$

극형식 $z = r(\cos\theta + i\sin\theta)$(단, $\tan\theta = \frac{b}{a}$)

절대값 $|z| = r = \sqrt{a^2 + b^2}$, 편각의 크기 $\arg(z) = \theta$

$z_1 = r_1(\cos\theta_1 + i\sin\theta_1)$, $z_2 = r_2(\cos\theta_2 + i\sin\theta_2)$ 일 때

$$z_1 z_2 = r_1 r_2\{\cos(\theta_1 - \theta_2) + i\sin(\theta_1 - \theta_2)\},$$

$$|z_1 z_2| = |z_1||z_2|, \ \arg(z_1 z_2) = \arg(z_1) + \arg(z_2)$$

$$\frac{z_1}{z_2} = \frac{r_1}{r_2}\{\cos(\theta_1 - \theta_2) + i\sin(\theta_1 - \theta_2)\}$$

$$\left|\frac{z_1}{z_2}\right| = \frac{|z_1|}{|z_2|}, \ \arg\left(\frac{z_1}{z_2}\right) = \arg(z_1) - \arg(z_2)$$

7. 미분 및 적분

$\frac{d}{dx}\sin x = \cos x,$ $\quad$ $\frac{d}{dx}\cos x = -\sin x$

$\frac{d}{dx}\tan x = \sec^2 x,$ $\quad$ $\frac{d}{dx}\cot x = -\mathrm{cosec}^2 x$

$\frac{d}{dx}\sec x = \sec x \tan x,$ $\quad$ $\frac{d}{dx}\mathrm{cosec}\, x = -\mathrm{cosec}\, x \cot x$

$\frac{d}{dx}e^x = e^x,$ $\quad$ $\frac{d}{dx}a^x = a^x \cdot \ln a (a \neq 1, a > 0)$

$\frac{d}{dx}lnx = \frac{1}{x}(x > 0),$ $\quad$ $\frac{d}{dx}log_a x = \frac{1}{xlna}(a > 0, a \neq 1, x > 0)$

$\int \sin x\, dx = -\cos x + C,$ $\quad$ $\int \cos x\, dx = \sin x + C$

$\int \sec^2 x\, dx = \tan x + C,$ $\quad$ $\int \mathrm{cosec}^2 x\, dx = -\cot x + C$

$\int e^x\, dx = e^x + C,$ $\quad$ $\int a^x\, dx = \frac{1}{\ln a}a^x + C(a > 0, a \neq -1)$

8. 지수

$a^m \times a^n = a^{(m+n)}$ $\quad$ $(a^m)^n = a^{mn}$ $\quad$ $a^{-n} = 1/a^n$

$a^m \div a^n = a^{(m-n)}$ $\quad$ $a^{\frac{m}{n}} = (\sqrt[n]{a})^m$ $\quad$ $a^0 = 1(a \neq 0)$

9. 대수

$\log_{10}x = \log x$ $\quad$ $\log_e x = 1nx(e = 2.71828)$

$y = \log_a x (x = a^y)$ $\quad$ $\log_a a = 1$

$\log_a 1 = 0(a > 0, a \neq 1)$ $\quad$ $\log_a(xy) = \log_a x + \log_a y$

$\log(x/y) = \log_a x - \log_a y$ $\quad$ $\log_a x^n = nlog_a x$

$$\log_a \sqrt[n]{x} = \frac{1}{n} log_a x$$

10. 행렬식

$$\begin{vmatrix} a_{11} & a_{12} \\ a_{21} & a_{22} \end{vmatrix} = a_{11}a_{22} - a_{21}a_{12}$$

$$\begin{vmatrix} a_{11} & a_{12} & a_{13} \\ a_{21} & a_{22} & a_{23} \\ a_{31} & a_{32} & a_{33} \end{vmatrix} = (a_{11}a_{22}a_{33} + a_{12}a_{23}a_{31} + a_{13}a_{21}a_{32}) - (a_{11}a_{23}a_{32} + a_{12}a_{21}a_{33} + a_{13}a_{22}a_{31})$$

11. 행렬

$[A] = \begin{vmatrix} a_{11} & a_{12} \\ a_{21} & a_{22} \end{vmatrix}$ $\qquad$ $[B] = \begin{vmatrix} b_{11} & b_{12} \\ b_{21} & b_{22} \end{vmatrix}$ 일 때

(1) 가감법

$$[A] \pm [B] = \begin{vmatrix} a_{11} & a_{12} \\ a_{21} & a_{22} \end{vmatrix} \pm \begin{vmatrix} b_{11} & b_{12} \\ b_{21} & b_{22} \end{vmatrix} = \begin{vmatrix} a_{11} \pm b_{11} & a_{12} \pm b_{12} \\ a_{21} \pm b_{21} & a_{22} \pm b_{22} \end{vmatrix}$$

(2) 승법

$$[A][B] = \begin{vmatrix} a_{11} & a_{12} \\ a_{21} & a_{22} \end{vmatrix} \begin{vmatrix} b_{11} & b_{12} \\ b_{21} & b_{22} \end{vmatrix} = \begin{vmatrix} a_{11}b_{11} \pm a_{12}b_{21} & a_{11}b_{12} \pm a_{12}b_{22} \\ a_{21}b_{11} \pm a_{22}b_{21} & a_{21}b_{12} \pm a_{22}b_{22} \end{vmatrix}$$

일반적으로 $[A]([B] + [C]) = [A][B] + [A][C]$
$[A]([B][C]) = [A][B][C],\ [A][B] = [B][A]$

(3) 제법

$[A][B] = [C]$ 일 때

$[B] = [A]^{-1}[C],\ [A] = [C][B]^{-1}$ (단, $[A]^{-1}$, $[B]^{-1}$ 역행렬)